アスタキサンチンの機能と応用

The Function and Application of Astaxanthin

《普及版／Popular Edition》

監修　吉川敏一，内藤裕二

シーエムシー出版

巻頭言

アスタキサンチンの機能性に関する研究には長い歴史がある。オキアミからアスタキサンチンを抽出し，その生化学的解析から強い抗酸化活性が報告されていた。われわれは，2000年頃に藻類の大量培養から得られたアスタキサンチンの比較的大量の提供を受け，*in vivo* 実験を行うことが可能になり，その後の10年の間に我が国を中心に多くの研究が実施されてきた。マウス糖尿病モデルにアスタキサンチンを投与した結果，血糖値には大きな影響を与えないものの，合併症としての糖尿病性腎症の発症を著明に抑制する結果を得た。この結果は，アスタキサンチンによる腎症抑制効果にとどまらず，抗酸化剤に糖尿病性合併症を抑制する可能性を指摘した点で重要な成果であった。その後，ニュートリゲノミクス，酸化修飾タンパク質などの解析を実施し，ミトコンドリア機能異常，ミトコンドリア由来活性酸素産生をアスタキサンチンが著明に抑制することが，アスタキサンチンの糖尿病性腎症抑制作用につながっている可能性を見いだしてきた。最近では，アスタキサンチンの機能性について「Mitochondria Nutrient」なる考えも提唱させていただいている。ミトコンドリアに対するアスタキサンチンの機能性についての研究のなかで，ミトコンドリア外膜に存在する酵素の一つである carnitine parmitoyltransferase Ⅰ（CPT Ⅰ）タンパク質がアスタキサンチンが機能性を発揮するための標的となっていることも明らかにすることができた。「Mitochondria Nutrient」であるアスタキサンチンには，本来の一重項酸素消去作用を中心とした抗酸化作用を超える機能性があるのではないかと考えている。

本書は，最近10年間で日本において実施されたアスタキサンチン研究をまとめ，今後を展望するために企画させていただいた。極めて多忙な研究生活を送っているにも関わらず，ご寄稿をいただいた各著者の方々に厚く御礼申し上げます。最後に，本特集の制作にあたり，ご協力いただいた各位に深く御礼申し上げます。

2012年7月

京都府立医科大学　学長　吉川敏一
京都府立医科大学　内藤裕二

普及版の刊行にあたって

本書は2012年に『アスタキサンチンの機能と応用』として刊行されました。普及版の刊行にあたり，内容は当時のままであり加筆・訂正などの手は加えておりませんので，ご了承ください。

2019年４月

シーエムシー出版　編集部

執筆者一覧（執筆順）

吉川 敏一	京都府立医科大学　学長
内藤 裕二	京都府立医科大学　大学院医学研究科　消化器内科学　准教授
山下 栄次	アスタリール㈱　リテール事業部　国際営業部長；学術担当部長
浦上 千藍紗	大阪市立大学　大学院理学研究科　数物系専攻　博士課程；CREST/JST
橋本 秀樹	大阪市立大学　複合先端研究機構　教授；CREST/JST
三沢 典彦	石川県立大学　生物資源工学研究所　教授
眞岡 孝至	㈶生産開発科学研究所　食物機能研究室　室長；主任研究員
濱 進	京都薬科大学　薬品物理化学分野　助教
小暮 健太朗	京都薬科大学　薬品物理化学分野　教授
濱田 博喜	岡山理科大学　理学部　臨床生命科学科　教授
大澤 俊彦	愛知学院大学　心身科学部　学部長；教授（健康栄養学科）
岩村 弘基	筑波大学　体育系　運動生化学
征矢 英昭	筑波大学　体育系 教授　運動生化学
丸山 和佳子	㈾長寿医療研究センター　加齢健康脳科学研究部　部長
永井 雅代	㈾長寿医療研究センター　加齢健康脳科学研究部
能勢 弓	㈾長寿医療研究センター　加齢健康脳科学研究部
直井 信	愛知学院大学　心身科学部
片桐 幹之	順天堂大学　大学院医学研究科　加齢制御医学講座　非常勤助教
白澤 卓二	順天堂大学　大学院医学研究科　加齢制御医学講座　教授
西田 康宏	アスタリール㈱（富士化学工業㈱グループ）　研究開発部
石神 眞人	日本生命保険相互会社 本店　健康管理所 副医長；大阪大学　招聘准教授
矢澤 一良	東京海洋大学　特定事業「食の安全と機能（ヘルスフード科学）に関する研究」プロジェクト　特任教授
太田 嗣人	金沢大学　脳・肝インターフェースメディシン研究センター　准教授
梶田 雅義	梶田眼科　院長
瀬谷 安弘	東北大学　加齢医学研究所　産学官連携研究員 （現）立命館大学　情報理工学部　知能情報学科　助教

今中國泰　首都大学東京　人間健康科学研究科
ヘルスプロモーションサイエンス学域　教授
北市伸義　北海道医療大学　個体差医療科学センター　眼科　准教授；
北海道大学　大学院医学研究科　炎症眼科学　客員准教授
石田　晋　北海道大学　大学院医学研究科　眼科学　教授
藤山俊晴　浜松医科大学　皮膚科学講座　助教
菅沼　薫　㈱エフシージー総合研究所（フジテレビ商品研究所）取締役；
暮らしの科学部，企画開発部　部長
市橋正光　再生未来クリニック神戸　美容皮膚科　院長
米井嘉一　同志社大学　大学院生命医科学研究科　アンチエイジングリサーチセンター・糖化ストレスリサーチセンター　教授
八木雅之　同志社大学　大学院生命医科学研究科　アンチエイジングリサーチセンター・糖化ストレスリサーチセンター　講師
笠　明美　㈱コーセー　研究所　開発研究室　薬剤開発グループ　主任研究員
青井　渉　京都府立大学大学院　生命環境科学研究科　健康科学研究室　助教
川本和久　福島大学　人間発達文化学類　教授
佐藤文夫　日本中央競馬会　日高育成牧場　生産育成研究室　研究役
衛藤英男　静岡大学　農学部　応用生物化学科　教授
坪倉　章　JX 日鉱日石エネルギー㈱　化学品本部　機能化学品 2 部
担当シニアマネージャー
西野雅之　三栄源エフ・エフ・アイ㈱　第四事業部
北村晃利　富士化学工業㈱　開発本部　ライフサイエンス技術部　部長
大橋雄一　富士フイルム㈱　ライフサイエンス事業部　商品グループ
技術担当部長
植田文教　富士フイルム㈱　R&D 統括本部　医薬品・ヘルスケア研究所
主任研究員

執筆者の所属表記は，2012 年当時のものを使用しております。

目　　次

第1章　総論

1　アスタキサンチンの歴史と展望 ………… **山下栄次** … 1
- 1.1　アスタキサンチンの歴史 ………… 1
- 1.2　アスタキサンチンの展望 ………… 4

2　アスタキサンチンの研究動向 ………… **内藤裕二** … 7
- 2.1　はじめに ………… 7
- 2.2　抗糖尿病作用 ………… 7
- 2.3　運動に与える影響 ………… 9
- 2.4　抗肥満作用 ………… 10
- 2.5　視機能改善作用 ………… 11
- 2.6　抗動脈硬化作用 ………… 12
- 2.7　皮膚への作用 ………… 13
- 2.8　おわりに ………… 13

第2章　基礎研究

1　カロテノイドの生理機能と存在意義：構造的に見たアスタキサンチンの優位性 ………… **浦上千藍紗，橋本秀樹** … 15
- 1.1　はじめに ………… 15
- 1.2　地球上におけるカロテノイドの存在意義 ………… 15
- 1.3　カロテノイドの構造：アスタキサンチンの単結晶X線構造解析を交えて ………… 17
- 1.4　カロテノイドの機能発現の不思議(System-Bath Interaction) ………… 20
- 1.5　今後のアスタキサンチン研究に対する期待 ………… 25

2　新進化論とアスタキサンチンを産生する高等植物 ………… **三沢典彦** … 29
- 2.1　進化は適者生存だけで起こるのではない ………… 29
- 2.2　アスタキサンチンを蓄積する生物 … 29
- 2.3　明らかになったアスタキサンチン生合成酵素遺伝子 ………… 32
- 2.4　アスタキサンチンを産生する遺伝子組換え植物の作出 ………… 34
- 2.5　高等植物の進化への展望 ………… 35

3　アスタキサンチンの化学 ………… **眞岡孝至** … 37
- 3.1　アスタキサンチンの化学構造とその特性 ………… 37
- 3.2　アスタキサンチンの光学異性体 … 38
- 3.3　アスタキサンチンの幾何異性体 … 40
- 3.4　アスタキサンチンタンパク質複合体 ………… 41
- 3.5　アスタキサンチンの分布とそれらの存在形態 ………… 41
- 3.6　アスタキサンチンの化学合成 …… 43
- 3.7　アスタキサンチンの分析 ………… 43
- 3.8　まとめ ………… 46

4　アスタキサンチンのラジカル消去活性 ………… **濱　　進，小暮健太朗** … 48
- 4.1　はじめに ………… 48
- 4.2　一重項酸素に対する消去作用 …… 48

4.3　ラジカルとの反応について ……… 48
4.4　スーパーオキシドアニオンラジカルに対する消去活性 ………………… 49
4.5　ヒドロキシルラジカルに対する消去活性 ………………………………… 50
4.6　ラジカル誘導脂質過酸化に対する抑制作用 ……………………………… 51
5　植物細胞を活用した水溶性アスタキサンチンの合成 …………… **濱田博喜** … 55
5.1　はじめに ……………………………… 55
5.2　実験方法 ……………………………… 55
5.3　結果 …………………………………… 56

第3章　脳・神経疾患

1　脳内老化制御とアスタキサンチン ……………………………… **大澤俊彦** … 58
1.1　脳内老化と酸化ストレス ………… 58
1.2　酸化ストレスバイオマーカー開発研究の現状と動向 …………………… 59
1.3　アスタキサンチンの持つ神経細胞の酸化障害予防効果 ………………… 61
1.4　アスタキサンチンの生体内代謝機構について ……………………………… 63
2　海馬の可塑性とアスタキサンチン ……………… **岩村弘基，征矢英昭** … 66
2.1　はじめに ……………………………… 66
2.2　認知機能と海馬 ……………………… 66
2.3　神経新生とアスタキサンチン …… 67
2.4　アスタキサンチンと神経栄養因子 … 68
2.5　アスタキサンチンの抗ストレス作用 ………………………………………… 69
2.6　運動疑似薬としてのアスタキサンチン ……………………………………… 69
2.7　おわりに ……………………………… 70
3　神経変性疾患とアスタキサンチン …………… **丸山和佳子，永井雅代，能勢　弓，大澤俊彦，直井　信** … 73
3.1　はじめに ……………………………… 73
3.2　アスタキサンチンとは …………… 73
3.3　何故，“アスタキサンチンと脳”なのか ……………………………………… 75
3.4　おわりに ……………………………… 78
4　パーキンソン病とアスタキサンチン ……………… **片桐幹之，白澤卓二** … 79
4.1　パーキンソン病とは ……………… 79
4.2　アスタキサンチンによるパーキンソン病の予防・治療効果の可能性 … 80
4.3　まとめ ………………………………… 83

第4章　生活習慣病予防

1　アスタキサンチンのインスリンシグナルにおける作用 ………… **西田康宏** … 85
1.1　糖尿病関連疾病とインスリン抵抗性について ……………………………… 85
1.2　インスリンシグナルへのアスタキサンチンの影響 ……………………… 85
1.3　アスタキサンチンのインスリン抵抗性改善効果 ………………………… 88
1.4　おわりに ……………………………… 89
2　アディポネクチン分泌とアスタキサンチン ……………………… **石神眞人** … 91
2.1　はじめに ……………………………… 91

2.2 アディポネクチン分泌とアスタキサンチンに関するこれまでの報告 … 93
2.3 培養脂肪細胞を用いたアスタキサンチンのアディポネクチン分泌に対する効果の検討 ……………………… 94
2.4 考察 ……………………………… 98
2.5 おわりに …………………………… 101
3 メタボリックシンドロームとアスタキサンチン ………………… **矢澤一良** … 103
3.1 肥満とメタボリックシンドローム … 103
3.2 肥満の判定 ………………………… 103
3.3 日本人の肥満の変遷と現状 ……… 104
3.4 予防医学とヘルスフード ………… 104
3.5 自然界におけるアスタキサンチン … 105
3.6 アスタキサンチンの持久力向上・抗疲労作用 …………………………… 105
3.7 アスタキサンチンのメタボリックシンドローム予防（抗肥満作用）…… 106
3.8 アスタキサンチンの今後の開発 … 109
4 脂肪肝とアスタキサンチン ……………………………… **太田嗣人** … 110
4.1 はじめに …………………………… 110
4.2 非アルコール性脂肪肝（NAFLD）の定義と分類 ……………………… 110
4.3 NAFLD・NASH の疫学 ………… 110
4.4 NAFLD の基本的病態 …………… 111
4.5 NASH の発展：脂肪化から炎症へ … 112
4.6 NAFLD の予後 …………………… 113
4.7 NAFLD の治療 …………………… 114
4.8 アスタキサンチンによる脂肪肝の予防 ……………………………… 114

第5章　眼疾患

1 眼の調節機能とアスタキサンチン ……………………………… **梶田雅義** … 119
1.1 はじめに …………………………… 119
1.2 眼の調節機能とは ………………… 119
1.3 ピント合わせの機構 ……………… 120
1.4 調節微動 …………………………… 120
1.5 調節機能解析装置 ………………… 121
1.6 眼精疲労の定量測定 ……………… 123
1.7 2003年の日本眼科学会 IT 研究班の報告 ……………………………… 123
1.8 2004年の日本眼科学会 IT 研究班での報告 ……………………………… 125
1.9 アスタキサンチンによる毛様体筋疲労の回復 ……………………………… 126
1.10 アスタキサンチンの有効性の確認 ……………………………………… 128
1.11 高齢者におけるアスタキサンチンの有効性 …………………………… 128
1.12 おわりに …………………………… 130
2 視覚疲労とアスタキサンチン ………………… **瀬谷安弘，今中國泰** … 131
2.1 はじめに …………………………… 131
2.2 視覚疲労の評価法 ………………… 132
2.3 アスタキサンチンを含む健康食品の摂取が視覚疲労に及ぼす影響 …… 132
2.4 反応時間における練習効果 ……… 135
2.5 まとめと今後の課題 ……………… 136
3 アスタキサンチンの眼疾患への応用 ………………… **北市伸義，石田　晋** … 138
3.1 はじめに～縄文人・続縄文人を支えたサケ・イクラ ……………………… 138
3.2 加齢にともなう眼疾患 …………… 139

3.3 酸化ストレスと眼疾患 …………… 139
3.4 光老化 ………………………………… 140
3.5 動物モデルでの効果 ………… 141
3.6 点眼薬という可能性 ……………… 141
3.7 ヒトでの効果 ……………………… 143
3.8 おわりに …………………………… 145

第6章 アレルギー抑制

1 アスタキサンチンのアトピー性皮膚炎に対する有効性 ……………………… **藤山俊晴** … 146

第7章 美容効果

1 皮膚の抗老化とアスタキサンチン …………………………… **菅沼 薫** … 151
1.1 皮膚の加齢変化 …………………… 151
1.2 皮膚細胞内におけるアスタキサンチンの機能 ……………………………… 152
1.3 外用によるアスタキサンチンの効果 ……………………………………… 154
1.4 経口摂取によるアスタキサンチンの効果 ………………………………… 156
1.5 まとめ ……………………………… 160
2 光老化とアスタキサンチン …………………………… **市橋正光** … 162
2.1 はじめに …………………………… 162
2.2 2012年現在の「老化の機序」の理解 ……………………………………… 162
2.3 太陽光線による光老化の発症機序 … 163
2.4 アスタキサンチンの抗酸化作用の特色 …………………………………… 166
2.5 アスタキサンチンの抗光老化の実際：*in vitro* と *in vivo* 効果 ……… 168
3 酸化ストレス負荷高度の閉経後女性に対するアスタキサンチンの効果 ……………… **米井嘉一，八木雅之** … 174
3.1 はじめに …………………………… 174
3.2 スクリーニングによる対象者の選定 ……………………………………… 174
3.3 アスタキサンチン含有食品の性状，服用方法 …………………………… 175
3.4 自覚症状の改善 …………………… 175
3.5 血管への作用～血管抵抗の軽減と降圧効果～ …………………………… 176
3.6 ホルモン分泌への影響 …………… 178
3.7 酸化ストレス～抗酸化能の増強～ 178
3.8 心身ストレスへの作用～ストレスホルモンバランスの改善～ ………… 178
3.9 おわりに …………………………… 179
4 皮膚の光老化とアスタキサンチンのシワ抑制メカニズム ……… **笠 明美** … 182
4.1 はじめに …………………………… 182
4.2 皮膚の光老化 ……………………… 182
4.3 アスタキサンチンのシワ抑制メカニズム ………………………………… 185
4.4 おわりに …………………………… 188

第8章　運動器作用

1　脂質代謝とアスタキサンチン ……………………………… **青井　渉** … 190
　1.1　天然のカロテノイド アスタキサンチン ………………………………… 190
　1.2　エネルギー代謝と健康問題 ……… 190
　1.3　エネルギー代謝におよぼすアスタキサンチンの有用性 …………………… 191
　1.4　有酸素運動時のエネルギー代謝におよぼすアスタキサンチンの有用性 … 192
　1.5　中・高強度運動時のエネルギー代謝におよぼすアスタキサンチンの有用性 ……………………………………… 194
　1.6　おわりに …………………………… 195
2　スポーツトレーニングからみたアスタキサンチンの優位性 …… **川本和久** … 197
　2.1　はじめに …………………………… 197
　2.2　アスタキサンチン摂取はミドルパワーを向上させるのか …………… 197
　2.3　アスタキサンチン摂取は間欠的無酸素性運動の持続に効果があるのか ……………………………………… 200
　2.4　アスタキサンチン摂取はコンディショニングにどう関わるか ……… 202
3　アスタキサンチンによる競走馬の「こずみ」防止効果 ………… **佐藤文夫** … 204
　3.1　はじめに …………………………… 204
　3.2　競走馬の「こずみ」とは ………… 204
　3.3　アスタキサンチンの抗酸化機能 … 205
　3.4　試験1：筋損傷防止に効果的なアスタキサンチン投与量の検討 ……… 205
　3.5　試験2：アスタキサンチンの「こずみ」発病予防効果の検討 ………… 206
　3.6　考察 ………………………………… 209

第9章　抽出，製造と応用製品

1　ヘマトコッカス藻からの亜臨界水によるアスタキサンチンの抽出 ……………………………… **衛藤英男** … 211
　1.1　はじめに …………………………… 211
　1.2　超臨界炭酸ガス抽出および亜臨界水抽出について ……………………… 211
　1.3　ヘマトコッカスからアスタキサンチンの亜臨界水抽出について ……… 213
　1.4　おわりに …………………………… 215
2　飼料用アスタキサンチン「Panaferd-AX」………… **坪倉　章** … 217
　2.1　はじめに …………………………… 217
　2.2　飼料用アスタキサンチン「Panaferd-AX」…………………… 217
　2.3　今後の展開 ………………………… 221
3　アスタキサンチンの食品への利用 ……………………………… **西野雅之** … 222
　3.1　アスタキサンチンとは …………… 222
　3.2　食品添加物としてのアスタキサンチン ……………………………………… 222
　3.3　ヘマトコッカス藻色素について … 223
　3.4　アスタキサンチンの食品への利用 … 224
　3.5　おわりに …………………………… 227
4　アスタリール®とその応用について ……………………………… **北村晃利** … 229
　4.1　アスタリール® ……………………… 229

4.2 アスタリール®製造と特徴 ………… 230
4.3 アスタリール®の利用について …… 232
5 アスタキサンチンナノサイズ乳化物とその応用商品
………………… **大橋雄一，植田文教** … 236
5.1 はじめに ………………………………… 236
5.2 アスタキサンチンナノサイズ乳化物の特長 ………………………………… 236
5.3 アスタキサンチン配合サプリメントの抗酸化能およびスポーツパフォーマンスへの影響 …………………………… 238

第1章　総論

1　アスタキサンチンの歴史と展望

山下栄次*

1.1　アスタキサンチンの歴史

1.1.1　アスタキサンチンの生みの親

アスタキサンチンはβ-カロテンと同じカロテノイドの一種で，エビ・カニなどの甲殻類やサケ・タイなどの魚類など，天然特に海洋に広く分布する赤橙色の色素である。地球上における存在量はカロテノイドの中でフコキサンチン，ペリジニンに次ぐと言われている。一般的に良く知られているカロテノイドのβ-カロテンやリコペン，ルテインよりもその存在量が多いのは，それらが陸上植物である高等植物に含まれているのに対し，アスタキサンチンは海洋生物に含まれているからである。よって“マリンカロテノイド”と呼ばれることもある。

では，“アスタキサンチン”という名前はどのようにして誰が命名したのだろうか。一般に生物の学名は発見者が命名しているがアスタキサンチンも例外ではない。カロテノイドは炭化水素であるカロテンと酸素原子を含有するキサントフィルに大別され，アスタキサンチンはキサントフィルに分類される。1938年ノーベル化学賞受賞者のリヒャルト・クーン Richard Kuhn がロブスターから赤い色素を単離した[1]。構造を3,3'-Dihydroxy-β,β-carotene-4,4'-dione（IUPAC：International Union of Pure and Applied Chemistry 国際名）と決め，ロブスターの学名 *Astacus gammarus* とキサントフィル Xanthophyll であることからアスタキサンチン Astaxanthin と命名した。IUPAC 国際名に対して“アスタキサンチン”は慣用名と言う。IUPAC 国際名が本名，慣用名があだ名といったところか。アスタキサンチンの化学構造とその特性，および，分布とそれらの存在形態については，第2章「3．アスタキサンチンの化学と水畜産分野への応用」を参照されたい。

1.1.2　はじめは単なる“色”だった

アスタキサンチンの商業的利用は水産分野から始まった。「獲る漁業から作る漁業へ」と養殖業が盛んになるにつれ，サケ，マス，タイ，ハマチなどの養殖魚の色揚げ剤として広く利用されるようになった。世界的には，ノルウェー，カナダ，チリなどにおけるサケ用が圧倒的に多く，現在では200億円の市場を形成している。業界が拡大すると魚の単価が下落し，これらにはもっぱら安価な合成アスタキサンチンが使用されている。しかし，一部の天然志向「天然仕上げ」用にオキアミ，ファフィア酵母，ヘマトコッカス藻が使用されるがごくわずかである。養魚用以外の用途としては，鶏卵用色揚げ，養豚用受胎率向上などがあるが1％以下である[2]。このように，

---

*　Eiji Yamashita　アスタリール㈱　リテール事業部　国際営業部長；学術担当部長

アスタキサンチンの利用は“色素”からであった。

1.1.3 アスタキサンチンの革命的研究 ―強力な抗酸化作用の発見―

1982年日本水産学会春季大会にて「カロテノイドの抗酸化作用について」と題してアスタキサンチンの一重項酸素消去活性が幹らによって発表された[3]。これが“色”から脱皮したアスタキサンチンの産声となり，以降数々のアスタキサンチンの抗酸化作用に関する報告がなされた。代表的なものとしては，一重項酸素消去〈ビタミンＥの約550倍，β-カロテンの約40倍〉[4]と脂質過酸化抑制〈ビタミンＥの約1000倍〉[5]がある。前者の一重項酸素は，紫外線によって誘起される活性酸素であるので，タイや甲殻類が表皮や甲羅に，そしてサケの卵であるイクラにアスタキサンチンが含有されている理由が計り知れる。後者は，脂質二重構造からなる生体膜の構成脂肪酸の脂質過酸化を抑制する[6]ことで膜の変形能を保持し，受容体や輸送体，イオンチャンネル，さらにはシグナル伝達といった重要な生命活動の維持に役立っている。また，強力な抗酸化剤にありがちなプロオキシダントになり難いことも大きな特徴である[7]。これらは，β-カロテンの基本構造に，ケト基と水酸基が対称に存在するアスタキサンチンの特徴的な構造による。詳細については，第２章「１．カロテノイドの生理機能と存在意義：構造的に見たアスタキサンチンの優位性」および「４．アスタキサンチンのラジカル消去活性」を参照されたい。第３章から第８章にかけて記述される様々な機能性が発揮される理由が理解できる。

1.1.4 アスタキサンチンの大量生産

このような優れた機能性を有するアスタキサンチンを人間様の健康増進に利用するには，合成品の使用が飼料にのみ限られていること，および，サケなどの食品からだけでは所要量が足りないことから，天然資源を探索し大量生産する必要があった。第２章「３．アスタキサンチンの化学と水畜産分野への応用」に述べられているように，有力候補としてオキアミ，ファフィア酵母，ヘマトコッカス藻が挙げられるが，オキアミは臭いの問題や価格が非常に高価であること，ファフィア酵母は細胞壁が非常に厚いため抽出が困難であることから，淡水性単細胞緑藻であるヘマトコッカス藻が最適であることは知られていた。しかし，ヘマトコッカス藻の大量培養は異物（生物的，化学的，物理的とも）混入によって生産性が大幅に低減されてしまうため非常に難しく，実生産に成功している培養法としては，オープンポンド方式，屋内タンク方式，チューブラー方式がある。いずれも未だ異物混入との戦いが続いているが，1994年から大量培養に成功し，継続的に最大規模での生産が行われている屋内タンク方式は未だに安定した供給を続けている[2]。ちなみに，オープンポンド方式は1997年，チューブラー方式は2002年に成功している。他，最近パラコッカスも飼料用途ではあるが利用が拡大している（第９章「２．飼料用アスタキサンチン「Panaferd-AX」の開発」参照)。

1.1.5 ヘマトコッカス藻由来アスタキサンチンの利用

現在アスタキサンチンのヒトへの利用はヘマトコッカス藻由来アスタキサンチンが主流であるが，ヘマトコッカス藻は細胞壁を有しており，利用には細胞壁の破壊が必要である。破砕した藻体ものではアスタキサンチンの安定性が良くないためそのままでは利用しづらく，アスタキサンチンをその他の脂質とともに抽出してオイル状とすることにより利用が可能である。さらに，粉末化や水溶性化により幅広い利用が可能になっている。いずれも，食品添加物着色料「ヘマトコッカス藻色素」製剤として利用されている。アスタキサンチンを高濃度に，そしてクロロフィル（アスタキサンチンの安定性を低下させる）を低濃度に含んだ高品質なヘマトコッカス藻をいかに安定に大量培養するかと，ヘマトコッカス藻からアスタキサンチンをいかに変性・分解なく安定に抽出・製剤化するかがポイントとなる。そうすれば末端商品中の安定化に繋がり，末端商品への幅広い応用が可能になる。第9章「4．「アスタリール®」の応用」を参照されたい。現在の日本の素材市場は20億円を突破しており，世界市場を牽引している。研究においても，「アスタキサンチン研究会」が2005年に発足し，第3章から第8章のような様々な研究成果がなされ，正しくアスタキサンチンは日本発と言って過言ではない。なお，それらの動物および臨床研究にはほとんどの場合ヘマトコッカス藻由来アスタキサンチンが使用されている。

1.1.6　ブーム到来

現在日本におけるアスタキサンチンの認知度は20％を超えると言われている。読者の方々も新聞やテレビで見たり聞いたりしたことがあるのではないだろうか。既に大手食品，化粧品，製薬メーカーをはじめアスタキサンチン配合商品が多数販売されており，インターネットのサーチエンジンで「アスタキサンチン」を検索すると120万件以上ヒットする。また，YouTube や Facebook などでも賑わっている。これはヘマトコッカス藻の大量培養が可能になったことと，豊富なエビデンスがあることに尽きる。用途としては，眼精疲労を中心とするアイヘルス，スポーツニュートリション，スキンビューティーが中心である。最近ではパンやドリンクなど一般食品への利用（第9章「3．アスタキサンチンの食品への応用」参照）も可能になっている。

有名人やプロアスリートたちにもアスタキサンチンの輪が徐々に拡がっており，現役最古参である阪神タイガースの金本選手が積極的にサプリメントを取り入れていることは有名で，彼はアスタキサンチンを最有力素材の一つに挙げている。昨今の大活躍の裏に「アスタキサンチン」がありそうだ。そのことを知った他のプロ野球選手も試しているとのこと。また，トライアスロンなどの陸上界や競技ダンス，競輪，スキー，バスケット，バレーボール，卓球界などにも愛好家がいる。女優さんにも。

ヨーロッパにおいても，数年前大手健康食品メーカーがアスタキサンチン配合美容サプリメントの発売をはじめ，売上を伸ばしている。

東南アジアでは，特にインドネシアの大手製薬メーカーが医科向けサプリメントを上市して好成績を挙げている。

アメリカでは，皮膚科医 No.1と評されているペリコーン博士 Dr. Perricone がサプリメントによるアンチエイジングの最大手素材としてアスタキサンチンを評価し，自己ブランドのアスタキサンチン使用サプリメントを発売し，好評を博している（図1）。さらに，一昨年オズ博士 Dr. Oz が自身の TV ショー（http://www.doctoroz.com）で「最強の抗酸化物」としてアスタキサンチンを紹介し，その後爆発的に市場が拡大している。サプリメント大国アメリカの影響は大き

図1　ペリコーン博士の本と商品

く，日本発「アスタキサンチン」は一大ブームとして世界に拡がっている。

1.2　アスタキサンチンの展望

アスタキサンチンの研究の流れは次章の「アスタキサンチンの研究動向」にてレビューしていただくとして，いわゆる“疾病予防”や“抗疲労”，“抗老化”といったディフェンスの要素を多分に含んだ機能性をアスタキサンチンは有している。ところが，最近，医療機関向けサプリメントと美容液（スキンケアベース）が上市されて以来，従来健常人向けの健康増進に貢献していたところに，さらに患者への利用がなされるようになり，現代医療だけでは十分な治療効果が得られなかった状態にアドオン的に使用され改善に向かうといったオフェンスの効果を発揮しはじめている。具体的には，心不全で現代医療では手の施しようがなかった患者さんがアスタキサンチンの摂取で見事に回復したり，前立腺肥大症を伴う下部尿路症状（特にその QOL）が現代医療に不満をいだいている患者さんにおいてアドオンにて改善されたり，アトピー症状が現代医療では膠着状態であったのがプラス摂取&塗布にて大幅に改善されるなどである。今後アスタキサンチンは現代医療の孫の手的存在としてさらに医療現場で使用されるものと思われる。

そうなれば，医療費削減の最王手素材として国が認め，それを確実なものとすべく，大規模な臨床試験の国家プロジェクトが始動することになろう。日本発アスタキサンチンが本物の“日の丸”発アスタキサンチンになる日である。日本国には諸外国に先走られることなく実行してもらいたいものである。

一般向けトレンドとしては，先述したアイヘルス，スポーツニュートリション，スキンビューティーへの利用がさらに伸びるであろう。アイヘルスは特に体感できるヘルスクレームである。

スポーツニュートリションに関しては，非常に特徴的で，“疲れが残らない”，“納得のいく練習ができる”などドーピングを気にする必要のない成分として利用できる（第8章「2．スポーツトレーニングからみたアスタキサンチンの優位性」参照）だけでなく，スポーツには視覚が非常に重要で「眼にいい（視覚鋭敏化）」ことがプラスされ一粒で二度美味しいのである。否，実は三度美味しいことがわかっている。それは，アスタキサンチンが脂肪燃焼を促進することが明らかとなったことである（第8章「1．脂質代謝とアスタキサンチン」参照）。シェイプアップのためにエクササイズをするが，アスタキサンチン摂取によりよりそのシェイプアップ効果が高まるというのである。過度のエクササイズで身体に支障をきたしてしまうケースもあるが，アスタキサンチンで楽にエクササイズでき，より脂肪が燃焼するというわけである。その辺りは第9章「5．スポーツサプリメントとアスタキサンチン」を参照されたい。もし過度のエクササイズで身体に支障をきたしてしまったとしても，アスタキサンチンにはリハビリテーションの期間を短くすることがわかってきているのでこれまた強い味方である。スキンビューティーに関しては，従来の化粧品的考え方である“アウトサイドイン”塗布に加えて，内からの美容である“インサイドアウト”摂取による内外美容のエビデンスも充実しており，化粧品メーカーによってこの内外美容コンセプトがさらに拡大されるものと考えられる。

商品開発としては，サプリメント＆化粧品のさらなる伸び，米国FDAよりGRAS認証を受けていることも引き金にドリンクなど一般食品への利用が世界的に拡大，また“メディカルフード”としての利用も世界的になされると予想される。追加用途としては，全般的な疲労回復やうつ改善などの「元気を出す」，そして糖尿病やその合併症，高血圧，動脈硬化などの生活習慣病予防を目的とした医科向けオーダーメードサプリメントにも使用されるであろう。また，化粧品分野においては，使用量ははなはだ微量ではあるが，スキンケアを中心に様々な商品に使用されるであろう。特に，皮膚科医向けであるドクターズコスメでの使用が拡大すると思われる。また，競走馬（第8章「3．アスタキサンチンによる競馬馬の「こずみ」予防効果」参照）を含めた動物への利用，特にペットへの利用も見逃せない。世界的にはアメリカのさらなる伸びが予想される。

近未来ではあるが，アスタキサンチンを多量に含有した植物油など組換え技術が世界に受け入れられる時代も夢ではない。

「安全性が確保されている」，「エビデンスがしっかりしている」，「作用メカニズムが解明されている」と3拍子そろった素材はそうあるとは言えない。アスタキサンチンに乞うご期待である。

文　献

1） R. Kuhn *et al.*, *Z. angew. Chem.*, **51**, 465-466 (1938)
2） BIO PRODUCTS アスタキサンチン，*BIO INDUSTRY*, **22**(12), 54-59 (2005)
3） 幹ほか，昭和57年度日本水産春季大会，p211，東京 (1982)
4） N. Shimizu *et al.*, *Fisheries Science*, **62**, 134-137 (1996)
5） W. Miki, *Pure & Appl. Chem.*, **63**, 141-146 (1989)
6） S. Goto *et al.*, *Biochim. Biophys. Acta*, **1515**, 251-258 (2001)
7） HD. Martin *et al.*, *Pure Appl. Chem.*, **71**, 2253-2262 (1999)

2 アスタキサンチンの研究動向

内藤裕二*

2.1 はじめに

アスタキサンチンの機能性，とくに健康増進作用，各種生活習慣病に対する予防効果，合併症抑制効果が見いだされ，食品科学，予防医学の分野でも注目されつつある素材となっている。本稿では，アスタキサンチンの疾患予防，健康増進作用について解説し，筆者らのこれまでの取り組みについて紹介した。

2.2 抗糖尿病作用

糖尿病性腎症は近年増加しており，新規に透析をはじめた患者数も慢性腎炎を上回り，第1位となった。また透析導入後も，他の原因による腎不全患者と比較すると，血管疾患の合併率が高く生命予後は明らかに不良である。そのため，糖尿病性腎症の原因を解明し，有効な治療法を確立することは臨床上重要な課題と考えられている。糖尿病性腎症の原因としては糸球体過剰濾過，メザンギウム細胞の代謝異常，糖化反応などが考えられるが，近年酸化ストレスの亢進が注目されている。

筆者らは，2型糖尿病のモデル db/db マウスを用いて，アスタキサンチンが糖毒性の軽減作用，糖尿病合併症である腎症の発症抑制効果などを示すことを見いだした[1,2]。6週齢マウスにアスタキサンチンを投与（混餌0.02%）した結果，18週齢時の随時血糖値には大きな影響を与えなかったが，糖負荷試験後のインスリン分泌は普通食群に比較してアスタキサンチン投与群で明らかに増加し，糖負荷2時間後の血糖値はアスタキサンチン群で有意に低下していた。組織学的には膵組織に明らかな差違は認められなかった。以上の結果は，高血糖状態による膵β細胞インスリン分泌の低下（いわゆる糖毒性）をアスタキサンチンが軽減している可能性を示唆しているものと考えられた[1]。さらに，糖尿病性腎症の早期指標である尿中アルブミン量を定量した結果，18週齢 db/db マウス尿中アルブミン量は，対照である db/m マウスに比較して有意に増加していた（図1(A)）。この尿中アルブミン量の増加はアスタキサンチン投与により有意に抑制されていた。DNA 酸化傷害のバイオマーカーとして8-OHdG（8-hydroxydeoxyguanosine）の尿中濃度を測定したが，尿中8-OHdG 量は18週齢時で，対照である db/m マウスに比較して db/db 群で有意に増加し，アスタキサンチン投与により有意に抑制されていた（図1(B)）。免疫組織学的検討でも，腎糸球体の8-OHdG 陽性細胞は db/db 群で増加し，アスタキサンチン投与により抑制されていた。さらに，腎糸球体におけるメザンギウム領域の面積比を算出し，組織学的な検討をしたところ，アスタキサンチン投与群が非投与群よりも有意に低い値であった（図1(C)，(D)）。以上の結果は，糖尿病における腎糸球体細胞への酸化ストレス負荷が腎症発症に関与し，酸化ストレス軽減作用のあるアスタキサンチンが腎症発症を抑制している可能性を示すものである。同

* Yuji Naito　京都府立医科大学　大学院医学研究科　消化器内科学　准教授

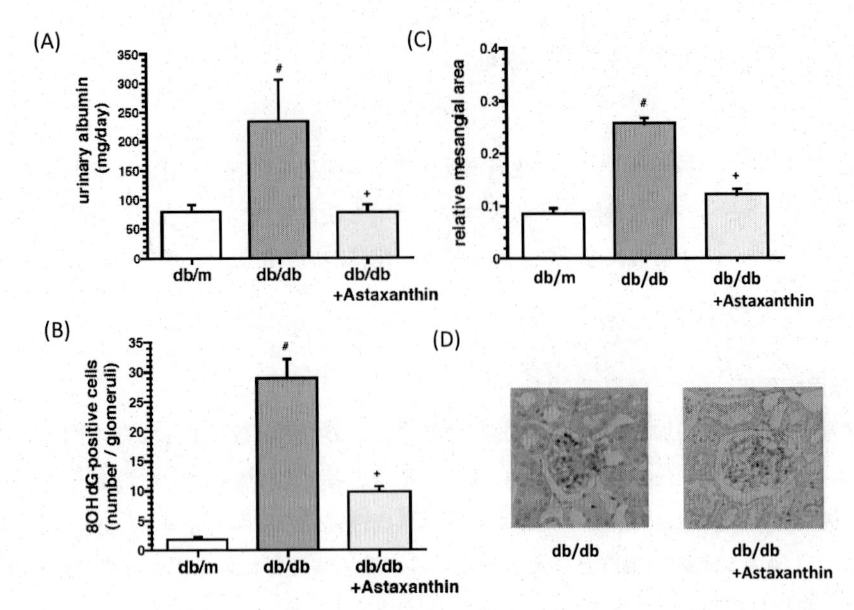

図1　糖尿病マウス（db/db）に合併する糖尿病性腎症に対するアスタキサンチンの効果
6週齢から12週間のアスタキサンチン投与後，糖尿病性腎症を尿中アルブミン量，酸化ストレスを酸化的DNA損傷（8-OHdG），組織学的にはPAS陽性のメサンギウム領域の拡大により評価した（文献2）より引用）。
$^{\#}$P ＜0.05 vs db/m，$^{+}$P ＜0.05 vs db/db

様の糖尿病モデル動物を用いてアスタキサンチンの有効性が報告されている[3~5)]。

次に，アスタキサンチンによる腎保護効果の作用メカニズムの解明，標的遺伝子群を確認するため，糸球体細胞で発現する遺伝子を網羅的に解析した。22,690プローブを載せたMouse Expression Set 430 A Chipで解析した結果，989プローブが1.5倍以上変動しており，腎症によって649プローブが発現亢進，340プローブが発現低下を示した。発現が亢進した649プローブ中588は，アスタキサンチン投与により発現が低下しており，発現の低下した340プローブ中198は，アスタキサンチンにより発現が増加していた。対照マウスであるdb/mとの比較で発現の亢進した遺伝子群のシグナル伝達経路を検討した結果，ミトコンドリア電子伝達系酸化的リン酸化に関与する多くの遺伝子群の発現亢進が観察され，アスタキサンチンはそれらの発現亢進を是正していた[6)]。以上の結果は，アスタキサンチンの関与する遺伝子発現を明らかにしただけでなく，糖尿病性腎症の進展機構にミトコンドリア機能異常の関与を示唆するものである。

酸化ストレスの原因がミトコンドリア由来活性酸素である可能性を考え，培養細胞を用いた研究を進めた。腎糸球体細胞のなかでもメザンギウム細胞は，炎症性サイトカインや細胞外マトリックスを分泌し，糖尿病性腎症の進展に重要な役割をはたすことが知られている。そこで，ヒト培養メザンギウム細胞を用い，高血糖の影響とアスタキサンチンの影響を検討した[7)]。蛍光顕微鏡を用いた細胞内酸化ストレスの評価では，25 mM glucoseという条件での高血糖培地でヒトメザンギウム細胞を培養すると，ミトコンドリアの局在に一致して活性酸素産生が増加していることを見いだした。さらに，アスタキサンチン（1μM）を同時添加しておくと，そのミトコンドリア由来活性酸素シグナルが減弱することが明らかとなった。産生された活性酸素の標的分子を探索するため，細胞質とミトコンドリアのタンパク質を分画採取し，抗4-hydroxy-2-nonenal（HNE）抗体によるウエスタンブロッティングを行ったところ，高血糖状態のメザンギウム細胞ではミトコンドリアタンパク質に一致してHNE付加タンパク質を認め，その修飾タンパク質はアスタキサンチンの同時添加により著明に抑制されていた。以上の結果は，アスタキサンチンが直接活性酸素を消去したと考えるよりも，アスタキサンチンが酸化ストレスによるミトコンドリアタンパク質の酸化的翻訳後修飾を抑制した結果ではないかと推察している。実際にアスタキサンチンは，細胞質に比較してミトコンドリアにより高濃度集積する[7)]。

さらに，下流のシグナル伝達を検討した結果，高血糖状態では転写因子NF-κBが活性化し，transforming growth factor-β1（TGF-β1），monocyte chemoattractant protein-1（MCP-1）などの遺伝子発現が亢進し，糖尿病性腎症の進展に悪影響を与えている可能性が見いだされた（図2）。アスタキサンチンの同時添加は，これらの転写因子活性化と遺伝子発現を著明に抑制していた[7)]。以上のように，アスタキサンチンの腎保護効果は細胞レベルの検討でも明らかであり，強力な抗酸化作用がその作用機序の中心になっているものと考えられる。

2.3　運動に与える影響

急性運動負荷はストレス反応を惹起するが，なかでも急性運動負荷後の遅発性筋損傷の発生には酸化ストレスならびに急性炎症の影響が大きい[8)]。ラットを用いてトレッドミルによる急性運動負荷をかけた後，経時的に骨格筋由来酵素の血中への逸脱を観察した結果，クレアチンキナーゼ（CPK）の上昇に先行して，筋組織への好中球浸潤と過酸化脂質の上昇が観察された。同モデルを用いてアスタキサンチン食餌（0.02%，3週間）の影響を検討した[8)]。その結果，アスタ

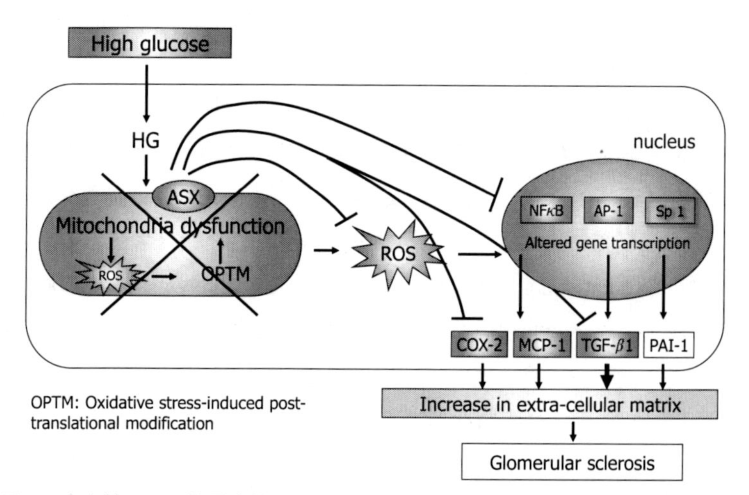

図2　高血糖による糖尿病性腎症の発症機構とアスタキサンチンによる軽減作用

キサンチン食群では，急性運動負荷24時間後の筋損傷マーカーであるCPKの上昇を有意に抑制しただけでなく，筋肉に浸潤する好中球数を有意に抑制していた。さらに，酸化損傷マーカーである8-OHdG（酸化修飾DNA）や4-HNE修飾タンパク質が対照群で増加していたが，アスタキサンチン群では有意に抑制されていた[8]。このようなアスタキサンチンによる運動パフォーマンスの向上作用については，スポーツアスリートを対象とした臨床的エビデンスが検証され，その有効性が報告されている[9]。

2.4 抗肥満作用

肥満症は多くの生活習慣病のリスク因子として認識され，食品や運動による抗肥満作用，脂肪肝抑制作用などが盛んに研究されている。われわれは糖尿病素因のあるKK/Taマウスに高脂肪食を負荷することにより，脂肪肝を伴うメタボリックシンドロームモデルマウスを作製し[10]，予防医学研究に利用している。本モデルマウスでは，高脂肪食負荷により内臓脂肪増加，内臓脂肪でのアディポネクチン発現低下，インスリン抵抗性，脂肪肝などを経時的に発症するが，アスタキサンチン混餌食により内臓脂肪の増加，インスリン抵抗性，血清トランスアミナーゼ（AST，ALT）などは有意に抑制されていた[11]。

運動による抗肥満作用に関する科学的評価研究が進んでいる。筆者らは，マウス運動モデルを用いて日常的な運動による肥満予防と脂肪肝予防に対するアプローチを実施している。KK/Taマウスを高シュクロース食で飼育し，脂肪肝モデルを作製した。高シュクロース食は食後高血糖およびインスリン抵抗性を生じ，これを基盤として脂質代謝を破綻させる。すなわち高シュクロース食摂取による急激な血糖上昇は糖から中性脂肪の合成を促進し，脂質代謝異常からトリグリセライドの沈着を伴い脂肪肝が発症すると考えられる。KK/Taマウスの肝臓における脂肪酸合成系酵素と脂肪酸分解系酵素遺伝子mRNAの発現をreal-time PCRで評価し，Balb/cマウスの場合と比較した。KK/Taマウスでは，脂肪酸合成酵素（Fatty acid synthase，Acetyl-CoA carboxylase）遺伝子mRNA発現が亢進し，分解酵素群Carnitine palmitoyltransferase, Acyl-CoA dehydrogenase, Trifunctional enzyme）の発現が低下していた。KK/Taマウスに対して日常的な運動負荷（20 m/分の速度で30分間のトレッドミル走運動を週3回負荷）を12週間実施した結果，脂肪肝は組織学的にも生化学的にも明らかに改善しており，脂肪酸合成酵素，分解酵素の遺伝子発現異常も是正されていた。食事摂取量に変化はないため，運動負荷が全身（主に骨格筋）の代謝を促進し，肝臓に流入する遊離脂肪酸が減少した結果と考えられる。ヒトNAFLD患者の肝組織においてもfatty acid synthase，acetyl-CoA carboxylaseなどの脂肪酸合成酵素遺伝子発現は亢進しており[12]，今回用いた高シュクロース食負荷モデルはNAFLDのよい実験モデルかもしれない。

さらに，運動による血中の遊離脂肪酸減少に関するメカニズムを解析した。Peroxisome proliferator-activated receptor-g coactivator-1a（PGC-1α）はPPARα，PPARγ，および他の転写調節因子の活性化補助因子として知られているが，筋肉をはじめ肝臓や褐色脂肪組織で発現している。筋肉でのPGC-1α発現量が糖尿病や老化によってミトコンドリア機能とともに低下することが報告されており，運動により発現が亢進するとされている。PGC-1αはエネルギー消費量の低下によるメタボリックシンドロームの疾患治療標的の候補としても期待されている。筆者らは，運動によるPGC-1α発現亢進メカニズムを解析し，PGC-1α遺伝子の上流に位置するマイクロRNA（miR696）の発現低下が重要であることを見いだした[13]。運動はミトコンドリア機能を維持するうえで重要なPGC-1α遺伝子発現を亢進させるだけでなく，長中鎖脂肪酸をミトコンドリアへ取り込む際に重要な受容体であるcarnitine parmitoyltransferase Ⅰ（CPT Ⅰ）遺伝子発現を亢進させることも明らかになっている[14]。CPT Ⅰはミトコンドリア外膜に局在し，長〜中鎖脂肪酸をミトコンドリア内に取り込む役割を果たしているが，運動によりその機能が亢進し，エネルギー源として炭水化物より脂肪酸をより多く利用する（図3）。運動により内臓脂肪がより優先的に燃焼するメカニズムの一つかもしれないと考えている。さらに，運動時には，このCPTタンパク質に脂質過酸化反応の初期に生成するN^{ε}-(hexanoyl)lysin（HEL）により翻訳後修飾を受けそのタンパク質機能が低下することも明らかとなり，アスタキサンチン投与がこの修飾を抑制し，運動により増加したCPTタンパク質の機能がより亢進し，ミトコンドリアでのβ酸化が亢進し脂肪酸がより燃焼する結果となる（図4）。したがって，運動療法による内臓脂肪の減少効果はアスタキサンチン摂取を併用した方が高まり，より一層効果的に内臓脂肪が低下させることができるようになる。

2.5　視機能改善作用

アスタキサンチンの視機能や筋肉疲労に関する二重盲験試験が本邦で実施されている。アスタキサンチンのVDT作業者の調節力，中心フリッカー値，パターン視覚誘導電位に及ぼす影響を調べた試験[15]では，アスタキサンチン5 mg/日・4週間内服させた前後で，有意な調節力改善（p

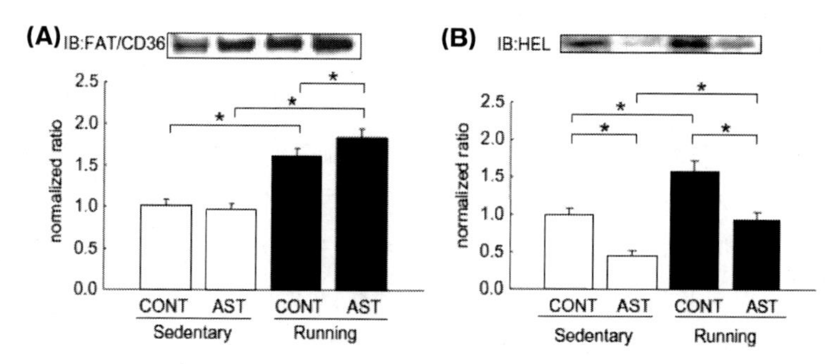

図3　Fatty acid translocase（FAT/CD36）との免疫沈降法によるCPT1の機能解析(A)とhexanoyl-lysin（HEL）修飾タンパク質の解析(B)
アスタキサンチンの併用によりCPT-IとFAT/CD36の結合が増加し，アスタキサンチンはCPT-Iタンパク質のHELによる翻訳後修飾を抑制した（文献14）より引用）。*$P < 0.05$

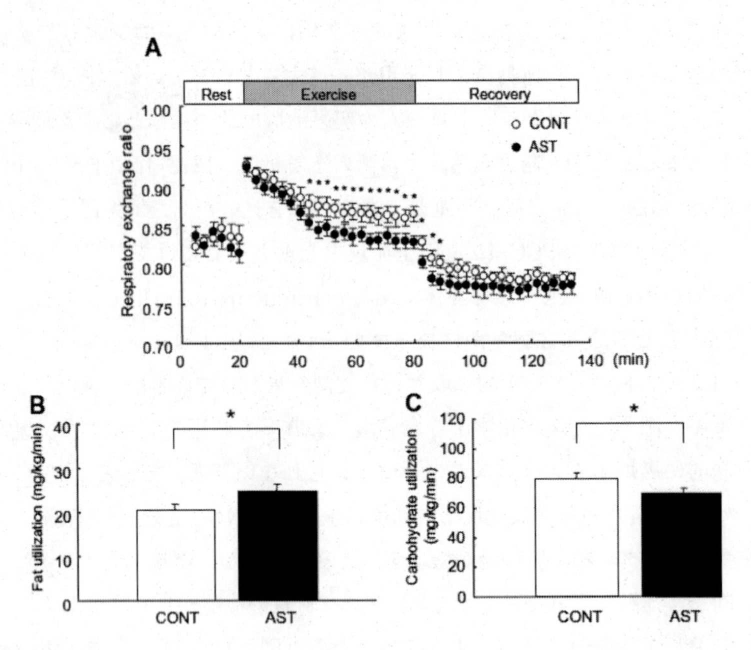

図4　呼吸商の解析により，アスタキサンチン併用群では基質として脂肪を効率よく燃焼させていた（文献14）より引用）　*P <0.05

<0.01）が認められている。その後，40歳以上の健康人を対象としてアスタキサンチンの視機能への影響を，1日1回，0 mg，2 mg，4 mg，12 mg のアスタキサンチンを28日間服用させた結果では，4 mg 群，12 mg 群で遠見裸眼視力が有意に改善し，調節緊張時間が有意に短縮していた[16]。さらに，VDT 作業などの従事時間が平均1日7時間前後の者を被験者としたアスタキサンチンの調節機能および疲れ眼に対する摂取量設定試験が行われ，アスタキサンチン 6 mg/日摂取以上の群で，調節緊張速度が有意に上昇し，自覚症状の改善効果が見られた項目が多いことが見いだされている[17]。

2.6　抗動脈硬化作用

アスタキサンチンには強力な脂質過酸化抑制作用が認められるため，従来より脂質過酸化反応の関与が注目されている動脈硬化に対する有効性も検証されている。Iwamoto ら[18]は，健常者13人を3つのグループに分け，アスタキサンチンのサプリメントをそれぞれ1日0.6 mg，3.6 mg，21.6 mg を2週間摂取させる介入試験を行った。LDL の酸化され易さを評価した結果，すべてグループで LDL コレステロールが酸化される時間が延長していることを見いだしている。用量依存性も観察されており，アスタキサンチンの摂取は LDL コレステロールが酸化されにくくなっていることを示している。

2.7　皮膚への作用

アスタキサンチンもヒト皮膚をUVB照射後の色素沈着，皮膚障害を有意に抑制することが報告されている。アスタキサンチンの美肌効果試験で，まず，皮膚に対する安全性は，ヒト皮膚でのパッチテストで異常は認められず，反復塗布試験でも異常が認められなかった。ヒト二重盲験法でアスタキサンチンとトコトリエノール配合健康補助食品と両者を除いた対照食品を用いて効果を比較した結果，肌水分量（目尻），視診，触診（クマ，滑らかさ，しっとりさ，はりの良さ）および自己診断（シミ，ソバカス，ニキビ，フキデモノ）いずれも有意な改善が認められることが報告されている[19]。

2.8　おわりに

アスタキサンチンの疾病予防に関するわれわれの研究成果を中心に解説した。ヒト二重盲検比較試験が進行中のものもあり，今後の成果に期待したい。さらに，アスタキサンチンの治療標的分子として，CPT-1など特定のタンパク質がカロテノイドの治療標的分子として解明されつつある。今後の研究の進展に期待していただきたい。

謝辞

本解説に示したアスタキサンチン関連の研究においては，本学吉川敏一学長指導の下，消化器内科消化管研究室，半田 修講師，髙木智久講師，内山和彦助教らのグループ，京都府立大学　青井 渉助教による成果であり，ここに深謝する。

文　　献

1）Uchiyama K, Naito Y, Hasegawa G, *et al., Redox Rep.*, **7**, 290-293 (2002)
2）Naito Y, Uchiyama K, Aoi W, *et al., BioFactors*, **20**, 49-59 (2004)
3）Chan KC, Pen PJ, Yin MC., *J Food Sci.*, **77**, H76-80 (2012)
4）Sun Z, Liu J, Zeng X, *et al., Food Funct.*, **2**, 251-258 (2011)
5）Leite MF, De Lima A, Massuyama MM, *et al., Int Endod J.*, **43**, 959-967 (2010)
6）Naito Y, Uchiyama K, Mizushima K, *et al., Int J Mol Med.*, **18**, 685-695 (2006)
7）Manabe E, Handa O, Naito Y, *et al., J Cell Biochem* (2007)
8）Aoi W, Naito Y, Sakuma K, *et al., Antioxid Redox Signal*, **5**, 139-144 (2003)
9）Earnest CP, Lupo M, White KM, *et al., Int J Sports Med.*, **32**, 882-888 (2011)
10）Akagiri S, Naito Y, Ichikawa H, *et al., J Clin Biochem Nutr.*, **42**, 150-157 (2008)
11）Akagiri S, Naito Y, Ichikawa H, *et al., J Clin Biochem Nutr.*, **43** (Suppl 1), 390-393 (2008)
12）Mitsuyoshi H, Yasui K, Harano Y, *et al., Hepatol Res.*, **39**, 366-373 (2009)
13）Aoi W, Naito Y, Mizushima K, *et al., Am J Physiol Endocrinol Metab.*, **298**, E799-806 (2010)

14) Aoi W, Naito Y, Takanami Y, *et al., Biochem Biophys Res Commun.*, **366**, 892-897 (2008)
15) Nagaki Y, Hayakawa S, Yamada T, *et al., J. Trad. Med.*, **19**, 170-173 (2002)
16) 中村　彰，磯部綾子，大高康博，あべ松泰子，中田大介，本間知佳，櫻井　禅，島田佳明，堀口正之，臨床眼科，**58**，1051-1054（2004）
17) 新田卓也，大神一浩，白取謙治，新明康弘，陳　進輝，吉田和彦，塚原寛樹，大野重昭，臨床医薬，**21**，543-556.25（2005）
18) Iwamoto T, Hosoda K, Hirano R, *et al., J Atheroscler Thromb*, **7**, 216-222 (2000)
19) Seki T, Sueki H, Kouno H, *et al., Fragnance J.*, **29**, 98-103 (2001)

第2章　基礎研究

1　カロテノイドの生理機能と存在意義：構造的に見たアスタキサンチンの優位性

浦上千藍紗*1，橋本秀樹*2

1.1　はじめに

自然界には750種類以上ものカロテノイド色素が存在し，その化学構造が決定されている[1,2]。光合成生物が，地球上におけるカロテノイドの生産に主に携わっている。その生産量は，驚くべきことに，年間1億トン以上とも言われている[3]。カロテノイドは動物にも広く分布しているが，その生産は生合成ではなく，主に代謝（酸化，還元，分解）による[3]。つまり光合成生物こそが，地球上におけるカロテノイドの一次生産に寄与しているのであり，光合成生物におけるカロテノイドの摂理・存在意義を理解・検証することは，カロテノイド研究者にとって本質的に重要なことである[4]。

カロテノイドは生体内において極めて多様な機能を発現している。たとえば，光合成における光捕集や光保護，視覚を司るビタミンAに変わりうるプロビタミンA活性，動物における抗酸化活性，加齢予防，抗腫瘍作用，免疫賦活能などの生理作用などである。この中でも特にカロテノイドの生理作用発現のメカニズムが詳細に分かっているのは光合成においてである。したがって，本稿では，紅色光合成細菌の光合成系におけるカロテノイドの構造と機能に焦点を絞って解説したいと思う。本稿の主題であるアスタキサンチンについて，光合成系カロテノイドの研究に関して培った視点をもとに，構造的に見たアスタキサンチンの優位性について言及する。

1.2　地球上におけるカロテノイドの存在意義

図1にIEA（International Energy Agency）が発表した，2008年度における世界の一次エネルギーの供給源の割合をグラフ化して示した[5]。石油，石炭，天然ガスなどの化石燃料は全エネルギー供給の実に80%を占めている。その80%（全体の60%）を，我々人類は，化石燃料そのままの形で利用している。化石燃料資源の枯渇が叫ばれる中，化石燃料に依存した社会構造からの脱却が切望されている。そのための方策として，自然エネルギーの有効利用に関する基礎研究とその成果の実用化に向けた応用研究が加速している。特に，太陽光エネルギーの有効利用への関心が高まっている。地球上に降り注ぐ1時間分の太陽光エネルギーが世界人類の一年間に消費する総エネルギー量に匹敵することが知られているからである。太陽光という，ほぼ無尽蔵かつク

＊1　Chiasa Uragami　大阪市立大学　大学院理学研究科　数物系専攻　博士課程；CREST/JST

＊2　Hideki Hashimoto　大阪市立大学　複合先端研究機構　教授；CREST/JST

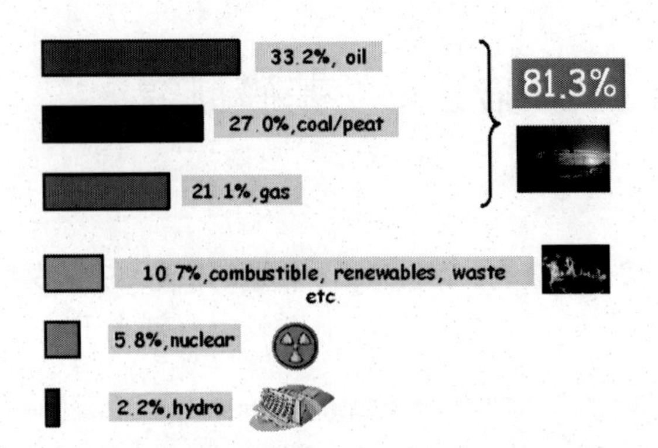

図1　世界の一次エネルギー供給源の割合を示すグラフ（IEAによる2008年度統計データ）

リーンなエネルギーの有効利用が高まれば，地球温暖化の一要因とされている，二酸化炭素の排出を実質的になしにすることが可能である。そのためには，生命が38億年の進化の過程において培った，光合成の仕組みを正しく理解し，人類が利用し易い形態に模倣・改変することが必要となる[6,7]。

植物の営む光合成反応は，太陽光エネルギーを利用し，水と二酸化炭素から生体エネルギーと炭水化物（燃料）を生産する反応である。その際，不要となる酸素を副産物として排出している。すなわち，光合成とは，食物連鎖の原点として，我々が食する全ての食糧を生産し，なおかつ我々が呼吸している全ての酸素を生み出す反応である。現在我々が利用している化石燃料も，元を正せば，光合成生物の死骸が堆積し，地球進化の過程において生み出されたものである。したがって，光合成が地球上に生息する全生物の源となっているのである。

地球上に降り注ぐ太陽光エネルギーの総量は莫大である。しかしながら，単位時間あたりに降り注ぐ光子数密度に換算すると，それほど大きな数値にはならない。つまり，太陽光エネルギーは，総量は莫大であるが輻射密度には限界がある。植物の光合成反応は，この問題を克服するために，太陽光エネルギーを有効に集めるための独自の光捕集アンテナ系を発達させている。地球上には，高等植物，藻類，光合成細菌などの様々な光合成生物が生息しているが，これらの光合成生物のアンテナ系を単離して，その吸収スペクトル（光エネルギーに対する作用スペクトル）を測定してみると，図2に示したとおり，それらの重ね合わせにより太陽光エネルギーの輻射分布を完全に再現することができる。つまり，地球上の光合成生物は，独自にアンテナ系を発達し，様々な色を持つことによって，地球上に降り注ぐ太陽光エネルギーを余すことなく享受し共生する術を見出しているのである。この自然の英知を学ぶことこそが，太陽光エネルギーを利用する際にボトルネックとなっている，高効率太陽光捕集システムの開発の鍵を握っている。

光合成生物は様々な色を呈している。その色調の変化を与える，主要因となっているのがカロテノイドである。したがって，カロテノイドの光機能を正しく理解することこそが，光合成機能の本質を理解することに直結すると言っても過言ではない。何故なら，生命進化の過程におい

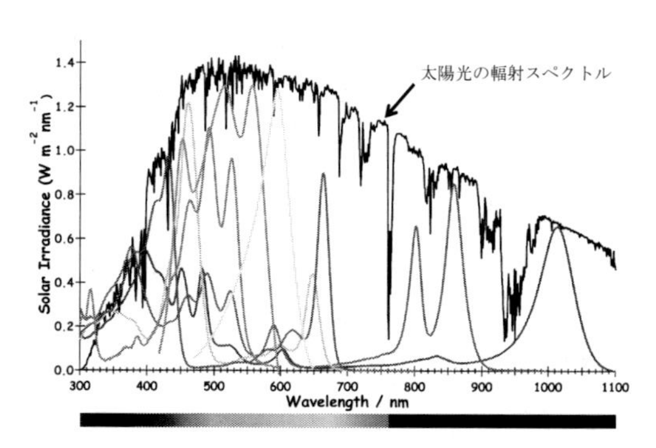

図2　太陽光の輻射スペクトルと様々な光合成アンテナ色素蛋白複合体の吸収スペクトル
自然が創造した光合成アンテナは，紫外・可視・近赤外の幅広い波長領域に渡る太陽光輻射を完全にカバーしている（藤井律子博士（大阪市立大学）のご厚意により掲載）。

て，光合成生物は太陽光輻射の希薄な海洋および水中から抜け出し，太陽光輻射の豊富な陸上へと生活の場を展開した。その過程において，高効率太陽光エネルギー変換の枠を極めた後，過剰な光エネルギーを散逸する光保護機構（過剰な光エネルギー照射により生体が光破壊から逃れる防御機構）を発達させたのである。光合成初期過程において，カロテノイド色素が，捉えた太陽光エネルギーをクロロフィルに伝達することにより一連の光合成反応がスタートする。光合成反応は都合40段階にも及ぶ多段階の反応である。驚くべきことに，その各過程は，100％に近い効率で進行する。しかしながら，太陽光エネルギーを受け取る入り口に位置する，カロテノイドからクロロフィルへのエネルギー伝達は，カロテノイドの構造に依存して，30％からほぼ100％へ変化するのである。すなわち，このカロテノイドの持つ特異な機能を解明することこそが，光合成反応の本質理解に繋がるだけでなく，太陽光エネルギーの有効利用（スーパー光合成の実現）に向けた鍵を握っているのである。

1.3　カロテノイドの構造：アスタキサンチンの単結晶X線構造解析を交えて

カロテノイドの持つ特異な光機能を理解するためには，カロテノイドの構造と機能との関係を明らかにすることが重要である。物質の構造を解明する研究手法として，決定的なのは，単結晶X線構造解析による構造決定である。自然界には750種類以上ものカロテノイドが存在するが，驚くべきことに，単結晶X線構造解析により構造決定されているのは，β-カロテン[8~10]，β-アポ-8'-カロテナール[11]，カンタキサンチン[12]，アスタキサンチン[13]の4種類のみである。したがって，単結晶X線構造解析により構造決定されていないカロテノイドの構造推定のためには，分子軌道法を用いた計算化学的なアプローチは本質的に重要である[13]。

図3にAM1ハミルトニアンを用いた半経験的分子軌道計算（MNDO法を採用）により構造推定した6種類のカロテノイドの化学構造を記す[13]。化学構造中に記した番号は，カロテノイドの分子骨格を形成する炭素原子の番号である。図3で示したカロテノイドのように，分子末端に環構造（β-ヨノン環）を有するカロテノイドの場合，原理的には図4に示した，4種類の立体配

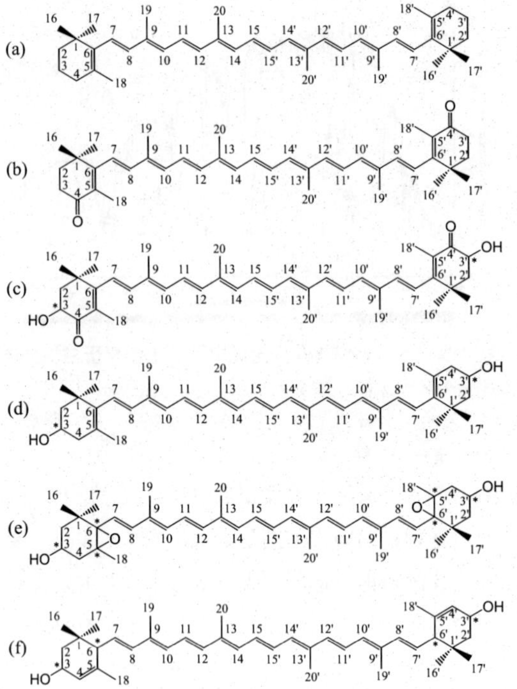

図３ (a) all-*trans*-β-カロテン，(b) all-*trans*-カンタキサンチン，(c) all-*trans*-アスタキサンチン，(d) all-*trans*-ゼアキサンチン，(e) all-*trans*-ヴィオラキサンチン，および(f) all-*trans*-ツナキサンチンの化学構造。図中の番号は，炭素原子の番号を示している。アスタリスクは不斉炭素の位置を示す。

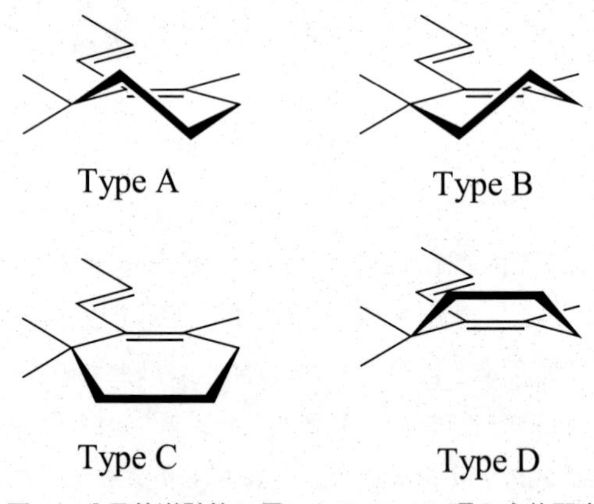

図４ 分子軌道計算に用いたβ-ヨノン環の立体配座

座が可能である。これらカロテノイドの立体構造を推定する際に本質的重要となるのが，これら環構造とポリエン部分との捻れ角（C6-C7周りの捻れ角）である。計算では，この捻れ角周りを固定し，構造最適化を行うことにより，C6-C7結合の捻れ角に対する断熱ポテンシャルを求めることが可能である。その結果，図４で示した各立体配座における安定構造を推定することが可能

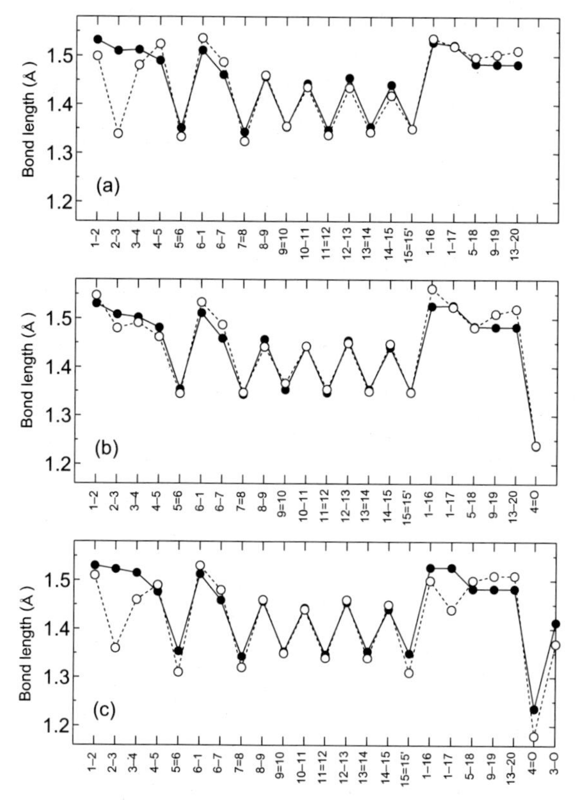

図5　(a) all-*trans*-β-カロテン，(b) all-*trans*-カンタキサンチン，および(c) all-*trans*-アスタキサンチンの結合長の比較。破線で結んだ白丸は単結晶X線構造解析の結果を，実線で結んだ黒丸はMNDO-AM1法を用いて求めた再安定構造に関する計算結果を示す。

となる。図3で示したカロテノイド分子は，いずれも左右対称であるので，実際の計算では，分子全体としてC_iおよびC_2対象を仮定して，膨大な計算を実行した。

計算の確からしさを実証する目的で，図5および図6に計算結果の一例として，単結晶X線構造解析によって厳密構造が決定されている，β-カロテン，カンタキサンチン，およびアスタキサンチンの結合長および結合角の実験値と計算値を比較した。いずれのカロテノイドにおいても，分子軌道計算を用いた構造推定値は実験結果と良い一致を示しており，半経験的分子軌道計算を用いた構造推定の有用性が実証されている。

表1に分子軌道計算により推定された6種類のカロテノイド（図3）のC6-C7結合周りの最安定および第二安定構造をまとめた。本書において興味の対象となるアスタキサンチンに関して述べると，C6-C7結合の捻れ角に関して言う限り，分子構造的にはβ-カロテンと大差がないことが指摘される。ポリエン平面に対して向きの上下はあるものの，46～48度の捻れ角は安定している。アスタキサンチンは，β-カロテンの3,3’位に水酸基が，4,4’位にケトカルボニル基が導入されたカロテノイドである。アスタキサンチンが分子全体の構造として，β-カロテンと大差

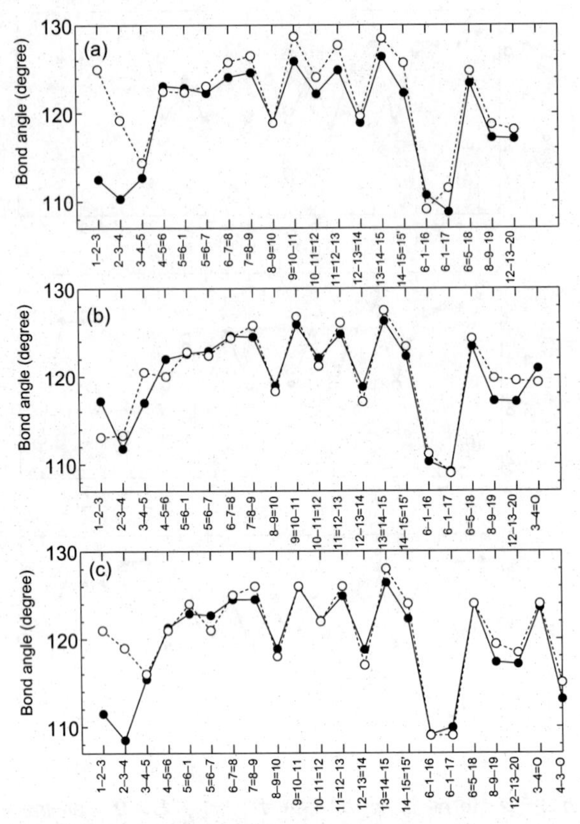

図6　(a) all-*trans*-β-カロテン，(b) all-*trans*-カンタキサンチン，および(c) all-*trans*-アスタキサンチンの結合角の比較。破線で結んだ白丸は単結晶X線構造解析の結果を，実線で結んだ黒丸はMNDO-AM1法を用いて求めた再安定構造に関する計算結果を示す。

がないと言うことになると，水酸基やケトカルボニル基などの置換基の影響はどのようなところに現れるのであろうか？　その答えを見出すために最先端の分光計測を用いた研究が必要になる。

1.4　カロテノイドの機能発現の不思議（System-Bath Interaction）

図7にリコペン，β-カロテン，およびアスタキサンチンのベンゼン溶液の室温で測定した吸収スペクトルを示した。カロテノイドの吸収極大波長は，共役二重結合の数に依存する[14]。共役二重結合数が少ない場合は，吸収極大波長は短波長側に，共役二重結合数が多くなると長波長側に現れる。リコペンとβ-カロテンはいずれも共役C=C結合数は11のカロテノイドである。しかるに，吸収極大波長はリコペンの方がβ-カロテンより長波長側にシフトしている。この原因は，C6-C7結合周りの捻れ角による。前節で記したとおり，分子末端に環構造を有するβ-カロテンの場合，ポリエン平面とβ-ヨノン環とは48度の角度をなしている。このことに起因し，β-ヨノ

表1　MNDO-AM1法により予測したβ-カロテン，カンタキサンチン，アスタキサンチン，ゼアキサンチン，ヴィオラキサンチン，およびツナキサンチンの再安定構造と第二安定構造

C_i，C_2は分子全体の対称性を，A，Bはβ-ヨノン環の立体配座（図2参照）を，それに続く数値はC6-C7結合周りの捻れ角を示す。

Compounds	The most stable structure	The second stable structure
β-Carotene	C_i, A, -48.0°	C_i, B, 48.5° C_2, A, -48.5° C_2, B, 48.5°
Canthaxanthin	C_i, B, 47.7°	C_i, A, -48.3° C_2, A, -48.3° C_2, B, 48.3°
Astaxanthin	(3R, 3'S)-C_i, B, 46.3°	(3S, 3'R)-C_i, A, -46.8° (3R, 3'R)-C_2, B, 46.8° (3S, 3'S)-C_2, A, -46.8°
Zeaxanthin	(3R, 3'S)-C_i, A, -48.7° (3R, 3'R)-C_2, A, -48.7° (3S, 3'R)-C_i, B, 48.7° (3S, 3'S)-C_2, B, 48.7°	
Violaxanthin	(3S, 5S, 6R, 3'R, 5'R, 6'S)-C_i, A, -84.8° (3S, 5S, 6R, 3'S, 5'S, 6'R)-C_2, A, -84.8°	
Tunaxanthin	(3R, 6R, 3'S, 6'S)-C_i, B, -106.7° (3R, 6R, 3'R, 6'R)-C_2, B, -106.7°	(3R, 6S, 3'S, 6'R)-C_i, B, 129.9 (3R, 6S, 3'R, 6'S)-C_2, B, 129.9

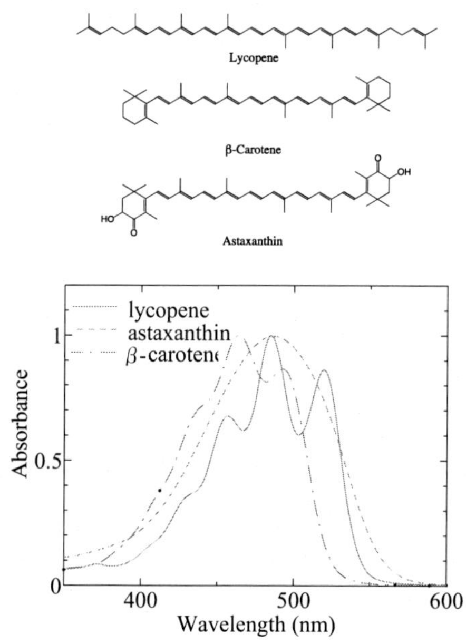

図7　all-*trans*-リコペン，all-*trans*-β-カロテン，all-*trans*-アスタキサンチンの化学構造とそれらのベンゼン溶液の吸収スペクトル

ン環内に存在するC=C結合の共役性が損なわれた結果，実質的にβ-カロテンの方がリコペンよりも共役二重結合数が少なくなったため，吸収極大波長の短波長シフトが観測されたと理解できる。これに対して，アスタキサンチンの場合は，C=C二重結合数およびポリエン部分との共役性に関しては，分子構造的にはβ-カロテンと類似であるにも関わらず，リコペンと同様の吸収極大波長を与えている。これは，4,4'位に存在するケトカルボニル基の電子吸引力により，実質的にポリエン部分との共役がβ-ヨノン環内部にまで波及したためと解釈される。

次に，吸収スペクトル全体の形状について述べる。リコペンとβ-カロテンの場合，吸収バンドにほぼ等間隔に分裂した綺麗な構造が観測されている。これらは，基底状態から励起状態への電子遷移に結合した振動遷移，つまり励起状態の振動構造を反映したスペクトル構造（吸収スペクトルの振動構造と呼ばれる）である。カロテノイド分子と周囲の溶媒分子との相互作用が弱い場合，この振動構造が明瞭に現れる。分子末端に環構造を持たないリコペンでは，最も振動構造が明瞭に現れている。これに対して，β-カロテンでは振動構造が若干不明瞭になり，アスタキサンチンでは振動構造が完全に消失している。この結果は，環構造を有することで，周囲の溶媒分子との相互作用が強くなり，さらに水酸基やケトカルボニル基などの置換基を有することで，相互作用が劇的に増大することを示している。では，このような周囲の溶媒分子との相互作用を直接調べるにはどのようにすれば良いのであろうか？　その答えを握るのが，以下に述べる極超短パルスレーザーを用いた4光波混合実験である。

カロテノイド分子は，周囲に存在する溶媒やタンパク質分子からの相互作用を受けながら，生体組織内で機能発現を行っている。その詳細機構を理解するためには，カロテノイド分子の電子構造に関する理解に加え，カロテノイド（System）と周辺分子が形成する熱浴（Bath）との相互作用（System-Bath Interaction）を理解しなければならない[15]。カロテノイドと周囲分子との相互作用は，各々の振動状態を介して行われるので，カロテノイドの振電相互作用に起因するコヒーレント分子振動（Vibronic Oscillation）に関する情報探索が大切になる。

カロテノイドのVibronic Oscillationを実時間で直接観測するためには，カロテノイド分子の固有振動の周期よりも短い，サブ20フェムト秒のパルス幅を持つ光源を開発する必要がある。我々は，その目的達成のために，非同軸光パラメトリック増幅器を用いた極超短パルスレーザー光源の開発を行った。このサブ20フェムト秒レーザー光源を用いて，4光波混合の実験を行った[16~19]。4光波混合実験とは，図8に示したとおり，測定試料に対して，3方向からレーザーパルスを照射し，その際に誘起される3次の非線形分極を観測する分光計測手段である。サブ20フェムト秒の極超短パルスにより誘起される非線形分極を実時間観測することにより，コヒーレント振動の時間減衰という形で，カロテノイドと周囲分子との相互作用を検出することが可能となる。この測定方法の詳細に関しては，著者らによる解説を参照されたい[20]。

図9にβ-カロテンのテトラヒドロフラン溶液に対して行った，4光波混合実験の模様を示した。中央の明るい3つのレーザースポットは入射に用いたレーザーパルス（試料を透過したレーザーパルス）である。3つのパルスの試料に照射するタイミングを上手く調整すると，中央の3

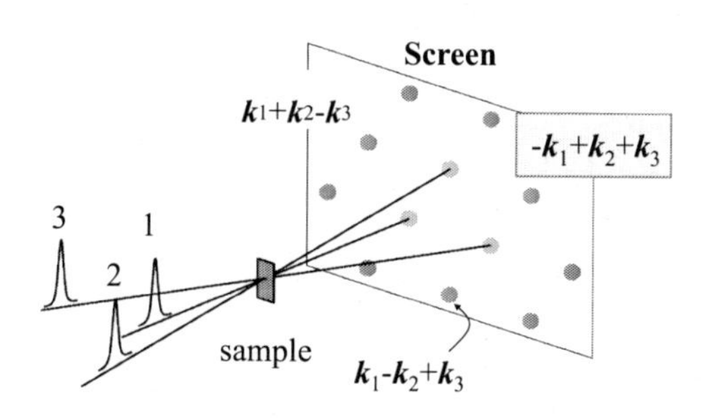

図8　4光波実験の光学配置。励起光を3方向から試料に照射すると，その周りの位相整合条件を満足する位置に4光波混合信号が現れる。

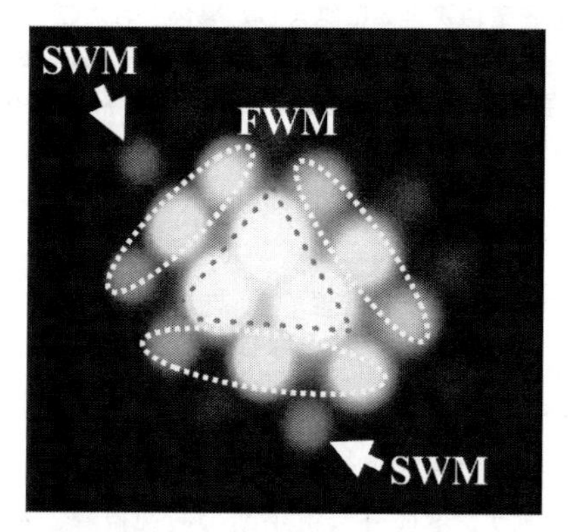

図9　β-カロテンのテトラヒドロフラン溶液に対する4光波実験の実際
中央の3点は励起光。目視おいて，明瞭に4光波混合（FWM）信号やさらに高次の6光波（SWM）信号が確認できる。

つのレーザーパルスの外側に，入射パルスとは別の信号が観測される。これが，4光波混合信号である。実験では，第1レーザーパルスと第2レーザーパルスを同時に照射し，その後時間を空けて第3レーザーパルスを照射することによって誘起される3次の非線形分極信号を観測している。このような光学配置で観測される信号を，過渡回折格子信号（TG信号）と呼ぶ。第1，第2レーザーパルスに対する第3レーザーパルスの遅延時間に対して信号強度をプロットすることで，TG信号の時間発展を求めることができる。これが，カロテノイド分子と周辺分子との相互作用を直接反映することになる。

図10に溶液中のフリーなカロテノイド（スフェロイデン）とスフェロイデンが紅色光合成細菌由来のLH2アンテナ光捕集色素蛋白複合体に結合した場合のTG信号の時間発展と，その解析結果を示した。図10(a)は観測結果を示している。溶液中のスフェロイデンの場合は，急峻なパルス状の信号（コヒーレント信号）が現れた後，一旦信号強度は減衰し，再び増加を示した後，ゆっくりと減衰している。スフェロイデンが色素蛋白に結合した状態では，急峻なコヒーレント信号が現れた後，信号強度は単調減少を示している。この違いは，色素蛋白複合体に結合した場合は，

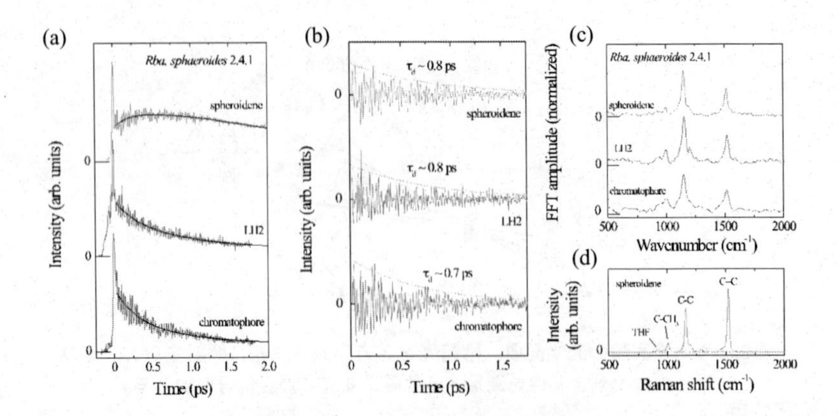

図10 (a)溶液中，LH2アンテナ色素蛋白複合体に結合した場合，およびクロマトフォア膜に結合した場合のスフェロイデンのTG信号の時間発展，(b)コヒーレント振動成分のみを抽出した結果，および(c)コヒーレント振動の時間発展をフーリエ変換することにより得られるスペクトル形状。(d)に参考のため，溶液中のスフェロイデンのラマンスペクトルを示す。

カロテノイドからバクテリオクロフィルへの励起エネルギー移動があることに起因する。いずれの信号にも，ノイズと見間違える程度の小刻みな振動成分が重畳している。これらは，ノイズではなく，極超短パルスレーザー照射により誘起されたカロテノイドのコヒーレント分子振動の減衰の様子を示している。このコヒーレント振動を解析するために，図10(a)の実測信号から，ゆっくりと変化しているバックグラウンド成分（電子系の散逸過程）を差し引くと，図10(b)に示したようにコヒーレント分子振動のみによる信号を抽出することができる。この信号をフーリエ変換することにより，図10(c)に示したようなスペクトルが得られる。図10(d)に参考のために，溶液中のスフェロイデンのラマンスペクトルを示した。図10(c)，(d)のスペクトルは相互に類似しており，TG信号の時間発展をフーリエ解析することにより，カロテノイドの光エネルギーの散逸に関与する固有分子振動に関する情報が得られることが分かる。

フーリエ変換は，エネルギーと時間との共役関係を利用して，時間的に変動する強度信号からスペクトル情報を得る数学的手法である。通常のフーリエ変換では，観測を行った全ての時間領域に渡る信号強度変化を解析に用いるため，せっかくTG信号の時間発展を観測しているにも関わらず，時間領域に関する情報を犠牲にしてしまう。このことを回避するために，時間領域と周波数領域のいずれの分解能をも犠牲にしない，新しいフーリエ変換である，ウェーブレット解析を行う。その結果を図11に示す。図11において，1500 cm^{-1}付近に現れる信号は，スフェロイデンのC=C伸縮振動に，1150 cm^{-1}付近に現れる信号はC-C伸縮振動に，1000 cm^{-1}付近に現れる信号はC-CH_3面内変角振動に帰属されている[19]。各々のコヒーレント振動モードは，光励起後の時間発展にともなって，振動数に微妙な変調を示しながら減衰していく様相が観測できる。したがって，ウェーブレット解析により，カロテノイドに供給された光エネルギーが，どの振動モードを介して，どの程度の時間で周辺分子にエネルギー散逸していくのかが決定できる。

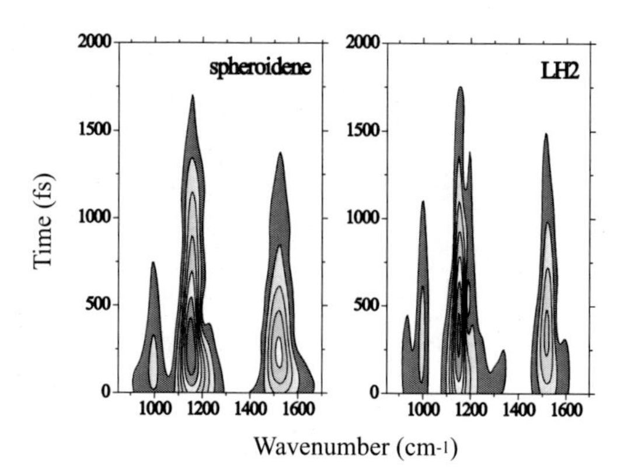

図11　溶液中およびLH2アンテナ色素蛋白複合体に結合したスフェロイデンのTG信号に観測されたコヒーレント振動成分の時間発展をウェーブレット解析した結果。

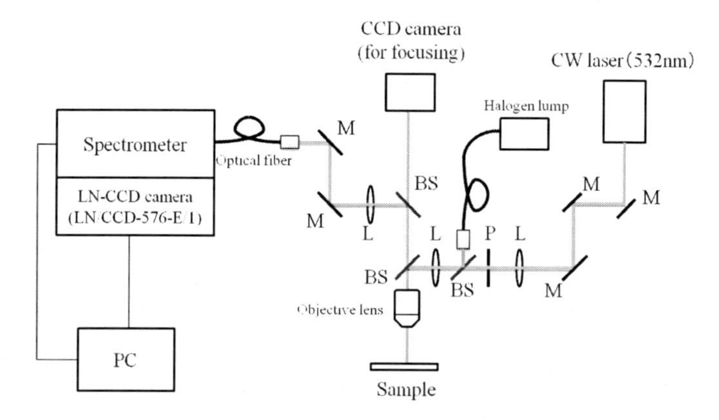

図12　共焦点顕微共鳴ラマン分光計測装置のブロック図

図中の略号は以下のとおりである。M：ミラー，L：レンズ，P：ピンホール，BS：ビームスプリッター

このようなTG信号の時間発展を図11に示したとおりに厳密に解析することにより，カロテノイドを光励起した後の緩和過程を，クロロフィルへの励起エネルギー移動と余剰な光エネルギーの周辺への散逸の両側面を捉えて厳密に解釈することが可能となる。その詳細に関しては，本稿の趣旨を超えるので，原著論文を参照されたい[19]。アスタキサンチンに関しても，４光波混合実験の一種である，誘導フォトンエコーを用いた研究が報告されている。アスタキサンチンに存在する水酸基やカルボニル基などの置換基が，アスタキサンチンの光励起後の緩和過程において極めて重要な役割を果たしていることが示されている[21]。

1.5　今後のアスタキサンチン研究に対する期待

生体組織内におけるカロテノイドの機能発現のメカニズムを解明するためには，実際に生体組織内に存在するカロテノイドの物性を直接分光学的に調査することが必要である。生体組織内におけるカロテノイドの分布を観測するためには，光学顕微鏡を用いた試料観察が必須である。ま

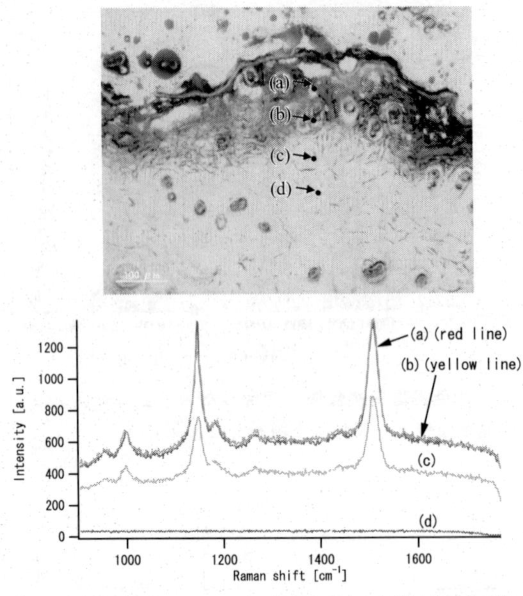

図13　アスタリールオイル塗布直後に作成したラット皮膚切片の光学顕微鏡画像（上部パネル）と，(a)，(b)，(c)，(d)でマークした位置で測定した顕微共鳴ラマンスペクトル（下部パネル）

た，生体組織内におけるカロテノイドの存在状態を詳細に調査するためには，振動分光学，特にラマン分光を用いた研究が有効である。この２つの利点を融合することにより，顕微ラマン分光を実現した[22)]。特に，光学顕微鏡の空間分解能を最大とするために，共焦点系を取り入れ，また，カロテノイドに由来する微弱なラマン信号を増強するために共鳴ラマン効果を採用することとし，共焦点顕微共鳴ラマン分光計測を実現した。本稿では，特に皮膚表明に塗布したアスタキサンチンが，実際にどのような早さで真皮にまで到達するのか？に注目して実験を行った例について紹介する[22)]。近年，アスタキサンチンの持つ抗酸化作用についての関心が高まっている。特に，その作用に関連して，アスタキサンチンの示す美白効果に関する学術的研究が注目を集めている。

図12に測定系のブロック図を示す。ラマン散乱を測定する励起光にはアスタキサンチンの吸収帯に共鳴する，532 nm の CW レーザー光源を用いた。共鳴ラマン効果を利用することにより，非共鳴の場合と比べて１万倍程度にラマン信号の強度が増強される。本装置を使用した場合，試料濃度10^{-6}mol/L 程度の希薄な状態（視覚的には色の認識が困難な状態）でも精度良く，アスタキサンチンのラマン信号を検出することが可能である。励起光は，直径25 μm のピンホール・アパーチャーを通過した後，NA＝0.75，拡大率90倍の対物レンズにより試料に集光される。試料から発せられるラマン散乱光は，同じ対物レンズを用いて集光する。照射するレーザー光と共役な集光系を構築することで，共焦点画像を取得する。そのために，ラマン散乱光は，直径20 μm の光ファイバーを用いて検出する。本装置では，水平方向で最大250 nm の空間分解能を得ることができる。

図13に本装置を用いて観測したラット皮膚切片の観測結果を示す。ラットの背中を剃毛した後，アスタキサンチンを大量に含むアスタリールオイル（富士化学工業製）を塗布し，皮膚切片を作成した。図13に示したのは，アスタリールオイルを塗布した直後に作成した皮膚切片の顕微鏡画像と，画像中にマークした位置でのラマンスペクトルである。アスタキサンチンは，1508 cm^{-1}，1145 cm^{-1}，993 cm^{-1}に各々，C=C 伸縮，C-C 伸縮，C-CH_3面内変角振動に由来する特徴的なラマン線を与える。図13の顕微鏡画像で黄橙色に着色している部分は，皮膚表面に沈着したアスタキサンチンに由来する。視覚的にも確認できるとおりに，この着色部分からはアスタキサンチンに由来するラマン信号が高強度で観測されている。大変興味深いことに，視覚的にアスタキサンチンの沈着が観測できない，表皮から100 mm 以下の領域（図13の写真の(c)の位置）のラマン信号にもアスタキサンチンの存在が確認される。このことは，ラットの皮膚に高濃度のアスタキサンチンを塗布した直後に，真皮に至るまでアスタキサンチンが浸透していることを実験的に直接示している。皮膚表面へアスタキサンチンを塗布した後，どのようにアスタキサンチンが吸収・代謝されるのかに関しても共焦点顕微共鳴ラマン分光を駆使した3次元動態分布解析を行うことにより大変興味深い結果が得られている。詳しくは原著論文を参照されたい[22)]。このように，共焦点顕微共鳴ラマン分光計測は，生体組織内におけるカロテノイドの分布を観測するための極めて有効な実験手段である。今後，ラマン分光の真骨頂である，振動解析（周囲との相互作用による振動数の変化）を克明に解析することにより，生体組織内における分布状態についてもさらに詳細な解析が可能となることが期待される。カロテノイドの皮膚への浸透を顕著に示した実験結果は，本研究成果が得られるまでは皆無であった。アスタキサンチンの持つ，水酸基やケトカルボニル基の存在が，皮膚真皮層への浸透に有利にしているのかも知れない。今後，様々なカロテノイドについて皮膚への浸透の速度や効果について検証していく必要がある。

文　献

1) H. Pfander, *et al.*, “Key to Carotenoids: 2nd and Enlarged Edition”, Birkhäuser Verlag (1987)
2) G. Britton, *et al.*, “Carotenoids: Handbook”, Birkhäuser (2004)
3) 高市真一 編，“カロテノイド―その多様性と生理活性―”，裳華房（2006）
4) 宮下和夫 監修，“カロテノイドの科学と最新応用技術”，シーエムシー出版（2009）
5) International Energy Agency, “2010 Key World Energy Statistics” (2010)
6) U.S.A. Department of Energy, “Basic Reserach Needs for Solar Energy Utilization” (2005)
7) European Science Foundation, “Harnessing Solar Energy for the Production of Clean Fuels” (2005)
8) M.O. Senge, *et al.*, *Z. Naturforsch.*, **47c**, 474 (1992)

9) C. Sterling, *Acta Crystallogr.*, **17**, 1224 (1964)
10) H. Hashimoto *et al.*, *Jpn. J. Appl. Phys.*, **37**, 1911 (1998)
11) G. Drikos *et al.*, *Eur. Biophys. J.*, **16**, 193 (1988)
12) J.C.J. Bart *et al.*, *Acta Cryst.*, **B24**, 1587 (1968)
13) H. Hashimoto *et al.*, *J. Mol. Struct.*, **604**, 125 (2002)
14) K. Yanagi *et al.*, *Phys. Rev. B*, **71**, 195118 (2005)
15) S. Mukamel, "Principles of Nonlinear Optical Spectroscopy", Oxford University Press (1995)
16) M. Sugisaki *et al.*, *Phys. Rev.* ***B***, **75**, 155110 (2007)
17) M. Fujiwara *et al.*, *Phys. Rev.* ***B***, **77**, 205118 (2008)
18) M. Sugisaki *et al.*, *Phys. Rev.* ***B***, **80**, 035118 (2009)
19) M. Sugisaki *et al.*, *Phys. Rev.* ***B***, **81**, 245112 (2010)
20) 杉﨑　満，吉澤雅幸，橋本秀樹，"カロテノイドの科学と最新応用技術"，宮下和夫監修，シーエムシー出版，pp. 78 (2009)
21) N. Christensson *et al.*, *Phys. Rev.* ***B***, **79**, 245118 (2009)
22) C. Uragami *et al.*, *Acta Biochim. Polon.*, **59**, 53 (2012)

2　新進化論とアスタキサンチンを産生する高等植物

三沢典彦*

2.1　進化は適者生存だけで起こるのではない

生物個体のゲノム内に起こった（突然）変異には，①生存・生殖に不利な変異，②生存・生殖に有利な変異，③有利でも不利でもない変異　の3種類があり，この変異を持つ個体の割合が集団中で増えたり減ったりしていく過程を進化と捉えることができる。①は自然淘汰（負の自然選択）により消滅していき，②は適者生存（survival of the fittest；正の自然選択）により広まっていく。これがダーウィン（Charles Darwin）の進化論であり，1960年代までは，これが進化を推し進める主役と考えられていた。一方，国立遺伝学研究所の木村資生（もとお）博士は，1968年に「分子レベルの変異では，①を除けば，③の有利でも不利でもない『中立な変異』がほとんどである」という中立説（中立論）を提唱した[1]。②は少数ながら存在し，進化に寄与してきたと考えられるが，分子レベルの変異では②は無視できるほど少ないという発見であった。ある変異遺伝子は運が悪く消えていくが，ある変異遺伝子は運良く集団中に広まり，定着するというものである（幸運者生存；survival of the luckiest；新進化論）。この説は発表当時，激しい反発を受けたが，分子生物学が進歩した今日では，この説が正しいことが証明されている。

本稿では，まず，アスタキサンチンを蓄積し利用する生物を紹介し，その合成酵素遺伝子の構造と機能についての説明，さらに，同遺伝子を利用した，アスタキサンチンを産生する高等植物（higher plant）の作出について述べる。これらの知見を通して，アスタキサンチン産生能の立場から生物の進化について考察したい。

2.2　アスタキサンチンを蓄積する生物

2.2.1　アスタキサンチンを *de novo* 合成する生物

アスタキサンチン（astaxanthin；3,3'-dihydroxy-β,β,-carotene-4,4'-dione；以後 Asta と省略）の構造式を図1に示した。摂取した栄養成分の分解産物を用いて Asta をはじめから生合成（*de novo* 合成）できる生物種は少ない。本稿ではそのような生物種について記載したい。多細胞性の真核生物（eukaryote）で Asta を *de novo* 合成できる生物は，今日まで一つの生物種しか見つかっていない。それはキンポウゲ科フクジュソウ（福寿草）の仲間 *Adonis* 属植物（たとえば *Adonis aestivalis*）であり，その赤い（血液色の）花弁に Asta を蓄積する[2]。*Adonis* 属植物が生産する Asta は(3*S*,3'*S*)-astaxanthin で，大部分が脂肪酸エステル体（以下エステルと記載）として存在している。*A. aestivalis* の Asta の場合，ジエステルが72.2%，モノエステルが13.8%，遊離体（フリー体）が1.4%である[3]。

Adonis 属植物以外で *de novo* 合成できる生物種は，原核生物（prokaryote）または単細胞性の真核生物である。Asta を *de novo* 合成する原核生物はα-プロテオバクテリア（α-*Proteobacteria*）

＊　Norihiko Misawa　石川県立大学　生物資源工学研究所　教授

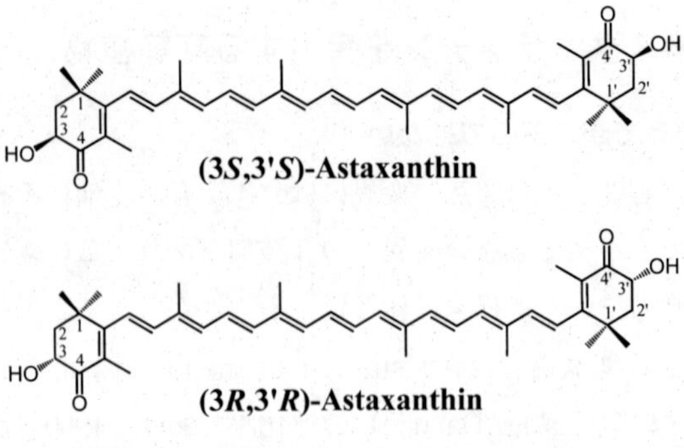

(3*S*,3'*S*)-Astaxanthin

(3*R*,3'*R*)-Astaxanthin

図１　アスタキサンチン（Asta）の構造

(3*S*,3'*S*)-astaxanthin：α-プロテオバクテリア，*Haematococcus pluvialis*，および*Adonis*属植物により生合成される。
(3*R*,3'*R*)-astaxanthin：*Xanthophyllomyces dendrorhous*により生合成される。

綱（class）に属する（真正）細菌［(eu)bacteria］であり，世界中の海水や土壌などから単離されている[4]。これらの細菌のほとんどは*Paracoccus*属（genus），*Brevundimonas*属，*Sphingomonas*属または*Erythrobacter*属に分類される。特に，Astaを生産する*Paracoccus*属細菌については多数の単離の報告がある[4]。たとえば，沖縄の海水から単離された*Paracoccus* sp. N81106株（NBRC 101723）（*Agrobacterium aurantiacum*から改名）[5,6]，イスラエルの空気中から単離された*Paracoccus marcusii*（DSM 11574^{T}）[7]，日本の土壌から単離された*Paracoccus carotinifaciens* E-396^{T}（IFO 16121^{T}）[8]が挙げられる。*A. aurantiacum*（*Paracoccus* sp. N81106株）はAstaを生産する細菌として最初に報告されたものであり，産生されたAstaのキラリティ（chirality）は3*S*,3'*S*（図１）であった[5]。なお，このN81106株が生産するAstaの一部では，その３位にβ-D-グルコースが付加されていた[9]。また，*P. carotinifaciens* E-396^{T}のAsta（ほとんどが遊離体）高産生変異株は，2010年から欧州において養殖魚用Astaの製造に用いられている[10]。Astaを生産する*Paracoccus*属以外の細菌については，硫黄島付近の海水から単離された*Brevundimonas* sp. SD212株（NBRC 101024）[11]，鳥取県三朝の淡水より単離された*Sphingomonas astaxanthinifaciens* TDMA-17^{T}（NBRC 102146）[12]などが挙げられる。㈱海洋バイオテクノロジー研究所では，太平洋の種々の海域からAstaを生産する多くのα-プロテオバクテリアを単離したが，そのほとんどが熱帯または亜熱帯の海水から単離されたものであった[4]。そのため，これらの細菌においてAstaは，（亜）熱帯の強光による光酸化的障害から細胞を保護する役割があると推察されている。

微細藻（真核生物）の中にもAstaを*de novo*合成するものがあるが，淡水性の緑藻（*Chlorophyceae*綱）である*Haematococcus pluvialis*が最も良く研究されている[13]。*H. pluvialis*は通常の条件下では鞭毛のある緑色細胞であるが，強光や塩ストレスなどの高ストレス環境下に晒されるとシスト（cyst；嚢胞）化し高濃度（10～60 mg/g乾重量）のAsta（大部分がエステル）を蓄積するようになる。Astaは種々の悪環境により引き起こされる酸化ストレスに対する耐性能を細胞に付与し，生存能力を高める働きがある[13]。*H. pluvialis*により生産されたAstaは，健康食品用素材として富士化学工業㈱などから販売されており，市場規模は原体レベルで20億円/年程度である[14]。前述した細菌や微細藻以外で Asta の *de novo* 合成能を有する微生物として，酵母様担子菌の *Xanthophyllomyces dendrorhous*（旧名：*Phaffia rhodozyma*）が挙げられる[15,16]。この担子菌による Asta 生産の産業化を目指して，変異処理や培養条件の最適化など種々の検討が加えられてきた。最適化された条件下（白色光の連続照射を含む）での *X. dendrorhous* の Asta 生産レベルは，4.7 mg/g 乾重量（420 mg/L）であった[15]。なお，この担子菌が生産する Asta は例外的に(3*R*,3'*R*)-astaxanthin であり（図1），遊離体として存在している[17]。

2.2.2　摂取したカロテノイドからアスタキサンチンを合成する生物

動物の中には，食餌中のカロテノイドをわざわざ Asta に変換して蓄積するものがある。その中でも，エビ，カニ，オキアミといった甲殻類に最も広く存在している色素は Asta である。そのキラリティは3*S*,3'*S* である場合が多いが，3*R*,3'*R* も，メソ型3*R*,3'*S* も存在している［オキアミの場合は3*R*,3'*R* が70%］[18]。ほとんどの甲殻類（および棘皮動物のナマコやヒトデ類）は，餌由来のβ-カロテン（β-carotene；構造は図2）やゼアキサンチン（zeaxanthin；構造は図2）を Asta に変換する能力を有する[19]。ハナサキガニ（*Paralithodes brevipes*）やアカテガニ（*Sesarma haematocheir*）はさらに，ルテイン（lutein；構造は図2）をケトカロテノイド（4または/および4'位にケト基を持つカロテノイド）のフリチエラキサンチン（fritschiellaxanthin；構造は図2）に変換することができる。コイ目のニシキゴイ（*Cyprinus carpio*）や金魚

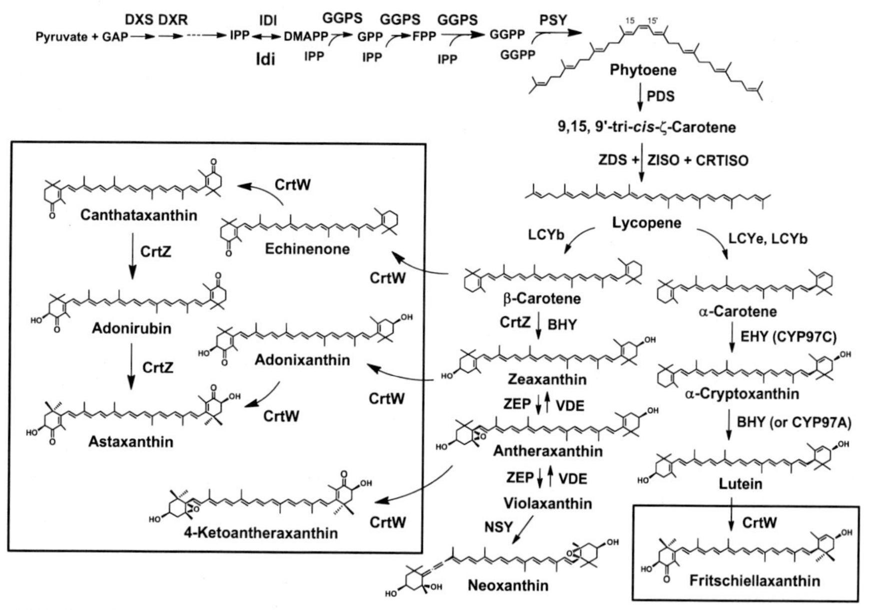

図2　高等植物の葉におけるカロテノイド生合成経路と各種カロテノイド合成酵素の機能，および，*crtW* と *crtZ* 遺伝子が導入された葉緑体ゲノム改変レタスによるケトカロテノイドの生合成経路
ケトカロテノイドの生合成経路は四角で囲まれている。

(*Carassius auratus*) はゼアキサンチンおよびルテインをそれぞれ，Astaおよびフリチエラキサンチンに変換して蓄積する[19]。なお，サケ（鮭）やタイ（鯛）もAstaを筋肉または皮膚に蓄積するが，その起源は食餌中の小型の甲殻類であると考えられており，他のカロテノイドからAstaを合成する能力はないようである。なお，魚類の皮膚中のカロテノイドはエステル体で存在している。ベニザケ（*Oncorhynchus nerka*）の雌では，放卵に際して筋肉中のAstaの85%を卵に移動・蓄積させ[18]，孵化までの保護や稚魚の生育に役立てていると考えられている。なお，ベニザケの筋肉や卵（イクラ）でのAsta含量は20～38 μg/g湿重量であり，甲殻類アメリカザリガニ（*Procambarus clarkii*）およびナンキョクオキアミ（*Euphausia superba*）のAsta含量は1 g（湿重量）当たりそれぞれ，1～3 μgおよび20～40 μgである（(財)生産開発科学研究所・眞岡孝至氏からの情報）。なお，腔腸動物のサンゴ類の主カロテノイドもAstaである[20]。

近年，農作物の「害虫」として深刻化しているハダニも食餌カロテノイドをAstaに変換する能力を有する。たとえば，ナミハダニ（*Tetranychus urticae*）は，食草に由来するカロテノイド以外に，Astaやアドニルビン（adonirubin；構造は図2）のエステルを有しているが[18]，特に，休眠し冬を越す雌はAstaを皮膚に蓄積し赤色を呈するようになる（通常雌ではカロテノイドの色は目立たない；京都大学農学部・天野洋教授から提供の写真による）。ハダニは太陽光に弱いので，Astaによって光酸化的障害から休眠中の個体を守っているのかもしれない。

トキやフラミンゴなどの鳥類はAstaやカンタキサンチン（canthaxanthin；構造は図2）などのケトカロテノイドを羽などに蓄積しているが，食餌中のβ-カロテンをケトカロテノイドに変換していると考えられている。なお，ヨーロッパオオライチョウ（*Tetrao urogallus*）では，食餌のゼアキサンチン（3*R*,3'*R*）がAsta（3*S*,3'*S*）に変換され，さらにエステル化されることが確認された[21]。

2.3 明らかになったアスタキサンチン生合成酵素遺伝子

2.2.2で水生動物，ハダニ，鳥類において，食餌カロテノイドがAstaに変換されることを述べてきたが，この変換を担う酵素やその遺伝子については単離の報告はなく，現在でも未解明のまま留まっている。他方，2.2.1で述べたAstaを *de novo* 合成する生物由来のAstaの生合成酵素やその遺伝子については，ほぼ解明されている。

β-カロテンをAstaに変換する酵素遺伝子は1995年に初めて明らかにされた[22]。それは海洋細菌 *Paracoccus* sp. N81106株から単離された2つの酵素遺伝子であり，*crtW* と *crtZ* と名付けられた。*crtW* および *crtZ* 遺伝子はそれぞれ，carotenoid 4,4'-ketolase（ケト基導入酵素；carotenoid 4,4'-oxygenaseとも呼ばれる）およびcarotenoid 3,3'-hydroxylase（水酸基導入酵素）をコードしていた[22]。これらの酵素すなわちCrtWとCrtZは共に非ヘム鉄タンパク質であり，これらの触媒機能は図2および図3に示されている。その後，*crtW* および *crtZ* 遺伝子はAstaを合成するα-プロテオバクテリアに共通に存在することがわかった[4]。特に，海洋細菌 *Brevundimonas* sp. SD212株由来のCrtWとCrtZはβ-カロテンを効率的にAstaに変換することが示された[14]。緑藻 *H. pluvialis* は CrtW と相同性のある carotenoid 4,4'-ketolase 遺伝子を３つ有しており，*Bkt1*，*Bkt2*，*Bkt3* と呼ばれている[14]。この BKT（CrtW）型酵素はケトカロテノイドを合成できる緑藻に広く存在しているようである[23]。また，*H. pluvialis* は CrtZ と相同性のある carotenoid 3,3'-hydroxylase 遺伝子も有している[24]。なお，高等植物も CrtZ と相同性のある同遺伝子を有しており *Bhy* と呼ばれている。BHY は植物の葉において β-カロテンをゼアキサンチン変換する働きをしている[14]（図２）。一方，酵母様担子菌 *X. dendrorhous* から，β-カロテンから Asta 変換に関与する酵素遺伝子が２つのグループによって単離され，*Asy* または *crtS* と名付けられた[25,16]。ASY（CrtS）は新規なシトクロム P450であり，図３に示すような経路で β-カロテンを Asta に変換すると推察された[25]。

高等植物では *Adonis* 属植物のみが Asta を合成できる。*Adonis* 属植物における Asta 合成に関与する酵素遺伝子はほぼ解明されている[26]。*A. aestivalis* の花弁における β-カロテンから Asta への変換経路を図３に示した。β-カロテンにおける β 環は，まず carotenoid β-ring 4-dehydrogenase（CBFD）により 4-ヒドロキシ-β 環になり，次に 4-hydroxy-β-ring 4-dehydrogenase（HBFD）により4-ケト-β 環になり，最後に再び CBFD により3-ヒドロキシ-4-ケト-β 環になると考えられている[26]（図３）。この触媒機能からも予想されるように，CBFD は CrtW 型酵素とは全く異なった構造と機能を有しており，構造的には高等植物の BHY（β-carotene 3,3'-hydroxylase）に近いので，*CBFD* 遺伝子は *Bhy* 遺伝子から進化したと考えることができる。

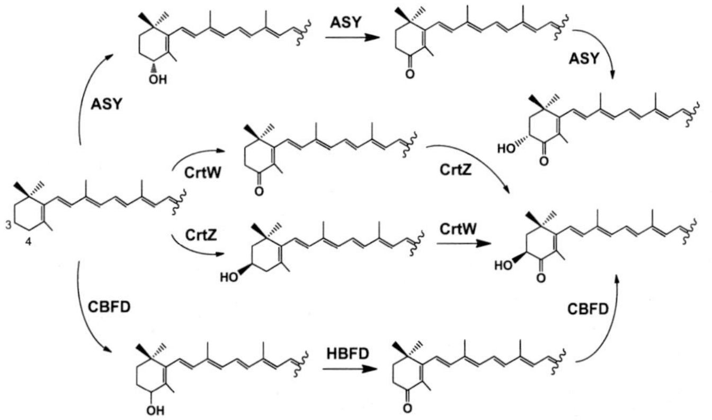

図３　Asta を *de novo* 合成する各種生物における β 環から3-ヒドロキシ-4-ケト-β 環への変換経路

CrtW，CrtZ：α-プロテオバクテリア，*Haematococcus pluvialis*。ただし，*H. pluvialis* の場合は，CrtW，CrtZ とは呼ばないが，同様の構造と機能を持った酵素が存在する。

ASY：*Xanthophyllomyces dendrorhous*. ASY は CrtS とも呼ばれる。

CBFD，HBFD：*Adonis aestivalis*.

2.4 アスタキサンチンを産生する遺伝子組換え植物の作出

高等植物をはじめとして陸上植物（land plant）は通常，β環の4,4'位にケト基（または水酸基）を導入する酵素遺伝子を有さないので，Astaなどのケトカロテノイドを合成できない（前述したように例外は*Adonis*属植物）。今日では，ケト基導入酵素（carotenoid 4,4'-ketolase）を利用した代謝工学（pathway engineering）により，種々の高等植物にAsta産生能を与えることができる。良く使われるケト基導入酵素遺伝子としては，*Paracoccus* sp. N81106株または*Brevundimonas* sp. SD212株由来の*crtW*や，*H. pluvialis*由来の*Bkt1*または*Bkt2*が挙げられる[14]。ケト基導入酵素遺伝子は適当なプロモータとターミネータの制御下で，種々の高等植物の染色体DNA内に導入された[14,27]。食用農作物では，ジャガイモ（*Solanum phureja*）の塊茎，ニンジン（*Daucus carota*）の主根，トウモロコシ（*Zea mays*）の胚乳，ナタネ（キャノーラ；*Brassica napus*）の種でAstaが産生された。特に，二重のCaMV 35Sプロモータの制御下で*Bkt1*遺伝子を発現したニンジンでの生産量は高く，主根1g（湿重量）当たり，91.6μg（全カロテノイドの27%）のAstaが産生され，ケトカロテノイド全体としては236μg（全カロテノイドの68%）であった[28]。一方，蓮沼らは，*Brevundimonas* sp. SD212株の*crtZ*と*crtW*遺伝子（コドン使用は植物型に変えられている）を*rrn*プロモータの制御下で直接，タバコ（*Nicotiana tabacum*）葉緑体のゲノムに導入し，葉緑体ゲノム改変（Chloroplast-Genome Modified；CGMと記載）タバコを得た[29]。CGMタバコ葉では99%のカロテノイドが，Asta（全カロテノイドの74%）などのケトカロテノイドに変換されていたにもかかわらず，光合成を行い，正常に生育することができた。我々は最近，同じ*crtZ*と*crtW*遺伝子を利用した類似のプラスミドにより，レタス（*Lactuca sativa*; var. Berkeley）の葉緑体を形質転換することにより，CGMレタスを得ることができた。CGMレタスの種子は99%の発芽率を示し，非形質転換体の発芽率（93%）よりむしろ高かった。CGMレタスT_1の葉におけるカロテノイド組成を調べたところ，全カロテノイドの95%（218μg/g湿重量）がケトカロテノイドであり，Asta（178μg/g湿重量；全カロテノイドの77%）を筆頭に，フリチエラキサンチンや4-ケトアンテラキサンチン（4-ketoantheraxanthin）などが主要カロテノイドとして生産されていた。これらの色素の生合成経路を図2に示した。これらのケトカロテノイドが，植物が本来有するカロテノイドの生理的機能を代替した可能性がある。CGMレタスにおけるAstaの生産量は，これまでに作出された組換え食用農作物の中だけでなく，サケやイクラなどのAsta含有食品と比較しても最高レベルであった。なお，4-ケトアンテラキサンチンは，CGMタバコの葉において初めて同定された新規カロテノイドであり[30]，フリチエラキサンチンは前述したようにハナサキガニやアカテガニに微量含まれる希少カロテノイドである。今回作出したCGMレタスは組換え植物用植物工場で容易に増殖できるので，Astaに加えて他の希少ケトカロテノイドの安定的供給源として期待されるだけでなく，高等植物におけるケトカロテノイドの生理的役割を探るためのモデル植物となるかもしれない。

2.5　高等植物の進化への展望

シアノバクテリア（cyanobacteria；藍藻）の祖先は30（～35）億年前に生まれ，15億年前に真核生物が誕生し，4億5千万年前に生物が陸上に進出したと推察されている。シアノバクテリアの祖先が藻類や高等植物の葉緑体に進化したと考えられている。現在，生存しているシアノバクテリアについて広くゲノム解析が行われている。その結果，ほとんどのシアノバクテリアはCrtW型酵素遺伝子か，これとは構造が異なるCrtO型ケト基導入酵素遺伝子を有することがわかった（両方の遺伝子を有する株もある）[31]。一方，不思議なことに，シアノバクテリアはCrtZ型酵素遺伝子を有していなく，これとは構造が異なる（むしろ構造はCrtWに近い）CrtR型水酸基導入酵素遺伝子を有することがわかりつつある[31]。

それでは，高等植物（おそらく陸上植物全体）はなぜ，CrtW型とCrtO型ケト基導入酵素遺伝子のいずれも有していないのか。それは，高等植物の葉緑体に進化したシアノバクテリアの祖先がたまたま（運悪く）ケト基導入酵素遺伝子を持っていなかったのか（現在生存している多くのシアノバクテリアはケト基導入酵素遺伝子を持っているにもかかわらず），高等植物の祖先植物がたまたま（運悪く）ケト基導入酵素遺伝子を失ったのかのどちらかであろう。ただ，３項で紹介したように，先に分岐した緑藻の一部がCrtW型酵素遺伝子を持っているため，藻類が分岐した後で，後者のことが起きた可能性が高いと思われる。一方，緑藻や高等植物はCrtR型酵素ではなく，CrtZ型水酸基導入酵素遺伝子を有している。これは現在生存しているシアノバクテリアの場合と真逆であり，これについては納得感のある進化論的な推察をすることは難しいが，興味深い知見ではある。

2.4項で紹介した先端バイオテクノロジー研究は，高等植物にCrtW型酵素遺伝子を（時に*crtZ*遺伝子も共に）導入し，種々の器官で高発現させても，組換え植物は普通に生存できることを示した。このような研究はレタスだけでなく，他の食用農作物にAstaの高産生能を与えて高付加価値化することを可能にするだけでなく，ストレス耐性能などを持った高等植物への進化を手助けすることになるのかもしれない。

文　献

1）Newton別冊，DNA生命を支配する分子，ニュートンプレス（2008）
2）F. X. Cunningham, Jr., E. *Gantt, Plant Cell*, **23**, 3055（2011）
3）T. Maoka *et al.*, *J. Oleo Sci.*, **60**, 47（2011）
4）N. Misawa, *Mar. Drugs*, **9**, 757（2011）
5）A. Yokoyama *et al.*, *Boisci Biotechnol. Biochem.*, **58**, 1842（1994）
6）H. Izumida *et al.*, *J. Mar. Biotechnol.*, **2**, 115（1995）

7) M. Harker *et al., Int. J. Syst. Bacteriol.,* **48**, 543 (1998)
8) A. Tsubokura *et al., Int. J. Syst. Bacteriol.,* **49**, 277 (1999)
9) A. Yokoyama *et al., J. Natural Products,* **58**, 1929 (1995)
10) 坪倉　章，生物工学，**88**, 492 (2010)
11) A. Yokoyama *et al., Boisci Biotechnol. Biochem.,* **60**, 200 (1996)
12) D. Asker *et al., FEMS Microbiol. Lett.,* **273**, 140 (2007)
13) Y. Lemoine, B. Schoefs, *Photosynth. Res.,* **106**, 155 (2010)
14) N. Misawa, *Plant Biotechnol.,* **26**, 93 (2009)
15) M. Rodríguez-Sáiz *et al., Appl. Microbiol. Biotechnol.,* **88**, 645 (2010)
16) J. F. Martín *et al., Microbial Cell Factories,* **7**, 3 (2008)
17) G. Britton *et al.* (eds.), Carotenoid Handbook, Birkhäuser Verlag (2004)
18) 梅鉢幸重，動物の色素 多様な色彩の世界，内田老鶴圃 (2000)
19) 津島己幸，FFI ジャーナル，**212**, 539 (2007)
20) T. Matsuno, S. Hirao, Marine Biogenic Lipids, Fats, and Oils, R. G. Ackman (ed.), vol. 1, p. 251, CRC Press (1989)
21) E. S. Egeland *et al., Poultry Sci.,* **72**, 747 (1993)
22) N. Misawa *et al., J. Bacteriol.,* **177**, 6575 (1995)
23) Y. Z. Zhong *et al., J. Exp. Botany*, **62**, 3659 (2011)
24) H. Linden, *Biochim. Biophys. Acta.,* **1446**, 203 (1999)
25) K. Ojima *et al., Mol. Genet. Genomics,* **275**, 148 (2006)
26) F. X. Cunningham, Jr., E. Gantt, *Plant Cell,* **23**, 3055 (2011)
27) N. Misawa, *Curr. Opinion Biotechnol.,* **22**, 627 (2011)
28) J. Jayaraj *et al., Transgenic Res.,* **17**, 489 (2008)
29) T. Hasunuma *et al., Plant J.,* **55**, 857 (2008)
30) K. Shindo *et al., Tetrahedron Lett.,* **49**, 3294 (2008)
31) N. Misawa, Carotenoids, In Comprehensive Natural Products II Chemistry and Biology; L. Mander, H. W. Lui (Eds), vol. 1, p.733, Elsevier (2010)

3　アスタキサンチンの化学

眞岡孝至*

3.1　アスタキサンチンの化学構造とその特性

アスタキサンチン（3,3'-dihydroxy-β,β-carotene-3,3'-dione）は$C_{40}H_{52}O_4$の組成式を持ち分子中に2個の水酸基と2個のカルボニル基を持つカロテノイドである。アスタキサンチンは分子内に13個の共役二重結合系が存在するので480 nm付近に可視部吸収スペクトルの極大を持つ。結晶は光沢のある黒紫色を呈し，その溶液は深赤色を示す。アスタキサンチンは脂溶性物質であり，かつ水酸基とカルボニル基を持つので極性がありクロロホルム，アセトン，ピリジンなどの極性有機溶媒に良く溶ける。一方，ヘキサンなどの非極性溶媒にはほとんど溶けない。また水には不溶である。

アスタキサンチンは対称な分子構造を持ち3，3'位に不斉炭素が存在するので3種の光学異性体（立体異性体），すなわち（3*S*,3'*S*），*meso*，および（3*R*,3'*R*）体が存在する。（3*S*,3'*S*）と（3*R*,3'*R*）体は光学活性，*meso*体は光学不活性である。またポリエン部に9個の二重結合を持つので理論上512個の幾何異性体が考えられる。天然に存在するものは主として全トランス体であるが9-，13-，15-シス体（これらのシス体はE/Z命名法では9*Z*，13*Z*，15*Z*と表示される）などの幾何異性体も存在する（図1）。アスタキサンチンはアルカリ溶液中では容易に酸化されアスタセン（3,3'-dihydroxy-2,3,2',3'-tetradehydro-β,β-carotene-3,3'-dione）になる（図2）。またアスタキサンチンは自動酸化により二重結合が酸化開裂して一連のアポアスタキサンチナール，アポアスタキサンチノンを生成する（図3）[1]。アスタキサンチンはペルオキシナイトライトと反応し，ニトロ基をポリエン部の15位や11位などにニトロ基を付加したニトロアスタキサンチンを生成する（図3）[2]。

多くの生物内ではアスタキサンチンは遊離型に加えて脂肪酸エステル体として存在する。エス

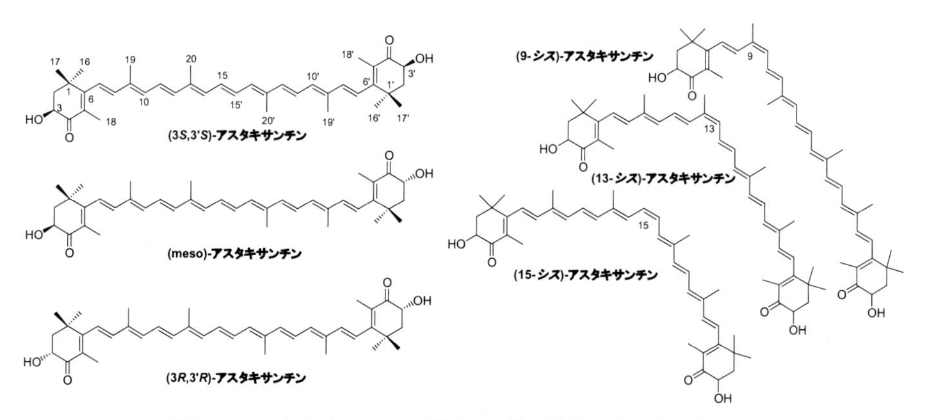

図1　アスタキサンチンの構造，光学異性体と主な幾何異性体

＊　Takashi Maoka　(財)生産開発科学研究所　食物機能研究室　室長；主任研究員

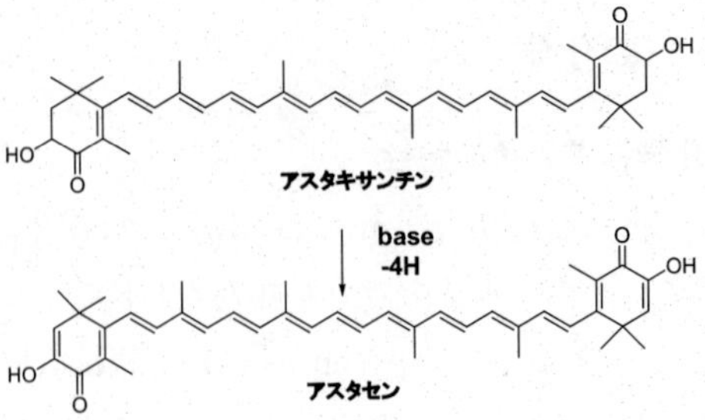

図2　アルカリ溶液中におけるアスタキサンチンからアスタセンへの酸化

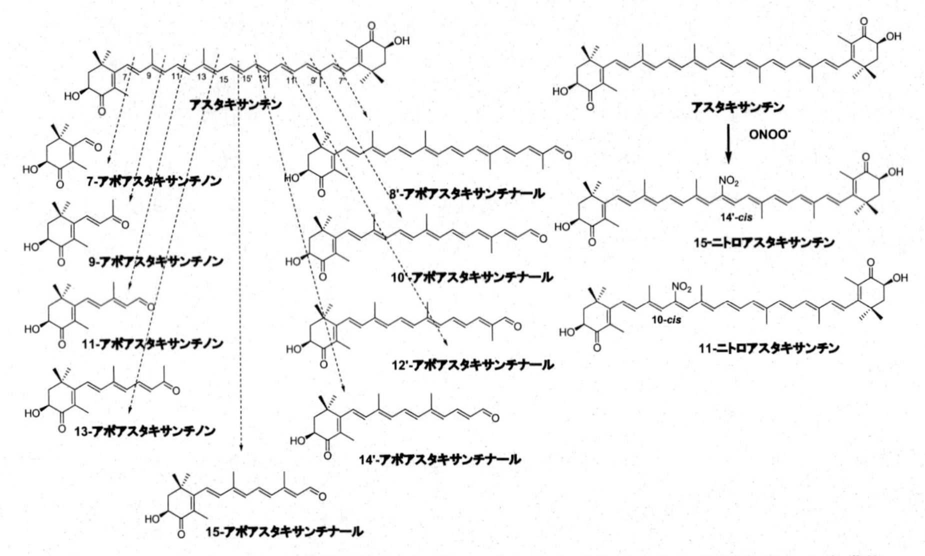

図3　アスタキサンチンの自動酸化およびペルオキシナイトライトとの反応による生成物

テル化している脂肪酸は一般にC12からC18の飽和およびモノエン酸が多い。海産動物ではEPAやDHAなどの高度不飽和脂肪酸なども見られる。甲殻類などの動物ではタンパク質複合体，細菌ではグルコース配糖体として存在するものもある[3]。

表1に全トランス-アスタキサンチンの物性と可視部吸収スペクトル，各種MSスペクトルで観測される主なイオン，^{1}H-NMRと^{13}C-NMRのケミカルシフトを示した[4]。橋本らによりアスタキサンチンのX線結晶解析が行われている[5]。アスタキサンチンは結晶性が良く濃厚な溶液を放置すると結晶を晶出する。アスタキサンチンは結晶状態では室温で放置しても比較的安定である。

3.2 アスタキサンチンの光学異性体

前項でも述べたがアスタキサンチンには3種の光学異性体が存在する。これらの光学異性体は旋光度とCD（円偏光二色性スペクトル）によって区別される（図4）[4]。パラコッカス(*Paracoccus*)属の細菌，緑藻，高等植物のアドニスは（3*S*,3'*S*)-アスタキサンチンを産生する。ファフィア

表1　全トランス-アスタキサンチンの物性と主なスペクトルデータ

融点　182～183℃（アセトン-石油エーテルより再結晶）
215～216℃（ピリジンより再結晶）

溶解性　クロロホルム，アセトン，ピリジンに易溶，エタノール，エーテルに可溶，ヘキサンに難溶，水に不溶

可視部吸収極大485 nm（クロロホルム）480 nm（アセトン）472 nm（エタノール）472 nm（メタノール）466 nm（ヘキサン）

CD スペクトル　図4に示した

MS で観測される主なイオン

EIMS　m/z 596 [M^+]（相対強度 20%），580（4%），578（10%），504（3%），490（3%），106（40%），91（100%），FAB MS *m/z* 596 [M^+]，APCI MS *m/z* 597 [$M+H^+$]，ESI MS 596 [M^+]，597 [$M+H^+$]，619 [$M+Na^+$]

NMR 重クロロホルム溶液中でのケミカルシフト値（ppm）

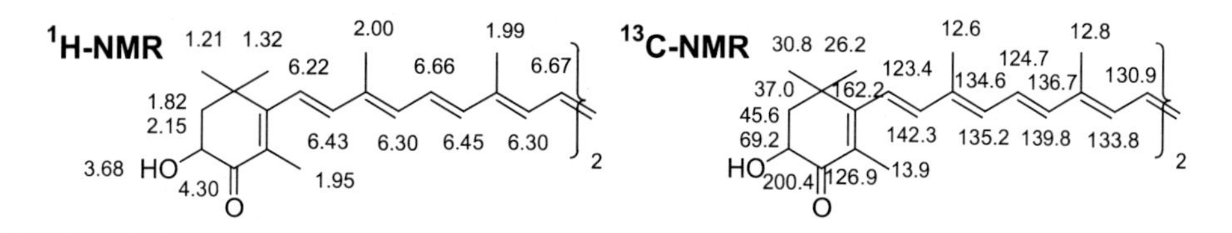

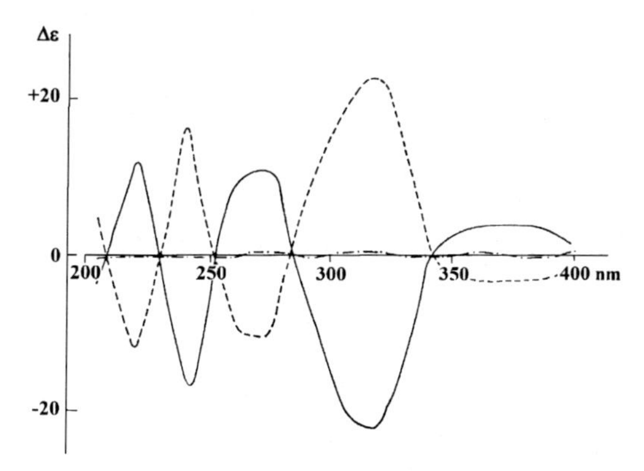

図4　(3*S*,3'*S*)-アスタキサンチン（――），(3*R*,3'*R*)-アスタキサンチン（---），*meso*-アスタキサンチン（-·-·-）のエーテル中のCDスペクトル（室温で測定）

酵母（*Phaffia rhodozyma*，現在の学名は *Xanthophyllomyces dendrorhous*）はエナンチオマーである（3*R*,3'*R*)-アスタキサンチンを産生する。一方甲殻類やサケ，マスではアスタキサンチンは（3*S*,3'*S*)，*meso*，（3*R*,3'*R*）の3種の光学異性体の混合物で存在する。

光学異性体の分離方法としてはジアステレオマーエステルに誘導法とキラルな固定相を用いて直接分離する方法がある。ホフマンラロッシュの Vecchi と Müller はラセミ体のアスタキサンチンを di-(-)-camphanate のジアステレオマーエステルに誘導して順相系 HPLC で3種の光学異性体を分離した[6]。一方著者は，光学活性な固定相（N-3,5-dinitrobenzoyl-D-phenylglycine，市販名 Sumichiral OA-2000）を用いる HPLC でラセミ体のアスタキサンチンを直接3種の光学

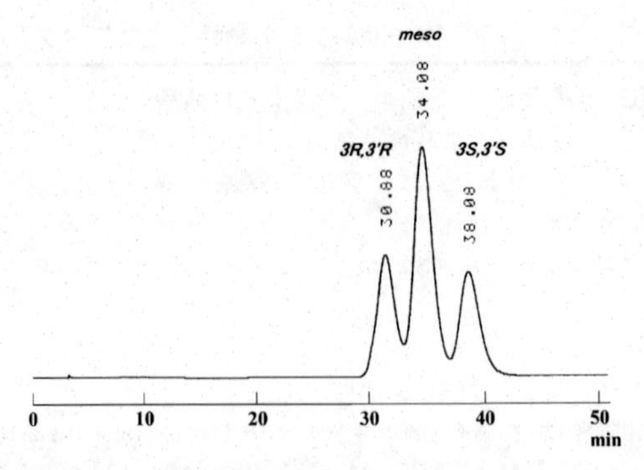

図5　光学異性体分離カラムを用いるHPLCによるアスタキサンチン光学異性体の分離
カラム Sumichiral OA-2000（住友化学），移動層 n-ヘキサン：クロロホルム；エタノール（48：16：0.1），流速1.0 ml/min，検出470 nm，図中の数字はリテンションタイム（min）

異性体に分離した（図5）[7]。これらの方法を用い多くの海産動物に含まれるアスタキサンチンは3種の立体異性体で存在することが明らかにされている。

3.3　アスタキサンチンの幾何異性体

多くの天然アスタキサンチンは全トランス体とともに微量の9-シス，13-シス，15-シス体などの幾何異性体の混合物として存在する。1980年にホフマンラロッシュのEnglertとVecchiらのグループにより10種のアスタキサンチンの幾何異性体がHPLCで分離され，それらのUV-VIS，^{1}H-NMRスペクトルデータが報告されている[8]。9-シス，13-シス，15-シス体などの幾何異性体の同定にはUV-VISや^{1}H-NMRスペクトルが用いられる。シス異性体は全トランス体に比べ短波長側に吸収極大を示し360～350 nm付近に特徴的なシスピークと呼ばれる吸収を示す（表2）。シス異性化にともなうポリエン部の電子状態の変化により^{1}H-NMRや^{13}C-NMRのケミカルシフトも全トランス体とは異なりこれらはシス異性体の帰属の上で重要な情報である[4,8]。またHPLCでのリテンションタイムもシス異性体の帰属に重要である。アスタキサンチンの全トランス，9-シス，13-シス，15-シス体の可視部吸収極大とその分子吸光係数を表2に示した。全トランス体は熱や光により異性化して9-シス，13-シス，15-シスを生じる[9,10]。合成品

表2　全トランス，9-シス，13-シス，15-シス—アスタキサンチンの可視部吸収極大とその分子吸光係数

	可視部吸収極大*	シスピーク	分子吸光係数 $E^{1\%}_{cm}$
全トランス	473	なし	2100
9-シス	465	360（weak）	1750
13-シス	462	354（medium）	1359
15-シス	460	363（strong）	1021

＊4％クロロホルム/ヘキサン溶液

のアスタキサンチンはほぼ全トランスであるがその溶液を長時間放置しておくと9-シスおよび13-シス体などのシス体を生じる。

3.4　アスタキサンチンタンパク質複合体

アスタキサンチンは3，3'位に水酸基4，4'位にカルボニル基を持つのでタンパク質との親和性が高くアルブミンと容易に複合体を形成する。

多くの海産動物ではアスタキサンチンはタンパク質と複合体を形成して存在している。クルマエビの甲殻が青，紫，黄色などを呈するのはアスタキサンチンタンパク質複合体であるクラスタシアニンによる。ロブスターの甲殻から単離されたα-クラスタシアニンは520～680 nmに吸収極大を示し青色を呈する。CDスペクトルやその部分構造であるβ-クラスタシアニンのX線結晶解析からα-クラスタシアニンの構造が検討されている。α-クラスタシアニンは320 kDaの高分子で8組のβ-クラスタシアニンから形成されている[10)]。甲殻類の卵巣ではアスタキサンチンはオボルビンなどのタンパク質複合体として存在している。黄色や紫色を呈するクルマエビの甲殻を加熱すれば赤くなる，これは加熱によってタンパク質が変性しアスタキサンチンが遊離するためである。サケ筋肉中ではアスタキサンチンはアクトミオシンと結合している。メスのサケではアスタキサンチンは卵黄形成タンパク質であるビテロゲニンと結合して卵巣に取り込まれる。

3.5　アスタキサンチンの分布とそれらの存在形態[11,12)]

アスタキサンチンは微生物，酵母，藻類，陸上植物，動物に広く分布している。微生物，藻類，陸上植物はアスタキサンチンを酢酸などから生合成（de novo synthesis）することができる[11,12)]。

微生物：パラコッカス（*Paracoccus*）属の細菌は（3*S*,3'*S*)-アスタキサンチンを産生する。これらは遊離型で存在する。*Agrobacterium auranticum*（*Paracoccus* sp. strain N81106）ではアスタキサンチンはグルコシド配糖体として存在する。

酵母：強い紫外線をうける雪山でとられたファフィア酵母には（3*R*,3'*R*)-アスタキサンチンが遊離型で存在する。

藻類：緑藻のヘマトコッカスには（3*S*,3'*S*)-アスタキサンチンが脂肪酸エステル体（主成分はモノエステル）として存在する。雪や氷上に生育する低温耐性の氷雪藻(*Chlamydomonas nivalis*)にはアスタキサンチンジグルコシドの脂肪酸エステルが存在する。

陸上植物：キンポウゲ科のフクジュソウ（*Adonis annua*）の花弁には（3*S*,3'*S*)-アスタキサンチンが脂肪酸エステル体で存在する。

動物はアスタキサンチンを生合成できないので存在するアスタキサンチンは餌から直接取り込まれたものか前駆体のカロテノイドから代謝変換されたものである[11,12)]。

海綿動物：遊離型のアスタキサンチンがカイメンから報告されている。

腔腸動物：イソギンチャクにはアスタキサンチンとアスタキサンチンの2位または2位の炭素が脱離したノルカロテノイド，2-ノルアスタキサンチン，アクチニオエリスリンが存在する。クラゲやサンゴからもアスタキサンチンが報告されている。これは餌となる甲殻類プランクトンから取り込まれたものである。

軟体動物：巻貝類のナガニシ，スクミリンゴガイには（3*S*,3'*S*)-アスタキサンチンが存在する。これらの貝類は餌から取り込んだβ-カロテンや（3*R*,3'*R*)-ゼアキサンチンを酸化的に代謝変換して（3*S*,3'*S*)-アスタキサンチンを作っている。肉食性巻貝のホラガイにもアスタキサンチンが存在する。これは餌となるヒトデから取り込まれたものであり3種の光学異性体の混合物である。二枚貝類ではホタテガイなどの卵巣にペクテノロンとともに（3*S*,3'*S*)-アスタキサンチンが微量成分として存在する。頭足類（イカ，タコ）の内臓と卵巣にはアスタキサンチンが3種の立体異性体の混合物で存在する。これらは餌の甲殻類に由来するものである。

節足動物：甲殻類（エビ，カニ）はβ-カロテンからエキネノン，カンタキサンチン，アドニルビンを経てアスタキサンチンを酸化的に代謝変換して作っている。カロテノイドの3，3'位に水酸基を導入する際に立体特異性がないためアスタキサンチンは3種の光学異性体の混合物で存在する。またこれらのアスタキサンチンは遊離型とともにモノエステルとジエステル体が混在する。さらにクラスタシアニンなどのタンパク質複合体として存在しているものもある。バッタなど昆虫類からもアスタキサンチンは報告されている。

棘皮動物：ヒトデ，ナマコ，ウニ類にアスタキサンチンは3種の立体異性体の混合物として存在する。ヒトデ類にはアスタキサンチンの三重結合アナログである7,8-ジデヒドロアスタキサンチンと7,8,7',8'-テトラデヒドロアスタキサンチンが存在する。7,8-ジデヒドロアスタキサンチンと7,8,7',8'-テトラデヒドロアスタキサンチンはヒトデの学名（*Asterias rubens*）にちなみアステリン酸（asterinic acid）と呼ばれていた。

原索動物：ホヤ類からは（3*S*,3'*S*)-アスタキサンチンが報告されている。

脊椎動物

魚類：アスタキサンチンを餌から吸収蓄積しているサケ類やマダイなどの海産の赤色魚とゼアキサンチンからアスタキサンチンを代謝変換できるコイ科魚類がある。前者では甲殻類由来のアスタキサンチンを蓄積するので3種の立体異性体の混合物，後者は（3*R*,3'*R*)-ゼアキサンチンを前駆体とするので（3*S*,3'*S*)-アスタキサンチンのみが存在する。このためマダイやサケの色揚げにはアスタキサンチンをキンギョやニシキゴイの色揚げにはゼアキサンチンを与えている。なお海産魚はアスタキサンチンから黄色のツナキサンチンを還元的に代謝変換している。

両生類：イモリなどからアスタキサンチンが報告されている。

鳥類：フラミンゴなどから報告がある。

哺乳動物：ヒトはアスタキサンチンを吸収できることが血液のカロテノイドの分析結果から明らかになっている。マウスやラットでは投与したアスタキサンチンが肝臓はじめ多くの組織に蓄積することが報告されている。

動物は体表にアスタキサンチンを蓄積し婚姻色や保護色に用いている。また，アスタキサンチンは卵に多く含まれている。アスタキサンチンは光や活性酸素から卵を保護するとともに生殖機能，孵化，孵化後の生存，成長に関与している。アスタキサンチンの多くの生理活性は水産動物に対する機能の研究から明らかになったことが多い[11~13]。

これらの生物100 g あたりに含まれるアスタキサンチンの量はアメリカザリガニで0.1~0.3 mg，紅ザケの筋肉やイクラで2.0~3.8 mg，ナンキョクオキアミで2.0~4.0 mg，ファフィア酵母で200~800 mg，ヘマトコッカスで1000~4000 mg であり，ヘマトコッカスが圧倒的に含量が高い。

3.6　アスタキサンチンの化学合成

1697年に Surmatis らにより，アスタキサンチンはジメチルエステルの形で初めて全合成がなされた。また同年 Leftwick と Weedon はカンタキサンチンからアスタキサンチンを遊離型で合成することに成功している。

1980年代初めにホフマンラロッシュのグループにより中央部の C_{10}-ジアルデヒドの両端に C_{15}-エンドグループのフォスホニウム塩を Wittig 反応で結合させアスタキサンチンを全合成することに成功した（図6）。この方法を用いることにより（3*S*,3'*S*），*meso*(3*R*,3'*R*）の光学異性体の合成に成功している。さらに幾つかの幾何異性体も合成された[14]。

この方法は工業的合成法に用いられ合成アスタキサンチンはサケ，マス，マダイなどの養殖魚の色揚げ剤として市販されるようになった。なお市販品（カロフィールピンク）はゼラチンとスターチでコーティングされており水に懸濁できる。

3.7　アスタキサンチンの分析

アスタキサンチンの分析について，アスタキサンチンが存在することがすでに知られている試料中のアスタキサンチンの定量分析と未知の生物試料中に含まれるアスタキサンチンやその誘導

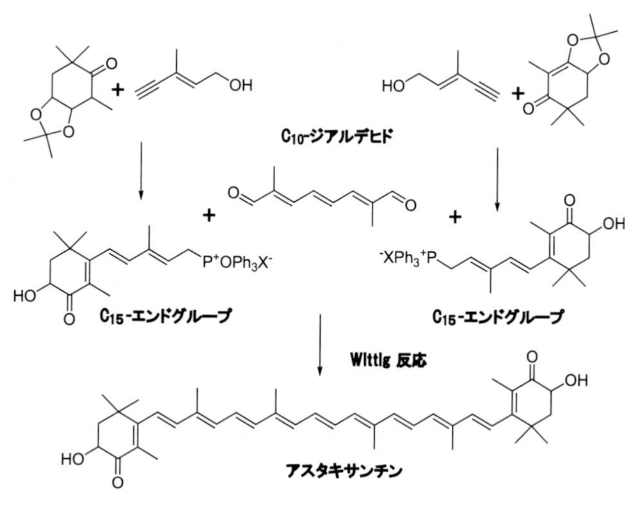

図6　工業的なアスタキサンチンの合成経路

体を同定する場合について述べる。

3.7.1 アスタキサンチンの定量分析

アスタキサンチンが存在することが知られている試料中のアスタキサンチンの定量分析には吸光度法や HPLC 法が用いられている。カロテノイドとしてアスタキサンチンしか含まない試料の定量には吸光度法が便利である。分子吸光係数としては $E_{cm}^{1\%}=2100$が用いられる[4,9)]。HPLC 法は高感度でアスタキサンチンの定量や同定に広く用いられる。HPLC のシステムとしては ODS や C-30カラムを用いる逆相系が多いが silica gel カラムや CN カラムを用いる順相系も使われる。逆相系の場合は主としてメタノール，アセトニトリルをベースにした溶媒系が用いられる。順相系ではヘキサンをベースにアセトンまたはイソプロパノールなどの極性溶媒を加えた溶媒系が用いられる。光学異性体の分析を行う場合は Sumichiral OA-2000などのキラルカラムを用いる。アスタキサンチンの標品は市販されている。合成品は 3 種の光学異性体の混合物である。アスタキサンチンが脂肪酸エステルで存在する場合はコレステロールエステラーゼやリパーゼで加水分解して遊離型に導く。コレステロールエステラーゼは高価なので著者は *Candida cylindracea* 由来のリパーゼ粉末を用いているが効果はコレステロールエステラーゼと変わらない。ロッシュのグループはアスタキサンチンの脂肪酸エステルをアスタセンの生成を防ぐため完全な嫌気条件下でアルカリでケン化して遊離型のアスタキサンチンに導いているが実験装置と操作が複雑である。HPLC によりアスタキサンチンは全トランス体に加えて9-シス，13-シス，15-シスなどの幾何異性体も分離される。それらは UV-VIS スペクトルなどを文献値と比較することにより同定できる。

HPLC でのアスタキサンチンの検出は470 nm での吸光度が広く用いられる。分子吸光係数が2100と高いので ng オーダーでの検出が可能である。最近，大気圧化学イオン化（APCI）やエレクトロンスプレーイオン化（ESI）による MS（LC-MS）でのイオン法も用いられる。APCI ではアスタキサンチンはプロトン化分子（$M+H^+$）*m/z* 597が ESI MS では（$M+H^+$）やナトリウム付加イオン（$M+H^+$）*m/z* 619が顕著に現われる。これらのイオンの感度は高くアスタキサンチンはサブ ng オーダーで検出，定量が可能である。しかし脂質が多量に存在する試料では脂質由来のシグナルがアスタキサンチンのシグナルの検出を妨害するので前処理によって脂質をできる限り除いておくことが望ましい。

3.7.2 ヒト血漿および赤血球中のアスタキサンチン分析

近年アスタキサンチンのヒトに対する生理作用が注目されサプリメントとしてアスタキサンチンが用いられるようになった。ヒトでのアスタキサンチンの吸収，動態を検討する上で血液中のアスタキサンチン含量の測定は不可欠である。

ヒト血液中にはルテインやゼアキサンチンとその酸化代謝産物が存在しアスタキサンチンとリテンションタイムが重なる場合があるので精密な定量にはこれらを充分分離する必要がある。京都微生物研究所と著者のグループは微小粒子（1.7μm 径）充填剤を用いる HPLC システム，Ultra Performance Liquid Chromatography（UPLC^{TM}）により高感度で迅速なヒト血液中のカロ

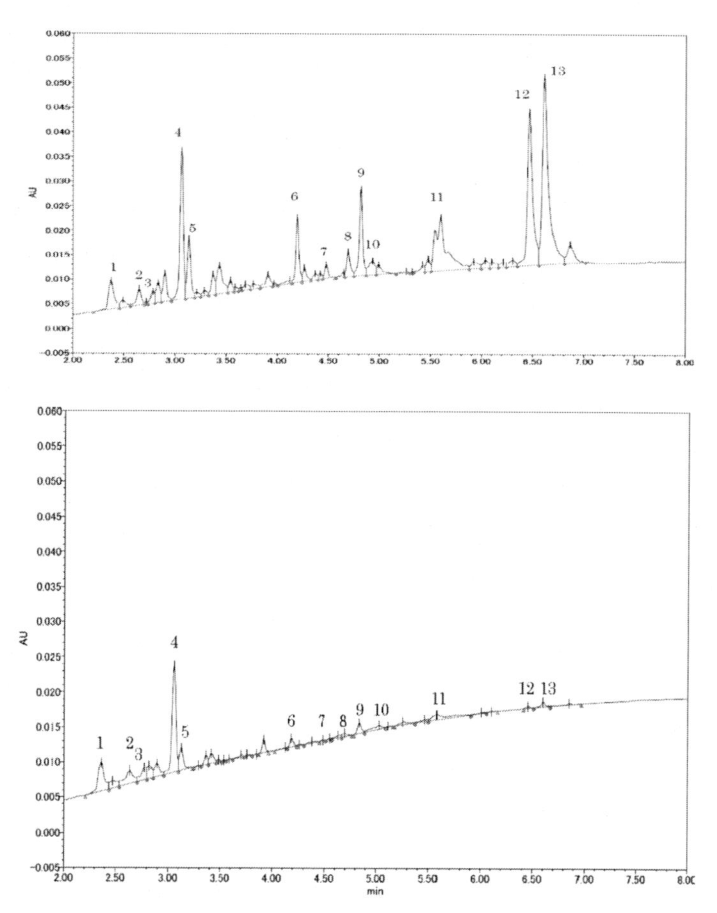

図7　UPLCによるヒト血漿（上）および赤血球（下）中のカロテノイドの分析
Peak-1：アスタキサンチン，Peak-2：9-シス-アスタキサンチン，Peak-3：13-シス-アスタキサンチン，Peak-4：ルテイン，Peak-5：ゼアキサンチン，Peak-6：アンヒドロルテインⅠ，Peak-7：アンヒドロルテインⅡ，Peak-8：α-クリプトキサンチン，Peak-9：β-クリプトキサンチン，Peak-10：9-シス-β-クリプトキサンチン，Peak-11：リコペン，Peak-12：α-カロテン，Peak-13：β-カロテン HPLCの条件：装置 ACQUITY UPLC system（Waters），カラム：BEH Shield RP18（1.7μm，2.1 × 150 mm），移動相：AcCN/H_2O（85:15）→ AcCN/MeOH（65:35），カラム温度：40℃，流速：0.4 ml/min，検出波長：452 nm

テノイドの分析法を開発した[15]。この方法は従来の5μm径の充填剤を用いるHPLC法に比べ，より高い分離能と感度が得られるので，分析時間の短縮とサンプルの微量化が可能になる。我々はこのUPLCシステムを用いてヒト血液中のカロテノイドの迅速分析方法について検討し良好な結果を得ている。図7にアスタキサンチンを服用したヒト血漿中および赤血球中のカロテノイドのUPLCによるクロマトグラムを示した。アスタキサンチンは全トランス体のみならず9-シスおよび13-シス体もヒト血漿中および赤血球中で検出されている。

3.7.3　動物組織中のアスタキサンチン分析

アスタキサンチンを投与したマウスやラットの血液や組織中に蓄積したアスタキサンチンを分

析する場合には共存する大量の脂質の影響を考慮する必要がある。組織の抽出液は脂質が多量に混在するため逆相系 HPLC で用いられるアセトニトリルやメタノールをベースにした溶媒系には溶解しにくい。溶解させるため希釈すれば検出感度が低下する。一方順相系 HPLC の溶媒はヘキサンをベースにしているので脂質の多いサンプルに対する親和性が良く動物組織中のアスタキサンチン分析に適している。特に多くの脂質が含まれるサンプルは HPLC に供する前に前処理用のシリカゲルのカートリジカラムなどで脂質をできるだけ除去しておくと良い。

3.7.4 未知試料中に含まれるアスタキサンチンまたはアスタキサンチン誘導体の同定

初めて扱う生物試料中に存在するアスタキサンチンを同定する場合には HPLC でのリテンションタイム，UV-VIS，MS スペクトルデータの測定が必須である。できれば ^{1}H-NMR を測定することが望ましい。さらに光学異性体を知るためキラル HPLC や CD スペクトルデータを測定することが好ましい。アスタキサンチンが脂肪酸エステル体で存在する場合は酵素による加水分解により遊離型に導き各種スペクトルデータを測定する。脂肪酸組成を知りたい場合は加水分解して得られた脂肪酸を GC-MS で分析するか脂肪酸エステルのまま MS スペクトルを測定するなどの方法がある。細菌などではアスタキサンチンが配糖体として存在する場合がある。この場合はメタノールなどの極性溶媒で抽出する。通常のアスタキサンチンとは極性が大きく異なるので分離，精製には注意が必要である。糖の種類や結合位置の決定には UV-VIS，MS に加え NMR による解析が必要である。配糖体は極性が高く通常カロテノイドの NMR 測定に用いられる重クロロホルムに溶解しにくい。そこでアセチル化して重クロロホルムで測定すると NMR 解析に便利である。

3.8 まとめ

本節ではアスタキサンチンの化学的特性，天然における分布とその存在形態，それらの分析方法について概説した。さらに詳細を知りたい方は下記の文献を参照されたい。

文　　献

1) H. Etoh *et al., J. Oleo. Sci.,* **61**, 17-21 (2012)
2) R. Yoshioka *et al., Tetrahedron Lett.,* **47**, 3637-3640 (2006)
3) G. Britton *et al.,* Carotenoids Handbook, Birkhäuser Verlag, Basel (2004)
4) G. Britton *et al.,* Carotenoids Vol. 1B, Spectroscopy, Birkhäuser Verlag, Basel (1995)
5) H. Hashimoto *et al., J. Mol. Struct.,* **604**, 125-146 (2002)
6) A. Vecchi and R. K. Muller *J. High Reso. Chromatogr.,* **2**, 195-196 (1979)
7) T. Maoka *et al., J. Chromatography,* **318**, 122-124 (1985)
8) G. Englert and M. Vecchi, *Helv. Chim. Acta.,* **63**, 1711-1718 (1980)

9)　G. Britton *et al.*, Carotenoids Vol. 1A, Isolation and Analysis, Birkhäuser Verlag, Basel (1995)
10)　G. Britton *et al.*, Carotenoids Vol. 4, Natural Functions, Birkhäuser Verlag, Basel (2008)
11)　矢澤一良編，アスタキサンチンの科学，成山堂書店，東京 (2009)
12)　宮下和夫編，カロテノイドの科学と最新応用技術，シーエムシー出版，東京 (2009)
13)　眞岡孝至，カロテノイドとその利用，アンチエイジングをめざした水産物の利用，水産学シリーズ171，平田孝，菅原達也編，pp. 97-111，恒星社厚生閣，東京 (2011)
14)　G. Britton *et al.*, Carotenoids Vol. 2, Synthesis, Birkhäuser Verlag, Basel (1996)
15)　T. Nakajima *et al.*, *Carotenoid Science*, **14**, 46-49 (2009)

4　アスタキサンチンのラジカル消去活性

濱　進[*1]，小暮健太朗[*2]

4.1　はじめに

アスタキサンチンは，一重項酸素に対して高い消去活性（クエンチング作用）を有することがあまりにも有名であり，数多くの報告がなされている。さらに，アスタキサンチンの多彩な作用はその高い一重項酸素消去作用によるものであると解釈されていると思われる。しかし，生体では一重項酸素以外の活性酸素，すなわちスーパーオキシドアニオンラジカルやヒドロキシルラジカルなどのラジカルが多く存在しており，アスタキサンチンの多彩な作用がこれらラジカルに対する消去作用に基づく可能性が高いにも関わらず，アスタキサンチンのラジカル消去に関する報告は多くない。そこで本節では，アスタキサンチンのラジカル消去活性に関するこれまでの報告について概説するとともに，筆者らが最近見出した知見についても紹介する。

4.2　一重項酸素に対する消去作用

アスタキサンチンの代表的な作用として，一重項酸素に対する消去活性がよく知られている。アスタキサンチンなどのカロテノイドは，その構造中の長鎖共役二重結合により一重項酸素の励起エネルギーを受け取り，酸素分子を安定な三重項状態に戻すとともに，共役二重結合の振動を介して熱エネルギーとして放出することで消去すると考えられている（図1）[1]。この一重項酸素消去活性は，共役二重結合の長さに依存することが明らかにされており，アスタキサンチンはβカロテンよりも長い共役系を有するため，より強力な消去活性を示すと考えられている[1]。

4.3　ラジカルとの反応について

ペルオキシナイトライトとアスタキサンチンが反応し，ニトロ化アスタキサンチンおよびアポ

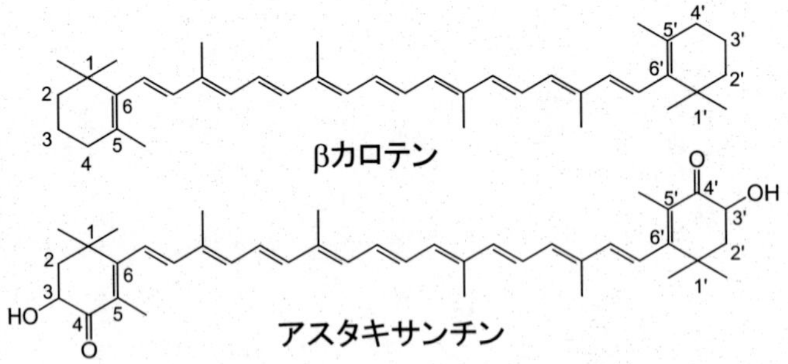

βカロテン

アスタキサンチン

図1　βカロテンおよびアスタキサンチンの構造

＊1　Susumu Hama　京都薬科大学　薬品物理化学分野　助教

＊2　Kentaro Kogure　京都薬科大学　薬品物理化学分野　教授

アスタキサンチン類が生成することが報告されている[2)]。このことは，ペルオキシナイトライトラジカルがアスタキサンチンと直接反応していること，すなわちアスタキサンチンがラジカルと反応することを意味している。さらに，ある条件下（大気中，55℃，暗所，35日間）にアスタキサンチンを暴露することで，空気中の酸素による自動酸化を評価した研究があり，アスタキサンチンは自動酸化によって様々なアポアスタキサンチン類に変化することが報告されている[3)]。このときに生じたアポアスタキサンチン類は，先のペルオキシナイトライトとの反応で生じるものと同じものが含まれていることから，活性酸素と反応することで生成したことが推測される。自動酸化によって得られているものは，長鎖共役二重結合の一部分が切断されたものであることから，アスタキサンチンの共役二重結合が活性酸素・フリーラジカルと反応したことが推測される。このように，アスタキサンチンはフリーラジカルと反応することがその生成物から推測されているが，これまでにアスタキサンチンと活性酸素・フリーラジカルとの反応について調べた知見もいくつか報告されている。

1,1-diphenyl-2-picrylhydrazyl（DPPH）ラジカルは，比較的安定な合成ラジカル化合物として，抗酸化剤のラジカル消去活性測定に用いられている。DPPHは，有機溶媒に溶けるため，脂溶性の高いアスタキサンチンのラジカル消去活性測定にも容易に用いることができる。これまでに，いくつかの報告において，アスタキサンチンのDPPHラジカル消去活性が報告されている。それらの論文では，テトラヒドロフランのような有機溶媒中もしくは水溶性buffer/有機溶媒混合系に存在するDPPHの吸光度の減少から，アスタキサンチンがDPPHラジカルを消去することが示されている[4)]。最近の報告では，DPPHラジカルの電子スピン共鳴（ESR）スペクトルを測定し，そのシグナル強度の減少からアスタキサンチンがDPPHラジカルを消去したことが示されている[5)]。いずれの論文においても，アスタキサンチンがDPPHラジカルと反応し，消去していることを示しているものである。

4.4　スーパーオキシドアニオンラジカルに対する消去活性

代表的な活性酸素であるスーパーオキシドアニオンラジカルO_2-とアスタキサンチンの反応性に関する知見もいくつか報告されている。先のDPPHラジカルと同様に水溶性buffer系においてヒポキサンチンとキサンチンオキシダーゼによってO_2-を発生させ，同時にESRプローブである5,5-dimethyl-1-pyrroline N-oxide（DMPO）を共存させた系に，有機溶媒に溶解したアスタキサンチンを添加した際のO_2-付加DMPOシグナルの変化から，アスタキサンチンによるO_2-消去活性が確認されている[5)]。この報告において示されているアスタキサンチンのO_2-消去活性は，決して高いものではなく，論文中にも過去の報告よりも弱いことが示されている。過去の報告では，同様にESRシグナル変化によってO_2-消去を評価しているのだが，そこで用いられているアスタキサンチンは，水溶性を高めるために末端のヒドロキシル基が一つあるいは二つともアミノ酸によってエステル化されたもの（アスタキサンチンジリジンエステル体）であった[6)]。そのため，純粋なアスタキサンチンによるO_2-消去活性を報告しているのは，最近報告された前述の論文ということになる。これらは，いかに水溶液中でアスタキサンチンのラジカル消去活性を測定するのが難しいかを示しているとも言えるだろう。

また近年には，O_2-と種々のカロテノイドとの反応性（electron transfer）についてコンピュータ計算によってギブズ自由エネルギー変化（ΔG）が計算され，構造によるO_2-との反応性の比較がなされている[7]。この報告によると，βカロテンがO_2-と反応するときのΔGは－0.2 kcal/molであるが，アスタキサンチンがO_2-と反応するときのΔGは－13.3 kcal/molとなっている。ΔGが負の値を取るとき，その反応は自発的に進行するのであるから，βカロテンもアスタキサンチンもO_2-と自発的に反応することになるが，その絶対値はアスタキサンチンの方がとても大きいことからすると，アスタキサンチンはβカロテンよりもO_2-と反応性が高い，つまりO_2-の消去活性が高いことが推察される。興味深いことに，アスタキサンチン構造の末端リングにおけるヒドロキシル基およびケト基が徐々に欠失した類縁体に関する計算結果において，ΔGの絶対値が徐々に小さくなっていく，つまりO_2-との反応性が低くなっていた。このことから，O_2-に対する反応性，すなわち消去活性には，長鎖共役二重結合だけでなく末端リングの構造も大きく寄与している可能性が示唆される。

4.5　ヒドロキシルラジカルに対する消去活性

これまで，アスタキサンチンは，ヒドロキシルラジカル·OHに対する消去活性をほとんど持たない，と考えられてきた[1]。実際は，評価が困難であったため報告されていない，というのが正確なところではないかと思われる。なぜなら，アスタキサンチンはその物理化学的性質ゆえに，疎水性が高く水溶液系に溶かすことができない。一般に·OHを生成するには，水溶液中で過酸化水素H_2O_2と二価鉄Fe^{2+}を混合することでフェントン反応を誘起する必要がある。そのため，水に溶けないアスタキサンチンをフェントン反応系と共存させることは困難であり，その反応性を評価することが困難であった。最近，βカロテンの·OHとの反応性を評価するために有機溶媒に可溶性のN-hydroxypyridine-2(1H)-thione（N-HPT）を用いた系における測定結果が報告されている[8]。すなわち，アセトニトリル/テトラヒドロフラン（4:1）に溶かしたN-HPTに355 nmのレーザーパルス光を照射することで，光分解が誘起され，·OHが発生する系である。この系にβカロテンを溶解しておき，レーザーパルス光を照射することで·OHを発生させたときの吸収スペクトルの変化から，βカロテンが·OHと反応することが証明されたのである。·OHを発生させることによって，βカロテンの吸収スペクトルが変化したことから，βカロテンはその長鎖共役二重結合で·OHと反応していることが示唆されている。さらに，·OHとの反応様式についてコンピュータ計算することで，水素原子転移反応のΔGが最も低く（絶対値が大きく）なったことから，長鎖共役二重結合中の水素原子が·OHによって引き抜かれることでラジカル消去が起こっていることが示唆されている。このことは，有機溶媒系で·OHを発生させることで，ようやくその·OHとの反応性が証明されたことを意味している。しかし，この反応系ではアスタキサンチンによる·OH消去は極めて小さいと報告されている。

一方筆者らは，最近，別のアプローチによって水溶液系で発生した·OHと疎水性環境にあるアスタキサンチンが反応することを初めて見出した[9]。すなわち，水溶液系に分散可能な疎水性環境として，脂質膜小胞系（リポソーム）を用い，リポソーム膜の疎水性環境（脂質二分子膜）にアスタキサンチンを存在させたアスタキサンチンリポソームを調製した。ルミノール試薬の存在する水溶液中に，H_2O_2とFe^{2+}を添加することで·OHを発生させると，·OHによって化学発光が観察されるが，この水溶液系にアスタキサンチンリポソームを共存させておくことで，·OHによる化学発光が顕著に抑制されることを見出しており（図２），このことからアスタキサンチンも水溶液中の·OHを消去可能であることを明らかにしている。同様にβカロテンもリポソームとして調製し，·OH由来の化学発光に対する影響を調べたところ，強力に化学発光を抑制することを見出しており，そのとき化学発光を50％抑制するのに要する濃度は，若干アスタキサンチンの方がβカロテンよりも小さい，つまりアスタキサンチンの方がβカロテンよりも効果的に·OHを消去できることが明らかになっている。さらに，リポソーム中に存在するアスタキサンチンの吸収スペクトル変化を測定したところ，·OH発生によって特徴的な吸収スペクトルが大きく減少することが明らかになり，·OHとアスタキサンチンの長鎖共役二重結合が反応していることが示唆された。前述のChenらの報告において，有機溶媒中におけるアスタキサンチンとN-HPT由来の·OHとの反応性が低かったことが示されているが，これにはアスタキサンチンの存在状態の違いが影響しているのではないかと推察している。いずれにしても，アスタキサンチンは·OHに対する反応性を有しており，生体膜中に存在することで·OHを消去していることが推察される。

4.6　ラジカル誘導脂質過酸化に対する抑制作用

アスタキサンチンは，単独で生成された活性酸素・フリーラジカルに対してのみならず，それ

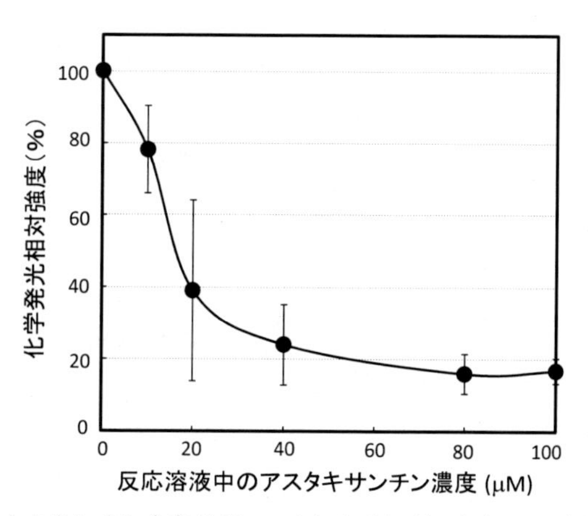

図２　アスタキサンチン含有リポソームによるヒドロキシルラジカル消去活性

らが引き金となって誘導される脂質の過酸化反応に対しても阻害作用を示すことから，脂質ペルオキシラジカルなどとも反応することが示唆されている。合成フリーラジカルである2,2'-azobis（2,-amidinopropane）（AAPH）は，脂質膜の不飽和脂質を攻撃することによって脂質過酸化を誘導するが，アスタキサンチンは，ラットミクロソームにおいてAAPHによって誘導される脂質過酸化を有意に抑制することが示されている[3]。同様にt-BuOOHによる脂質過酸化もアスタキサンチンによって抑制されることが示されている[3]。これらのことから，アスタキサンチンは，AAPHあるいはt-BuOOHおよび脂質ペルオキシラジカルと反応することで脂質過酸化を抑制したことが示唆される。アスタキサンチンはトランス体がよく用いられるが，構造異性体である9-cis体および13-cis体がより高い抗酸化効果を示すことが示されており，長鎖共役二重結合の構造がフリーラジカルとの反応性に影響を及ぼすことが示唆されている。この報告は，アスタキサンチンの長鎖共役二重結合がフリーラジカルとの反応に重要な役割を果たしていることを意味している。

また，合成有機ラジカルではないが，ADP/Fe^{2+}由来活性酸素による脂質過酸化反応に対してアスタキサンチンは高い抑制効果を示すことが明らかになっている[10]。ADP/Fe^{2+}由来活性酸素による脂質過酸化反応は，一定期間のラグタイムの間に脂質膜表面付近において活性酸素を生成した後，膜内部において急激な脂質過酸化連鎖反応を引き起こすと考えられているが，このときの脂質膜（リポソーム膜）にアスタキサンチンを共存させておくと，ラグタイムの延長と過酸化連鎖反応速度の低下が観察される。同様の系にβカロテンを共存させた場合に比較して，強力に脂質過酸化反応を抑制することが示されている（図３）[10]。このとき，βカロテンの極大吸収波長における吸光度変化を経時的に測定したところ，βカロテンはADP/Fe^{2+}添加直後から吸光度が時間依存的に減少して，つまり長鎖共役二重結合構造がラジカルと反応したことが示唆された。ところが，アスタキサンチンは，ラグタイム，すなわち膜表面における活性酸素産生期間において，ラグタイムの延長が観察されたにも関わらず，ほとんど吸光度の変化は観察されなかった[10]。このことは，吸光度の原因となる長鎖共役二重結合構造には影響することなく，活性酸素生成を阻害したことを意味しており，このことから末端リング構造によって膜表面で生成する活

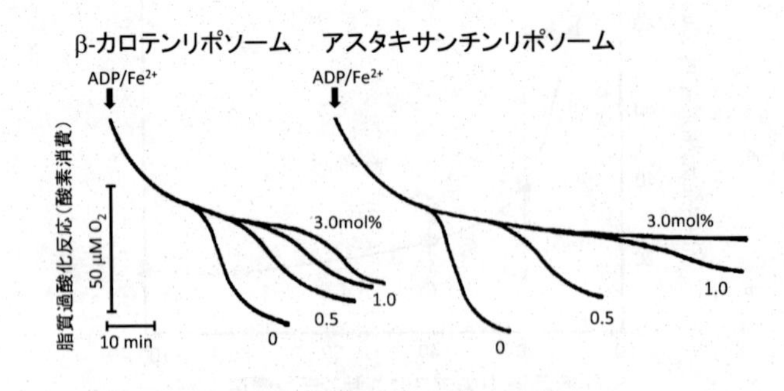

図３　ADP-Fe^{2+}による脂質過酸化とアスタキサンチンによる抑制効果

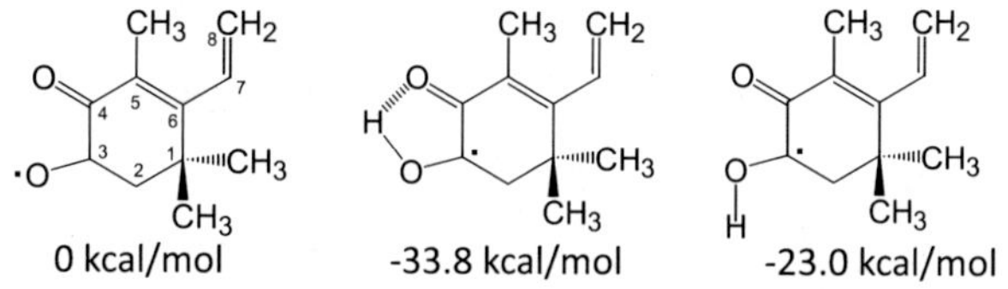

図４　アスタキサンチン末端リング構造モデルの安定性比較

性酸素を消去したことが示唆されている。末端リングのモデル構造について，最もフリーラジカルと反応しやすい構造を計算によって推測したところ，ヒドロキシル基とケト基の間で水素結合が形成されている状態においてヒドロキシル基の根元にある水素原子が引き抜かれる構造が最も安定な構造（エネルギーが最も低い状態）であることが示された（図４）。このことから，末端リングのヒドロキシル基とケト基は水素結合を形成することで，効果的にフリーラジカルと反応していることが示唆されている。さらに，この末端リングにおける分子内水素結合の形成によって親水性が低下するため，脂質膜内部に分子全体がもぐりこむことが可能になり，膜内部で生じるフリーラジカルを消去できることが示唆されている。また，末端リングのヒドロキシル基およびケト基はリン脂質極性部とそれぞれ水素結合を形成することも可能なため，膜表面付近に末端リングのヒドロキシル基が露出することで，膜表面で発生する活性酸素・フリーラジカルも消去可能になることが示唆されている。このように，アスタキサンチンは他のカロテノイドと同様に膜内部に位置する長鎖共役二重結合構造でフリーラジカルを消去ができることに加えて，膜の表面に末端リングを配置できることで膜表面付近で生じる活性酸素・フリーラジカルの消去が可能であるため，高い抗酸化活性を示すことができると考えられている（図５）。

アスタキサンチンによるラジカル消去に関する報告は決して多くはないが，本節で紹介したように，アスタキサンチンは有機ラジカル，O_2-，·OH，ADP/Fe^{2+}由来活性酸素など種々の活性酸

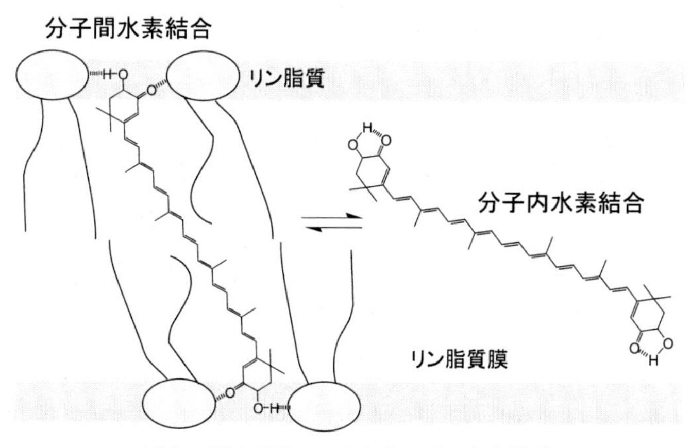

図５　膜中でのアスタキサンチン存在様式

素・フリーラジカルと直接反応することで強力な抗酸化作用を示すことが明らかにされつつある。すなわち，アスタキサンチンの多彩な生理作用は，アスタキサンチン自身が活性酸素・フリーラジカルを直接消去することに基づいていると言えるだろう。今後，より詳細な反応メカニズム解析および反応生成物が同定されることによって，アスタキサンチンによる活性酸素・フリーラジカル消去反応が解明されることであろう。

文　献

1) 真岡孝至，食品・臨床栄養，**2**，3（2007）
2) T. Hayakawa *et al.*, *Biosci. Biotechnol. Biochem.*, **72**，2716（2008）
3) H. Etho *et al.*, *J. Oleo Sci.*, **61**，17（2012）
4) X. Liu and T. Osawa, *Biochem. Biophys. Res. Commun.*, **357**，187（2007）
5) K. Murata *et al.*, *Phytother. Res.*, (in press)
6) H. L. Jackson *et al.*, *Bioorg. Med. Chem. Lett.*, **14**, 3985（2004）
7) A. Galano *et al.*, *Phys. Chem. C-hem. Phys.*, **12**，193（2010）
8) C.H. Chen *et al.*, *J. Phys. Chem. B*, **115**，2082（2011）
9) S. Hama *et al.*,（投稿中）
10) S. Goto *et al.*, *Biochim. Biophys. Acta*, **1512**，251（2001）

5　植物細胞を活用した水溶性アスタキサンチンの合成

濱田博喜

5.1　はじめに

藻，酵母，細菌，エビ，カニ，サケ，イクラなど水産物に広く存在するアスタキサンチンはカロテノイド類のキサントフィルに属し，イソプレン構造を持つ赤橙色の天然色素である。アスタキサンチンの抗酸化力はビタミンEの400倍，β-カロテンの40倍以上ともいわれており，眼精疲労の回復や抗炎症作用，動脈硬化の予防，糖尿病性白内障の進行抑制，紫外線による皮膚の酸化損傷・炎症の抑制など抗酸化作用のみならず多彩な生理活性を示すことが明らかになっている。

近年，人々の健康に対する健康維持意識も高まってきており，機能生食品成分の吸収，体内動態，代謝と生理機能の研究が進み疾病の予防や健康障害リスクの低減の機能性食品成分の効果が期待され，二次代謝産物の健康補助食品としての利用が注目されている。

上記の観点に最適な化合物はアスタキサンチンである。今日，健康食品市場ではアスタキサンチンのサプリメントが沢山上市されている。筆者は生体内で安定かつ細胞表面上で加水分解されて，アグリコンが細胞内へ取りもまれる事実を研究室で見いだしている。この化合物は配糖体（サポニン）である。本原稿では，アスタキサンチンの配糖体合成に関して報告する。有機合成での配糖体合成は本原稿には一般的な方法のケーニッヒ・クノール方法を記述する。

5.2　実験方法

アスタキサンチン配糖体合成方法に関して有機合成法と植物培養細胞法を示す。

二つの方法を用いて実験を行えば，アスタキサンチン配糖体を容易に合成出来る。

5.2.1　アスタキサンチン配糖体の有機合成

(1)　TAGF（Tetraacetyl-α-D-Glucose Fluoride）の合成

70% Hydrogen Fluoride-Pyridine100 g を容器ごと氷で冷やし，そこにPAG20 g を加え，冷やしながら6時間攪拌。その後，反応物をジエチルエーテル10 ml と飽和炭酸水素ナトリウム水溶液20 ml で冷やしながら，さらに発熱が治まるまで攪拌。この溶液をジエチルエーテル100 ml と飽和炭酸水素ナトリウム水溶液200 ml で抽出し，飽和炭酸水素ナトリウム水溶液，飽和食塩水の順で3回洗浄を行い，有機層を無水硫酸ナトリウムで脱水後，減圧濃縮，白色固体（TAGF）を得た。

(2)　アセチル配糖体の合成

三つ口フラスコに上記で得られたTAGF 100 mg，アスタキサンチン30 mg，セライト担持炭酸銀100 mg を加え，窒素置換した後にジクロロメタン（Dry）10 ml を加え，遮光しながら1日攪拌した。その後飽和炭酸水素ナトリウム水溶液で中和し，水層を酢酸エチルで抽出。有機層を無水硫酸ナトリウムで脱水後，減圧濃縮した。

＊　Hiroki Hamada　岡山理科大学　理学部　臨床生命科学科　教授

(3) アセチル配糖体の脱アセチル反応

アセチル配糖体にメタノール10 ml，炭酸カリウム300 mgを加え，遮光しながら2時間攪拌した。この反応物をろ過し，濃縮後に水—酢酸エチルで分配抽出，有機層を無水硫酸ナトリウムで脱水後，減圧濃縮しサンプリング後にシリカゲルカラムで単離した（図1）。収率は25～30%である。

5.2.2 ツキヌキユーカリ植物培養細胞を用いたアスタキサンチンの物質変換

100 mlのMS液体培地（300 ml三角フラスコ）にツキヌキユーカリ培養細胞を新鮮重量で20 g移植し，暗条件，25℃で2日間前培養した。その後アスタキサンチン（10 mg/flak）を投与し，さらに2日間培養した。培養後，三角フラスコの培養物をナイロンメッシュで培地部と細胞部に分け，培地部は酢酸エチルで抽出し，さらに水層をn-ブタノールで抽出した。細胞部はメタノールで静置抽出し，メタノール抽出液を減圧濃縮，濃縮物を水-酢酸エチル，次いで水層をn-ブタノールで抽出した。それぞれの有機層を減圧濃縮し，サンプリングした。その後，HPLCを用いて各サンプルを分析した結果，細胞部，酢酸エチル分画に変暗物が確認された。この変換物を，HPLCを用いて単離精製を行い，MSならびにNMRで分析を行い，変換物がアスタキサンチン配糖体であること確認した（図1）。収率は10～15%である。

5.3 結果

筆者は有機合成方法と植物培養細胞方法を使って，効率的にアスタキサンチンからアスタキサンチン配糖体の合成に成功した。その配糖体のスペクトル（^{1}H NMR and ^{13}C NMR）を表1に示す。

この配糖体の共役の二重結合の異性化および熱と光に対して安定である事も解明できた。グルコースが結合しないアスタキサンチンは油であり，熱や光に不安定である。生のアスタキサンチンを使って商品化することは種々の大きな壁があり，簡単に商品化は困難である。筆者が開発したアスタキサンチン配糖体は取り扱いも容易であり，だれでも簡単に商品化できる。しかも，本化合物は天然に存在しているので直ぐに食品素材として使用出来る[1)]。本化合物の活性に関しては当研究室で抗酸化活性があることを見いだしている。筆者は更に本化合物の応用を目指してイソエリート（横浜市塩水糖製糖販売）包接化に成功した。今後はこの包接体を使って食品や化粧

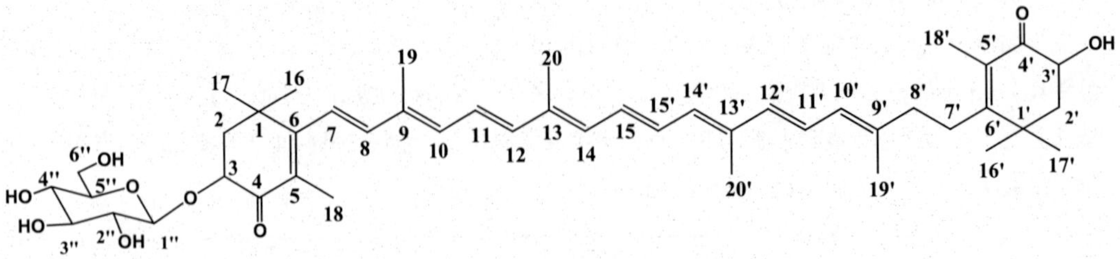

図1 アスタキサンチン配糖体の構造式とNMRデータ

品の応用を考えている。

最近，本化合物の細胞内取り込み実験を行い，本化合物のグルコースは細胞の外部の加水分解酵素で加水分解後に，細胞膜を介してアスタキサンチン（アグリコン）が細胞の中に取り込まれる事を見いだした。現在，更なる実験を行っている。できるだけ早く本配糖体の細胞内取り込み機構を解明して論文投稿を考えている。

最後に筆者は，アスタキサンチン配糖体およびアスタキサンチン配糖体イソエリート抱接体が食品や化粧品に新規素材として活用される事を願っている。

表１　アスタキサンチン配糖体のスペクトル

Position	^{1}H ppm	^{13}C ppn
1		37.6
2	2.05・2.16	44.8
3	439	77.6
4	2.04	199.3
5		126.0
6		162.6
7	6.22	122.9
8	6.43	142.9
9		134.0
10	6.30	135.3
11	6.45	124.0
12	6.45	140.4
13		136.6
14	6.30	133.5
15	6.66	131.0
16	1.23	26.6
17	1.35	30.4
18	1.94	14.2
19	1.99	12.6
20	2.01	12.9
1"	4.54（d，J =7.4 Hz）	104.9
2"	2.04	74.2
3"	3.61	77.5
4"	3.61	70.0
5"	3.41	74.9
6"	3.83・3.93	63.2

文　献

1） A. Yokoyama, K. Adachi and Y. Shimizu, *Journal of Natural Products*, **58**（12）, 1929-1933（1995）

第3章　脳・神経疾患

1　脳内老化制御とアスタキサンチン

大澤俊彦*

1.1　脳内老化と酸化ストレス

わが国では，かつて最も患者数が多かった感染症が減少し，現在では悪性腫瘍（がん）や脳血管疾患，心疾患などの生活習慣病が上位を占めている。脳血管疾患の中でも脳出血は減少したが，脳梗塞は変わらず，また心疾患では虚血性心疾患の占める割合が多くなっており，脳梗塞，虚血性心疾患，末梢動脈硬化症など動脈硬化性疾患が死亡原因として悪性腫瘍と並ぶ重要な位置を占めるに至った。また，わが国をはじめ先進国では，“超”の字がつくほどの高齢化社会に到達し，かつては最も多かった脳血管性認知症に比べて，アルツハイマー病やレビー小体型認知症などの患者の増加が大きな問題となり，その介護ケア体制について社会問題化しており，治療や予防法の確立が切望されている（図１）[1]。

このような背景で，今，特に求められているのは，認知症の発症を予防する一次予防，なかでも，健全な食生活である。今までに，健全な食生活を求めた多くの疫学研究が行われてきたが，食事が重要な予防因子の一つであることは明らかであり，様々な食品を対象に予防作用を持つ機能性食品の開発に大きな注目が集められている。しかしながら，認知症予防のための科学的根拠に基づいた（Evidence-based）機能性食品因子の開発のためには，認知症の進行や予兆などの評価を目的に，どのような生体指標（バイオマーカー）を使うかが重要な課題となる。疾病に密接に関連したマーカーとしては，例えばアルツハイマー病の場合にはアミロイドβ蛋白質などがあげられよう。また，認知症も含めて多くの疾病で酸化ストレスとの関連が示唆されており，酸

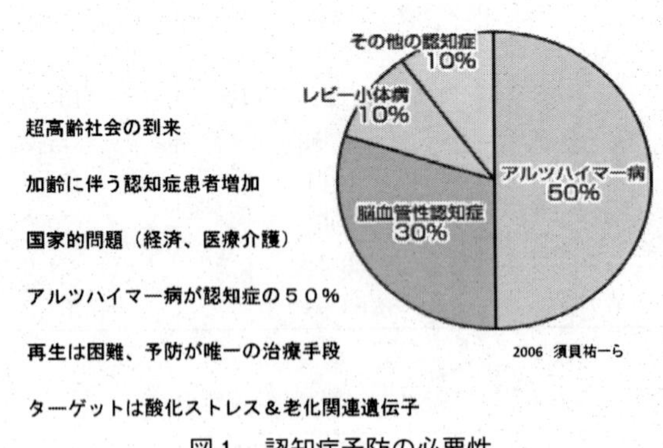

図１　認知症予防の必要性

*　Toshihiko Osawa　愛知学院大学　心身科学部　学部長；教授（健康栄養学科）

化ストレスにより生じるマーカーも生体指標として重要と考えられる。脳は多価不飽和脂肪酸（PUFA）の比率が高いことから，酸化ストレスに脆弱な器官といえる。この点から言えば，脳脂質の酸化について評価することが大切と考えられる。また，近年注目されているのが炎症を伴う組織障害であり，マクロファージ系細胞（マイクログリア）などの貪食系細胞と活性酸素の関係も示唆されている。ここではまずは脂質酸化に由来する酸化ストレスマーカーについてとりあげ，蛋白質リジンやドパミンへの付加的修飾とその意義について述べる。さらには炎症に関連してチロシンの酸化修飾，アミロイドβの酸化修飾について，我々の研究グループによる最新の研究成果を交えながら，まず，脳内酸化制御におけるバイオマーカーの開発についての研究の現状と動向を紹介したい[2)]。

1.2　酸化ストレスバイオマーカー開発研究の現状と動向

最近，アンチエイジング食品素材として海洋生物由来の抗酸化食品素材が大きく注目されてきている。例えば，マグロや青魚に含まれているドコサヘキサエン酸（DHA）は，ヒトの脳内に最も多く含まれている脂肪酸（全脂肪酸の26.7%を占めている）であり，老化と共に減少し，また，アルツハイマー症患者の脳内のDHA存在量は，健常者の半分に減少することが知られている。また，母乳には，DHAは存在するが，従来の乳児用調製粉乳には，DHAが含まれていないため，最近，DHAが添加された乳児用調製粉乳が一般的に出回り，記憶学習能力向上や視力発達促進機能など，脳内機能亢進作用にも期待が集められている。その他の機能として，DHAの摂取により，IL-1やIL-6，IL-8やTNFのような炎症性サイトカインの産生を抑制し，免疫応答の失調に起因するリュウマチ性関節炎や潰瘍性大腸炎に効果を持つことが報告されている。このように多くの機能が期待されているDHAのようなn-3系列の多価不飽和脂肪酸は，一方では，きわめて酸化されやすいという欠点を有している。自動酸化させた場合，n-6系の必須脂肪酸であるリノール酸に比べて酸化速度は約10倍と推定されている。われわれは，最近，DHAの酸化により生じたヒドロペルオキシドからリジンを酸化修飾した生成物が，老化と共にラット脳内に増加し，生体内脂質化酸化反応の重要なバイオマーカーとなりうることを明らかにしてきた[3)]。

脳内には，リン脂質として大量の多価不飽和脂肪酸，なかでもω-3系のDHAが多く存在し，脳機能に大きな役割を果たしている。一方，脳内で生じたタンパク質の凝集体の生成が，脳内老化および神経変性疾患（アルツハイマー症：AD，パーキンソン症：PD，ハッチンソン症：HDや筋萎縮側索硬化症：ALSなど）発症の重要な原因であると示唆されている。これらの神経変性疾患の原因としての異常タンパク質生成への酸化ストレスの関与が大きく注目され，その原因は，脳内で生じる過剰な炎症反応に基づく酸化ストレスではないかと，という説が大きくクローズアップされてきている。免疫担当細胞として生体防御に重要な役割を果たすマクロファージや好中球も，免疫反応のバランスが崩れることにより生じた過剰な炎症反応が酸化ストレスを亢進するのではないかと考えられてきた。脳内の脂質の26.7%を占めるDHAや16.3%を占めるアラキドン酸（AA）のうち，特にDHAは，学習能力向上や網膜反射向上に効果を持ち，網膜受容膜中では60%を占めている。このように脳内に多く存在し，脳機能の維持に必須なDHAは，構造内に不飽和結合を多く持っているために酸化傷害を受けやすい。アルツハイマー症をはじめとする脳内老化の進展の過程で生じた過剰な炎症反応により酸化ストレスが生じ，その結果誘導された脂質過酸化反応により，脂質ヒドロペルオキシドに変化すること，また，この脂質ヒドロペルオキシドがドパミン神経細胞のアポトーシスを誘導することを明らかとした。さらに，最近，これらの脂質ヒドロペルオキシド，特に，DHAヒドロペルオキシドは，タンパク質と反応して新しい付加化合物，プロパノイルリジン（PRL）を生成することを見出した。そこで，LC/MSなどの有機化学的な手法を中心に化学的な検討を行うとともに，PRLの検出ツールとしての抗PRLモノクローナル抗体の作製を行った。ヒトレベルでは，糖尿病患者の尿中にPRLが多く排せつされることや，24ヵ月齢ラットを用いた加齢モデルにより，脳内で脂質過酸化反応が生じていることをPRLの検出によって検証した[4]。

脳内にはDHAなど多価不飽和脂肪酸（PUFA）が豊富に含まれている。PUFAは容易く酸化されるが，一方で（酸素濃度の低い脳では）自らが酸化されることで他の生体成分を防御しているという考え方もある。1999年に我々はω-6系脂肪酸であるリノール酸およびアラキドン酸由来の脂質ヒドロペルオキシドとリジンの反応物から新規な付加体を見出すことに成功し，その付加体がアミド構造を介して脂質とリジンが結合したヘキサノイルリジン（HEL）であることを同定した（図2）。その後，HEL以外にも続々とアミド構造を持つ付加体が同定され，アミド型付加体ファミリーを形成している。HELは脂質酸化の初期に生成する化合物であるため，酸化ストレスの初期マーカーとして有用である可能性が高い。脂質過酸化の後期産物であるアルデヒドとヒドロペルオキシドからアミド型付加体が生じる経路も最近報告されているが，我々は初期産物であるヒドロペルオキシドに由来すると考え，HEL前駆体の構造解析など研究を進めている。HELはヒトおよびウサギ動脈硬化病巣にも蓄積し，マクロファージとも共染されるとともに，健康なヒトの尿からも検出されて糖尿病患者では更に高値を示す。特異抗体およびHELを定量できるELISAキットも市販され，近年，酸化ストレスマーカーとして幅広く用いられつつ

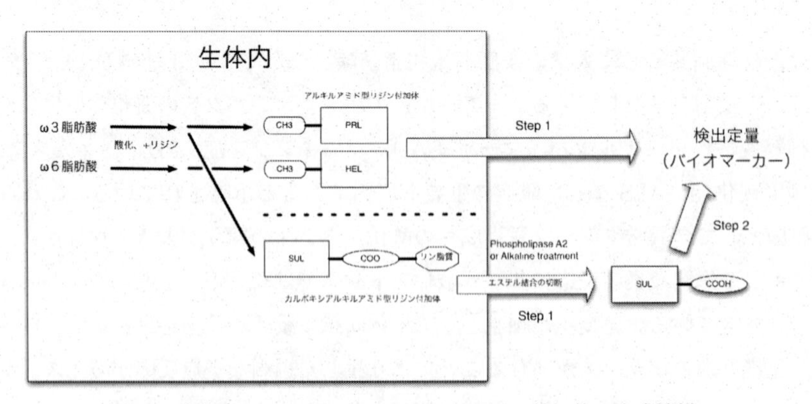

図2　生体内におけるアルキルアミドリジン付加体の生成機構

ある。

近年，ω-3系脂肪酸の酸化に由来するアミド型付加体ファミリーとして，エイコサペンタエン酸（EPA），DHAの酸化物とリジンの反応物からスクシニルリジン（SUL），プロパノイルリジン（PRL）などが見出されている。SULについてはその構造からDHAの酸化物に由来すると考えられ，DHAを摂取させたマウスに四塩化炭素を投与したところ，肝臓にSUL特異抗体の陽性染色像が得られている。しかしながらSULのようなカルボキシアルキルアミド型付加体においては，カルボキシル基の多くがコレステロールやリン脂質とエステル結合していると考えられ，検出するためにはエステル結合の切断（アルカリ処理やPhospholipase A2処理やアルカリによる化学的な反応）が必要となる（図2）。ω-3系脂肪酸であるDHA，EPAやαリノレン酸に由来するPRLはアルキル側鎖側の付加体であり，アルカリ処理などは不要となる。我々はこのPRL抗体の作製にも成功し，ウサギ動脈硬化病巣での陽性染色を見出している。加えて四重極型LC/MS/MSにより尿中でのPRLおよびHELの同時検出定量にも成功し，PRLはHELよりも高濃度でヒト健常者尿にも存在し，HELと同様に糖尿病患者で増加することが明らかとなった。PRLは酵素的に生じることも報告されているが，糖尿病患者で高値を示していることから主として体内での酸化ストレス増加に由来すると考えている。HELやPRL，SULは，遊離型として尿中で測定できるのみならず，蛋白質に結合して存在する特性を生かし，免疫染色や脂質酸化物による修飾のターゲット蛋白質の同定にも応用できる利点がある。尿中ではω-3系脂肪酸に由来するPRLがω-6系脂肪酸酸化マーカーであるHELよりも高値で検出されていることから，代謝の問題も考える必要があるが，体内でω-6よりもω-3系脂肪酸が生体内でも*in vitro*同様に酸化修飾を受けやすい可能性を示唆している。現在，これらω-3，ω-6脂肪酸の脳内酸化の分子機構解析について長寿医療センターとの共同研究を進めている。中でもPRLについては脳内老化のあらたな指標として期待している[5)]。

1.3　アスタキサンチンの持つ神経細胞の酸化障害予防効果

神経細胞に対しDHAヒドロペルオキシド（DHA-OOH）がアラキドン酸とリノール酸のヒドロペルオキシドより強く細胞死を誘導した（図3）。また，DHA-OOH誘導した細胞死にはミト

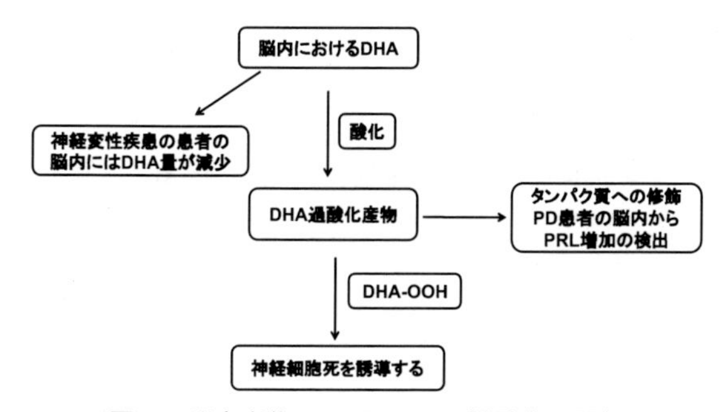

図3　脳内老化におけるDHA過酸化の関与

コンドリア経路を介したアポトーシスの関与が示唆された。実際に，コントロールとして既に酸化ストレスにより生じる神経毒性物質であり，強力な培養神経細胞死を誘発すると共に，パーキンソンモデルラットの確立にも応用されている6-ヒドロキシドパミン（6-hydroxydopamin: 6-OHDA）を用いて検討を行った（図４）。その結果，DHA-OOHと6-OHDAのどちらも，SHSY-5Y細胞に対する細胞死を誘発することが，MTT Assayの結果，明らかとなった[6)]。そこで，DHA-OOHによる神経細胞への障害の抑制効果を検討するため，海産物由来の食品因子の１つであるアスタキサンチンに注目したのである。その結果，アスタキサンチンが細胞ミトコンドリアの機能を保護することで，DHA-OOHや6-OHDAが誘導した神経細胞死（apoptosis）を阻止した（図５）[7)]。DHA-OOHにより誘導されたドパミン神経細胞（SH-SY5Y）のアポトーシス抑制のメカニズムの解明を行ったところ，ミトコンドリアをターゲットとした抗酸化的な保護メカニズムを介して抑制することが明らかとなった。アスタキサンチンはDHA-OOHにより誘導された活性酸素種（ROS）の生成を抑制することが明らかとなった（図６）。アスタキサン

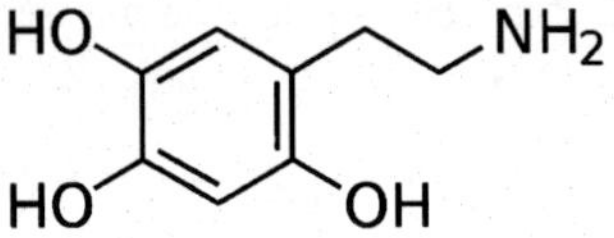

図４　6-Hydroxydopamine（6-OHDA）の化学構造-

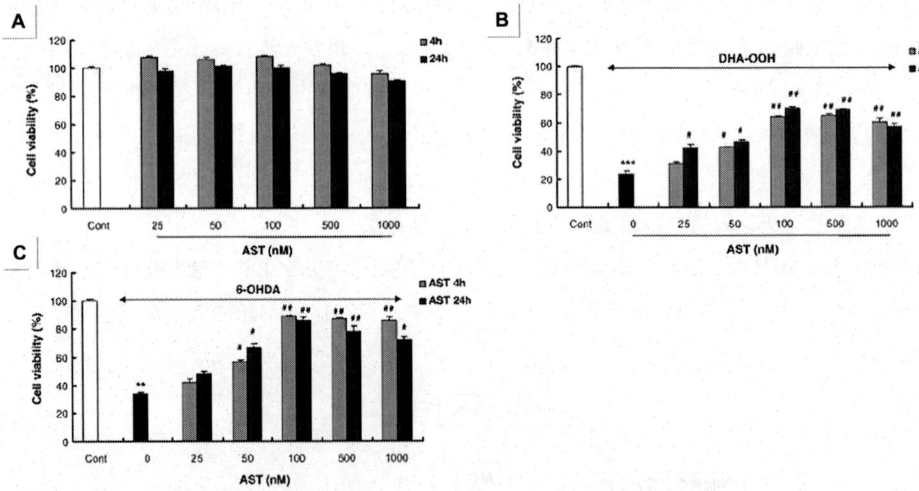

図５　SH-SY5Y細胞系によるDHA-OOHと6-OHDAにより誘導された細胞死（MTT Assay）に対するアスタキサン（AST）の保護効果

A：ASTのみの投与による細胞死（MTT Assay）
B：DHA-OOHにより誘導された細胞死（MTT Assay）に対するアスタキサン（AST）の保護効果
C：6-OHDAにより誘導された細胞死（MTT Assay）に対するアスタキサン（AST）の保護効果
**P<0.01 and ***P<0.001 vs control
#P<0.05 and ##P<0.01 vs DHA-OOH or 6-OHDA

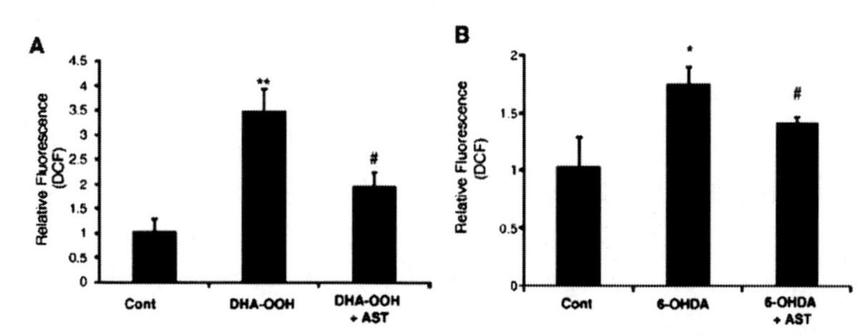

図6　DHA-OOH と 6-OHDA により誘導された ROS 生成に対する AST の抑制効果

Values are mean＋SE (n＝3)　　*$p<0.05$, **$P<0.01$ (vs control)

#$p<0.05$ (vs DHA-OOH or 6-OHDA)

チンの持つアポトーシス抑制機構解明で明らかとなったのは，DHA-OOH のアポトーシス誘導においてミトコンドリア機能発現の上流に存在する Bcl-2 や Bax には影響を与えず，ミトコンドリアの機能性を維持することでアポトーシスを抑制することが推定された。実際に，図7に示したように，アスタキサンチンを SHSY-5Y 細胞に投与したときの分布，局在の検討を行ったところ，細胞膜中よりもミトコンドリア内に最も多く多く局在した（図7）[8]。

1.4　アスタキサンチンの生体内代謝機構について

天然体のアスタキサンチンは強力な抗酸化剤として知られているが，一般に trans-体が「血液脳関門」を通りやすく，細胞膜内でも安定に存在して強力な活性酸素捕捉作用を示す活性本体であると考えられてきた。血液と脳のあいだには「血液脳関門」と呼ばれる関所があって，血液中の物質を簡単には脳に通さないしくみになっていると考えられるものの，本体は，まだよく分かっていないのが現状である。一方，アスタキサンチンの生体内代謝のメカニズムも不明の部分

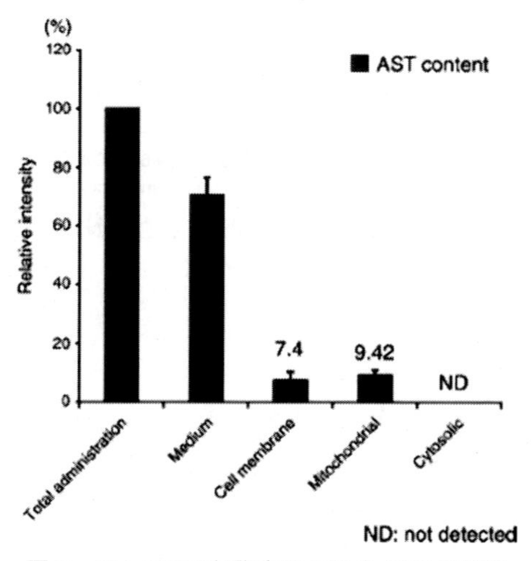

図7　SH-SY5Y 細胞中における AST の蓄積

が多いのが現状である。今までに，天然型のtrans-体で摂取した場合，条件によってはcis-体に変換されるという報告はあるものの，これら異性体の機能性についての検討はほとんどされていない。われわれは，脂質ヒドロペルオキシド，特に，DHA-OOHの存在下で異性化反応が促進され，しかも，cis-体が強い抗酸化性を示し，ラット肝ミクロゾーム系で強い抗酸化性を示すということが推定されたので，その防御機構について検討を行った。特に，SH-SY5Y細胞系で酸化修飾ドパミン（6-OHドパミン）処理により誘導された活性酸素（ROS）の捕捉作用の検討を行ったところ，最も強い効果を示したのは，天然型のtrans-体ではなく，9-cis体であった（図8）[9]。

一方，アスタキサンチンの生体内代謝のメカニズムも不明の部分が多い。今までに，天然型のtrans-体で摂取した場合，条件によってはcis-体に変換されるという報告はあるものの，これら異性体の機能性についての検討はほとんどされていない。われわれは，脂質ヒドロペルオキシド，特に，DHA-OOHの存在下で異性化反応が促進され，しかも，cis-体，なかでも9-cis体が最も強い抗酸化性を示し，ラット肝ミクロゾーム系でも強い抗酸化性を示すということが推定されたので，その防御機構について検討を行った。その結果，詳細は省略するが，DPPHラジカルの捕捉作用と生体細胞膜系による抗酸化作用，およびコラーゲンⅡの分解抑制効果に関して，いずれの系でも，cis-体，特に9-cis体に強力な抑制効果が見出された。これらの結果をまとめてみると，図9に示したように，9-cis体が最も高い機能性を示し，続いて13-cis体で，最も弱い活性を示したのが，天然型のtrans-体であった。これらの結果が，動物レベルでの *in vivo* 系

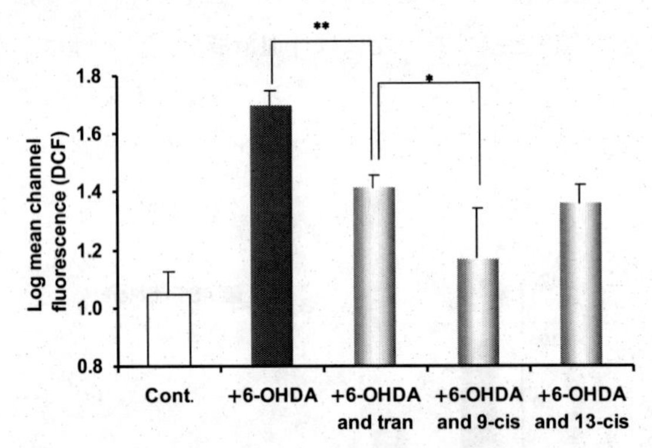

図8　SHSY-5Y細胞中で6-OHDAにより生成したROSに対するAST異性体の抑制効果
*$p<0.05$（vs 6-OHDA and trans），**$p<0.01$（vs 6-OHDA）

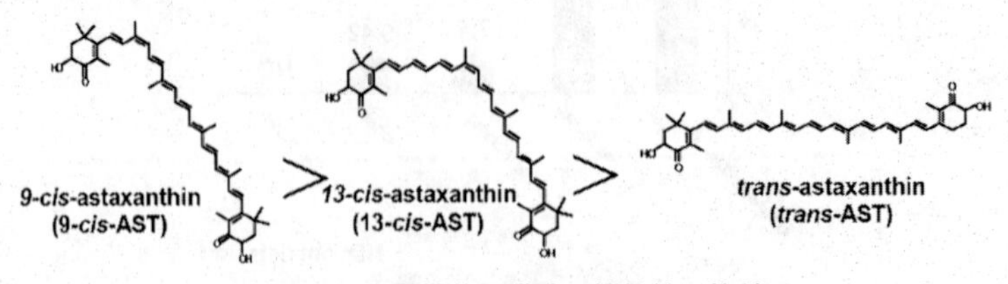

図9　AST異性体の構造と機能性の比較

やヒトを対象とした臨床系でも同じような傾向を示すのかは今後の重要な課題であると考えている。

以上のように，アスタキサンチンが酸化ストレスにより誘導された神経障害の予防に重要な役割を果たしていることが明らかとなった。しかしながら，アスタキサンチンが血液脳関門を通過できるという報告は多いものの，生体内代謝の化学的な研究が少ないのが現状である。今後，アスタキサンチンを brain food として応用し，脳内老化の抑制を期待できる可能性は高いと推定されるが，できれば生体内で高い機能性が期待できるアスタキサンチン異性体を用いて脳の健康促進や神経系に対する作用を更に検討していきたいと考えている[10]。

文　　献

1) 大澤俊彦，丸山和佳子監修，脳内老化制御とバイオマーカー，シーエムシー出版（2009）
2) 大澤俊彦，加藤陽二，Functional Food，**3**(3)，197-204（2010）
3) Kato, Y. and Osawa T., *Arch. Biochem. Biophys.*, **501**, 182-187 (2010)
4) Liu X, Osawa T, Food Factors for Health Promotion (ed. by Yoshikawa, T.), *Forum Nutr.*, **61**, 129-35., Karger (2009)
5) Hisaka S, Kato Y, Kitamoto N, Yoshida A, Kubushiro Y, Naito M, Osawa T., *Free Radic Biol Med.*, **46**(11), 1463-1471 (2009)
6) Liu XB, Shibata T, Hisaka S, Kawai Y, Osawa T., *J. Clin. Biochem. Nutr.* **43**(1), 26-33 (2008)
7) Liu XB, Shibata T, Hisaka S, Osawa T., *Brain Res.* **1254**, 18-27 (2009)
8) Liu X, Osawa, T, Food Factors for Health Promotion (ed. by Yoshikawa, T.), *Forum Nutr.*, **61**, 129-35., Karger (2009)
9) Liu, X., & Osawa T., *Biochem. Biophys. Res. Commun.* **357**, 187-93 (2007)
10) 大澤俊彦，アンチエイジング医学の基礎と臨床（日本抗加齢医学会，専門医・指導士認定委員会）メディカルビュー社，261-263（2008）

2　海馬の可塑性とアスタキサンチン

岩村弘基[*1]，征矢英昭[*2]

2.1　はじめに

日本を含む先進国では医療技術の向上により高齢化が急速に進行している。とりわけ日本では，65歳以上の高齢者が2940万人に達し（総務省，2011），高齢者の健康問題も深刻化している。とくに認知症の罹患率が増え，その予防と改善が急務となっている。その解決策として現在，中強度の運動療法が用いられているが，寝たきりの高齢者や脆弱者には摘要しにくいことから運動の代替手段の開発も必要である。

カロテノイドの一種であるアスタキサンチン（astaxanthin: ASX）の摂取は運動による認知機能の改善の代替手段の一つとして有効かもしれない。ASX はエビやカニ，サケなどに含まれる赤橙色の天然色素であり，非常に強い抗酸化作用や抗ストレス作用などの生体の保護に関わる作用が報告されている。ASX は血液脳関門を通過し[22]脳へ蓄積することや虚血からの神経保護作用[2]など脳への作用が報告されている。ASX がもつ抗酸化作用はアルツハイマー病の原因となるβ-アミロイドの蓄積を促進する活性酸素の除去に有効であること[13]や，認知機能の指標となるモリス水迷路課題の成績向上などが報告[3]されており，ASX による認知機能改善が示唆される。認知機能の改善にはさまざまなメカニズムの関与が考えられ，なかでも空間認知機能に関連した海馬の神経新生は重要である。本稿では運動の効果を享受できない高齢者や脆弱者に対して ASX が代替手段となりうるか，海馬可塑性の一端を担う神経新生と ASX の関連に着目して論じる。

2.2　認知機能と海馬

海馬は大脳辺縁系に属する海馬体の一部で，アンモン角と歯状回と海馬台で構成される。アンモン角はさらに３区分され，小錐体細胞層で構成される CA1 と，大錐体細胞層で構成される CA2，CA3 がある（図１）。なかでも，海馬歯状回は歯状回門・分子層・顆粒細胞層の３部位に分けることができ，成熟哺乳類において脳室下帯とともに新しく神経細胞が生まれる（神経新生）脳部位として注目され，数多くの研究がなされてきた[6]。神経新生は海馬歯状回にある神経幹細胞が分化・成熟して神経細胞になり，既存の神経回路に組み込まれ機能的になることを意味する[4,5]。新生神経細胞は成熟した神経細胞と比較して活動電位の閾値が低く発火しやすいことやシナプス伝達の長期増強も促進されることから，可塑性が高いとされる[7]。一方，海馬は無酸素や虚血，ストレスにも脆弱な部位としても知られ，神経新生とあわせて脳内において可塑性に富んだ部位とされる。

海馬は記憶の形成に不可欠な部位である。ほぼ２年間，毎週末に，地図を片手に複雑な道を覚えるロンドンのタクシー運転手の海馬体積は増加することが報告されている[31]。一方，両側海馬

＊1　Hiroki Iwamura　筑波大学　体育系　運動生化学

＊2　Hideaki Soya　筑波大学　体育系 教授　運動生化学

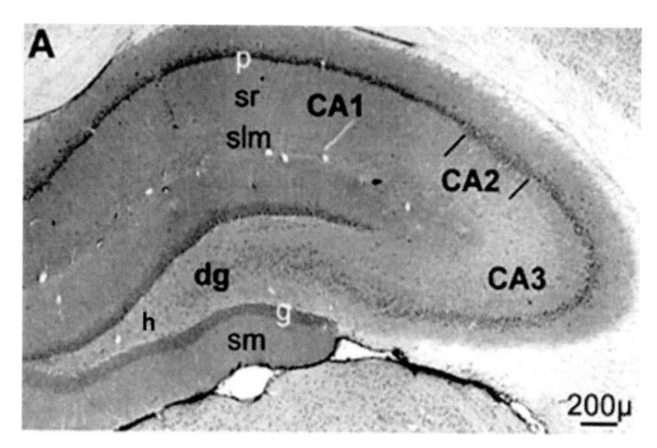

図1　健常ラットの海馬構造

p；錐体細胞，sr；放線状層，slm；網状分子層，h；歯状回門，
sm；分子層，dg；歯状回，g；顆粒細胞層

（文献[1]より引用改変）

を除去した患者では新しく物事を覚えることはできないこと（順行性健忘）[32]，アルツハイマー病などの精神疾患患者において，海馬体積と記憶力や認知機能に正の相関関係が見られることが知られており[33,34]，記憶と海馬の密接な関わりがわかる。海馬は大脳新皮質と連結して認知機能を調節する経路と，海馬采と脳弓を経て視床下部などと連結して情動機能を制御する経路がある。新生した神経細胞が海馬回路に組み込まれ，これらの脳高次機能を調節する働きがあるとされる。

2.3　神経新生とアスタキサンチン

海馬神経細胞の発生は，顆粒細胞層と歯状回門の間の顆粒細胞下帯（SGZ）に存在する神経幹細胞が起点となる。神経幹細胞自己増殖を繰り返すがその半数は死滅し，残りは神経前駆細胞となるか，神経細胞の活動をサポートする細胞として知られるグリア細胞となる[8,9]。あるいは，未分化な神経幹細胞として残り続ける。神経前駆細胞は神経芽細胞，幼若神経細胞の順に分化の過程を経て，顆粒細胞層へと遊走しながら成熟神経細胞へと成熟していく。この神経新生が促進された動物の認知機能（モリス水迷路の成績）は向上する[30]。

近年，サプリメントが神経新生を制御する数多くの証拠が発見され，DHA，クルクミン，フラボノイド，ビタミンB，ビタミンD，ビタミンE，ASXなどは認知機能の向上が報告されている[12~14]。なかでもASXは目を光障害から保護する作用および抗炎症作用[15]，アレルギー反応抑制作用[16]，癌の発生や転移の抑制作用[17]，糖尿病で併発する白内障・糖尿性腎症の抑制作用[18]，抗ピロリ菌作用[19]，高血圧・高脂血症・動脈硬化の予防作用[2]，胃潰瘍の予防・胸腺萎縮抑制作用（抗ストレス作用）[20]，皮膚の紫外線照射後の色素沈着を抑制する作用[21]，など，幅広い生理作用が確認されているため，多くの研究が行われている。ASXはカロテノイドの一種で，炭化水素と酸素をその構造に含む赤橙色の天然色素である。おもにエビやカニ，サケ，イクラなどの水産物に広く存在し，非常に強い抗酸化作用を有する。ASX は血液脳関門を通過でき，7日間の ASX 経口投与によって脳における ASX 蓄積量の増加も報告されるなど，脳機能への効果も期待されている。その証拠に，神経毒誘導性の酸化ストレスからの神経保護作用[22]や ASX の経口摂取によるモリス水迷路の成績向上[3]（図2）などが報告されている。ASX 投与によって海馬に関連した認知機能が高まることから，ASX には神経新生を高める作用がある可能性が示唆される。

2.4 アスタキサンチンと神経栄養因子

ASX が海馬神経新生を高めるメカニズムの詳細は今のところ明確ではないが，カロテノイドのもつプロビタミン A 作用が一因となっているかもしれない。約750種類が報告されているカロテノイドには，体内でビタミン A に変換されるものが約60種類存在する。ビタミン A とは，レチノール，レチナール，レチノイン酸およびこれらの3デヒドロ体と，その誘導体の総称である。ビタミン A はその摂取により神経栄養因子，とくに NGF や BDNF の発現を増加させることが

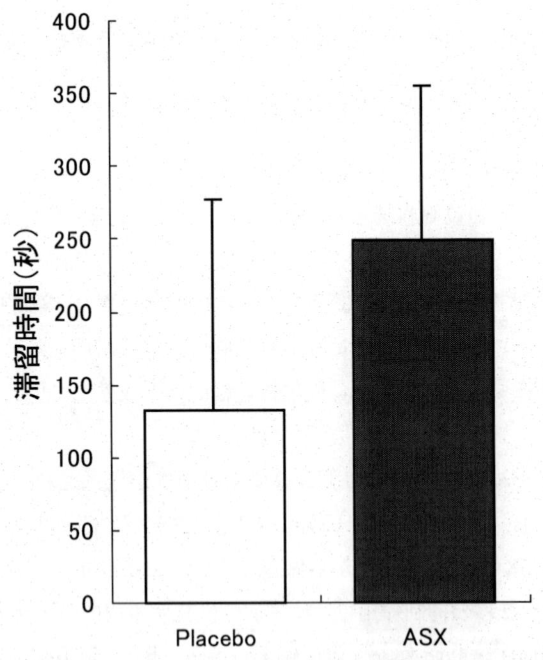

図2　ASX 投与によるモリス水迷路プローブテスト成績の変化

Placebo 群に比べ ASX 群でプラットフォーム設置象限の滞留時間が有意に延長した。（*; $P<0.05$）（文献[3]より引用改変）

報告されている[23,24]。神経栄養因子とは神経成長因子（nerve growth factor: NGF），脳由来神経栄養因子（brain derived neurotrophic factor: BDNF），ニューロトロフィン3（neurotrophin-3: NT-3），NT4/5，など多くの種類が確認されている一群のタンパク質のことである。神経栄養因子は神経細胞の生存・分化・成熟だけではなく，神経新生，シナプス可塑性などの神経可塑性に深く関わる。その証拠にビタミンA欠乏ラットへの投与で神経新生を促進すること[25]が報告されている。ASXもプロビタミンAとなることが海洋生物，とくに魚類において報告されており，ASXの認知機能向上作用の背景にはプロビタミンA作用があると考えられる。

2.5　アスタキサンチンの抗ストレス作用

認知機能を低下させる要因としてストレスと活性酸素種による酸化ストレスがある。生体がストレスを受けると副腎から副腎皮質ホルモン（グルココルチコイド：GC）が分泌される。このGCは生体のストレス反応調節系の1つである視床下部—下垂体—副腎皮質軸の活性によって分泌が調節される。ストレス下において，血中のGC濃度が上昇すると神経細胞死の増加など脳の可塑性に負の影響をもたらす。海馬にはGCの受容体が豊富に存在しており，その影響を大きく受ける。さらに，高齢者はストレスホルモンのフィードバックが遅く，ストレスホルモンの濃度が高くなりがちであることから[10]脳の可塑性に対する負の影響を受けやすい。一般にストレスが慢性化すると胃潰瘍や胸腺萎縮などが起こるが，ASXを投与した動物でその反応が抑制されたこと[20]から，ASXには抗ストレス作用があり，ASXは血液脳関門を通過し脳へ蓄積するため，その作用は脳にも及ぶことが考えられる。一方，活性酸素種による酸化ストレスは細胞老化を引き起こし，加齢に関連した変化の引き金として着目され研究されている。加齢にともなって生体内分子（DNA，タンパク質，脂質）の酸化修飾物が体内で増加することが報告されており，老化の活性酸素種原因説は有力な仮説の1つとして認知されている[11]。ほかにも，活性酸素種が過剰産生されると海馬神経細胞死やアルツハイマー病の原因タンパク質であるβアミロイドの蓄積を促進し神経可塑性に対して負の影響を与えることが報告されている。ASXは非常に強い抗酸化作用を有しており，酸化ストレスが神経可塑性に与える負の影響を消去することが期待される。以上のことからも，抗ストレス作用および活性酸素種の消去に役立つASXの摂取が加齢に関連した認知機能の改善に効果的である可能性があると考えられている。

2.6　運動疑似薬としてのアスタキサンチン

神経可塑性，とくに神経新生を高めるのはサプリメントだけではない。Kempermanらは動物の飼育ケージに回転ホイールやトンネルなどの遊具を置き，複数で飼育した「豊かな環境」では，遊具がなく少数で飼育した「貧しい環境」よりも神経新生が促進されることを発見した。さらに，豊かな環境を構成する要素（学習・社会性・走運動）を抽出し，走運動が他のどの要素よりも神経新生を促進していることを明らかにした[5,26]。同時に走運動はモリス水迷路やそのほかの海馬機能に関連した課題の成績改善効果がある。これらのことから，神経新生と空間学習課題成績の

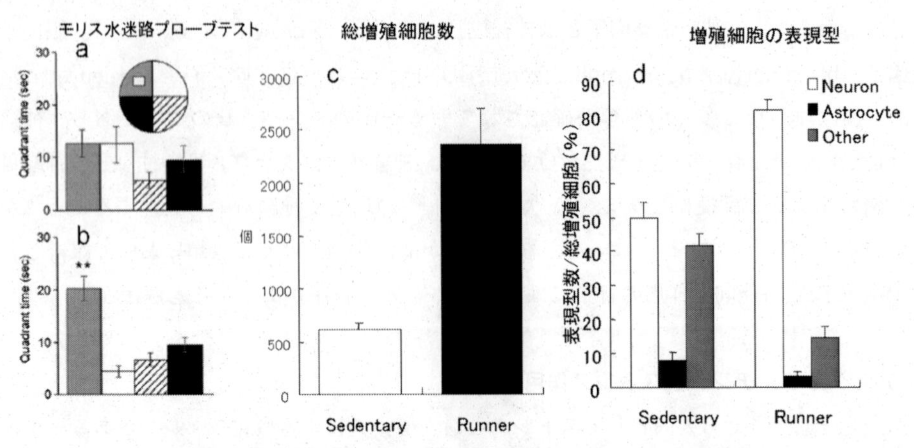

図3　運動誘発精神系新生とモリス水迷路プローブテスト成績

a　モリス水迷路プローブテスト成績（Sedentary）
b　モリス水迷路プローブテスト成績（Runner）
c　総増殖細胞数　　d　増殖細胞の表現型（神経細胞・アストロサイト・その他）
*; P<0.05, **; P<0.01

（文献[30]より引用改変）

間には関連があることが示唆されている[27,30]（図3）。

運動と認知機能改善の関係について，動物を用いたものだけではなくヒトを対象とした研究も多く行われている。Yanagisawaらは一過性の中強度運動が若年成人の認知機能，とりわけ実行機能を高めることを報告し[28]，Hyodoらは一過性の中強度運動が高齢者の認知機能を高めることを報告している[29]。中強度運動は糖尿病患者の運動療法など一般に広く用いられており，継続した運動が疾病の予防および加齢による認知機能低下を改善することが期待されている。一方，加齢や運動不足，長期の入院による廃用性筋萎縮によって身体的能力が著しく低下したり，転倒による骨折から寝たきりになってしまうなど，運動実施が困難な高齢者や脆弱者は中強度運動の継続は難しい。そうした人々に対しては運動効果を摸したサプリメントが一つの解決策となり，その候補としてASXが期待される（図4）。

2.7　おわりに

ニューロン説を提唱したスペインの神経解剖学者Cajalが1928年，脳のニューロン説の論文で「生体哺乳類の中枢神経系は損傷を受けると二度と再生しない」と述べて以来，中枢神経系の神経細胞は新しく生まれないことが定説となっていた。その後Ericssonらにより記憶学習を司る脳部位である海馬など（他に大脳新皮質や嗅皮質）において新しく神経細胞が生まれることが明らかとなった。そして，神経新生は海馬の可塑性を支える重要な現象として研究が進んでいる。本稿では海馬の可塑性に対して，ASXがどのように機能しうるかについて概説した。その際特に，ASXが運動の効果を享受するのが困難な高齢者や脆弱者に対する代替手段としての可能性

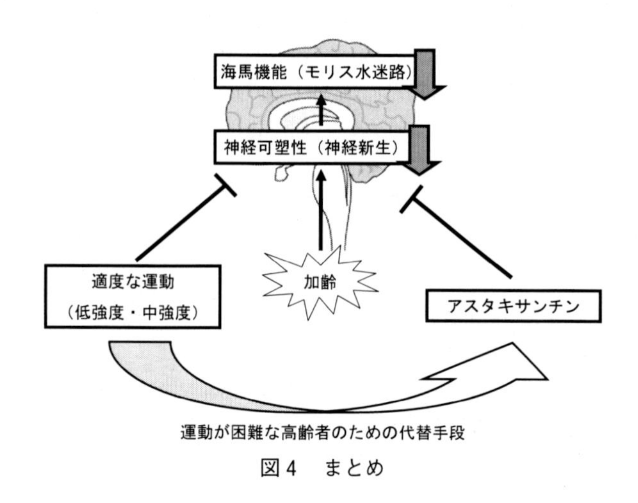

図4　まとめ

について論じた。今後，ASXが脳機能に与える影響を検討し，海馬の可塑性に対する運動疑似薬としての効能を明らかにする必要がある。

文　　献

1) Kauselmann G, Weiler M, Wulff P, Jessberger S, Konietzko U, Scafidi J, Staubli U, Bereiter-Hahn J, Strebhardt K, Kuhl D. *EMBO J.*, **18**(20), 5528-39 (1999)
2) Hussein G, Nakamura M, Zhao Q, Iguchi T, Goto H, Sankawa U, Watanabe H. *Biol Pharm Bull.*, **28**(1), 47-52 (2005)
3) Zhang X, Pan L, Wei X, Gao H, Liu J. *Environ Geochem Health.*, **29**(6), 483-9 (2007); Epub (2007)
4) Kuhn HG, Dickinson-Anson H, Gage FH. *J Neurosci.*, **16**(6), 2027-33 (1996)
5) van Praag H, Kempermann G, Gage FH. *Nat Neurosci.*, **2**(3), 266-70 (1999)
6) Eriksson PS, Perfilieva E, Björk-Eriksson T, Alborn AM, Nordborg C, Peterson DA, Gage FH. *Nat Med.*, **4**(11), 1313-7 (1998)
7) Schmidt-Hieber C, Jonas P, Bischofberger J. *Nature.*, **429**(6988), 184-7 (2004); Epub (2004)
8) Taupin P, Gage FH. *J Neurosci Res.*, **69**(6), 745-9, Review (2002)
9) Steiner B, Kronenberg G, Jessberger S, Brandt MD, Reuter K, Kempermann G. *Glia.*, **46**(1), 41-52 (2004)
10) Wilkinson CW, Peskind ER, Raskind MA. *Neuroendocrinology.*, **65**(1), 79-90 (1997)
11) Denham Harman. *Antioxidants & Redox Signaling.*, **5**(5), 557-561 (2003)
12) Bryan J, Calvaresi E, Hughes D. *J Nutr.*, **132**(6), 1345-56 (2002)
13) Frautschy SA, Hu W, Kim P, Miller SA, Chu T, Harris-White ME, Cole GM. *Neurobiol Aging.*, **22**(6), 993-1005 (2001)

14) Letenneur L, Proust-Lima C, Le Gouge A, Dartigues JF, Barberger-Gateau P. *Am J Epidemiol.*, **165**(12), 1364-71 (2007); Epub (2007)
15) Ohgami K, Shiratori K, Kotake S, Nishida T, Mizuki N, Yazawa K, Ohno S. *Invest Ophthalmol Vis Sci.*, **44**(6), 2694-701 (2003)
16) Mahmoud FF, Haines DD, Abul HT, Abal AT, Onadeko BO, Wise JA. *J Pharmacol Sci.*, **94**(2), 129-36 (2004)
17) Li Z, Wang Y, Mo B. *Zhonghua Yu Fang Yi Xue Za Zhi.*, **36**(4), 254-7, Chinese (2002)
18) Bennedsen M, Wang X, Willén R, Wadström T, Andersen LP. *Immunol Lett.*, **70**(3), 185-9 (1999)
19) Naito Y, Uchiyama K, Aoi W, Hasegawa G, Nakamura N, Yoshida N, Maoka T, Takahashi J, Yoshikawa T. *Biofactors.*, **20**(1), 49-59 (2004)
20) Nishikawa Y, Minenaka Y, Ichimura M, Tatsumi K, Nadamoto T, Urabe K. *J Nutr Sci Vitaminol* (Tokyo), **51**(3), 135-41 (2005)
21) Böhm F, Edge R, Lange L, Truscott TG. *J Photochem Photobiol B.*, **44**(3), 211-5 (1998)
22) Liu X, Osawa T. *Forum Nutr.*, **61**, 129-35 (2009); Epub (2009)
23) Kheirvari S, Uezu K, Yamamoto S, Nakaya Y. *Nutr Neurosci.*, **11**(5), 228-34 (2008)
24) Katsuki H, Kurimoto E, Takemori S, Kurauchi Y, Hisatsune A, Isohama Y, Izumi Y, Kume T, Shudo K, Akaike A. *J Neurochem.*, **110**(2), 707-18 (2009); Epub (2009)
25) Bonnet E, Touyarot K, Alfos S, Pallet V, Higueret P, Abrous DN. *PLoS One.*, **3**(10), e3487 (2008); Epub (2008)
26) Ehninger D, Kempermann G. *Cereb Cortex.*, **13**(8), 845-51 (2003)
27) Fordyce DE, Farrar RP. *Behav Brain Res.*, **46**(2), 123-33 (1991)
28) Yanagisawa H, Dan I, Tsuzuki D, Kato M, Okamoto M, Kyutoku Y, Soya H. *Neuroimage.*, **50**(4), 1702-10 (2010); Epub (2009)
29) Hyodo K, Dan I, Suwabe K, Kyutoku Y, Yamada Y, Akahori M, Byun K, Kato M, Soya H. *Neurobiol Aging.*, in press
30) van Praag H, Shubert T, Zhao C, Gage FH. *J Neurosci.*, **25**(38), 8680-5 (2005)
31) Maguire EA, Gadian DG, Johnsrude IS, Good CD, Ashburner J, Frackowiak RS, Frith CD, *Proc Natl Acad Sci USA.*, **97**(8), 4398-403 (2000)
32) Zola-Morgan S, Squire LR, Amaral DG, *J Neurosci.*, **6**(10), 2950-67 (1986)
33) Bussière T, Friend PD, Sadeghi N, Wicinski B, Lin GI, Bouras C, Giannakopoulos P, Robakis NK, Morrison JH, Perl DP, Hof PR, *Neurosci.*, **112**(1), 75-91 (2002)
34) Petersen RC, Jack CR Jr, Xu YC, Waring SC, O'Brien PC, Smith GE, Ivnik RJ, Tangalos EG, Boeve BF, Kokmen E, *Neurology*, **54**(3), 581-7 (2000)

3　神経変性疾患とアスタキサンチン

丸山和佳子*1，永井雅代*2，能勢　弓*3
大澤俊彦*4，直井　信*5

3.1　はじめに

日本人口に占める高齢者の割合は急速に進んでおり，2015年にはいわゆるベビーブーム世代が65歳以上となる。今後，高齢者人口は増加を続け，2025年には約3,500万人に達する。逆に人口全体は減少し，2025年には1億2,000万人を下回る。ということは日本人の約3人に1人が65歳以上の高齢者になると推計される。逆に出生数の低下により生産年齢人口（15～64歳）は減少し，1960年には11.2人が1人の高齢者を支えていたのに対し，2010年には2.8人が，2055年には1.3人となる。（2011年，内閣府，高齢社会白書）日本の超高齢化はそれ自体が問題ではなく，介護，医療が必要な「自立できない」高齢者の増加が社会の経済的負担，労働力減少など問題を引き起こすことが問題である。要介護者の1/2は認知症の影響が認められており（2002年，厚生白書），加齢に伴う認知症の増加を止めることは国家的課題である（図1）。

3.2　アスタキサンチンとは

アスタキサンチンについては他項でも解説があるため，本稿では「脳，特に神経変性疾患への関わり」に関連することのみを述べる。アスタキサンチンはカロテノイド類の一種であり，構造を図2にしめした。アスタキサンチンは果物や野菜に含まれるカロテン類とは異なり，主に緑藻であるヘマトコッカスにより生成され，魚介類に蓄積されたものをヒトが摂取する（鮭，イクラ，カニ，エビなどの赤い色素）。

カロテノイド類は一般に脂溶性であり一重項酸素（$^1O_2$）を消去することが特徴とされる。以上の性質から，抗酸化能の中でも脂質過酸化を防御する活性が高いことが期待される。

食品の抗酸化能を定量的に比較しようという試みは全世界的になされており，日本のAntioxidant unit研究会（AOU研究会）は抗酸化物質による活性酸素種消去反応を二つに分類している。すなわち

①カロテノイド系抗酸化物質による一重項酸素消去反応
②ポリフェノール系抗酸化物質によるラジカル補足反応
である。

これらについては図2に反応式をまとめた。カロテノイド類による物理的消去反応はラジカル

---

*1　Wakako Maruyama　㈱長寿医療研究センター　加齢健康脳科学研究部　部長
*2　Masayo Nagai　㈱長寿医療研究センター　加齢健康脳科学研究部
*3　Yumi Nose　㈱長寿医療研究センター　加齢健康脳科学研究部
*4　Toshihiko Osawa　愛知学院大学　心身科学部　学部長；教授（健康栄養学科）
*5　Makoto Naoi　愛知学院大学　心身科学部

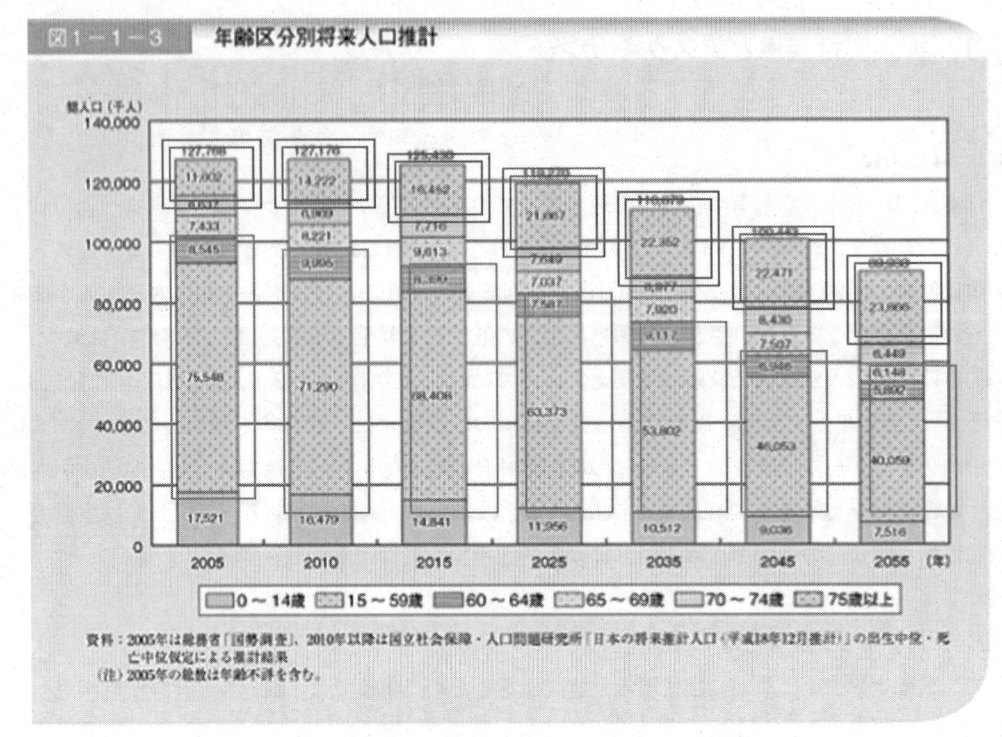

図1　年齢区分将来人口推計（内閣府　2011年）

15～64歳の人口構成比

75歳以上の人口構成比

を熱エネルギーに変換することで，chain reaction によるラジカル生成の連鎖を終結させることができる。特に，アスタキサンチンのようなカロテノイド類の中でも炭素と水素以外の構成成分（この場合は水酸基）をもつものはキサントフィル類としてこれらをもたないカロテン類と区別され，カロテン類より強い物理的消去反応能をもつ[1]。

一方，化学的消去反応はカロテノイド類がラジカルと反応してできる種々の生成物が，反応生をもつ分解物となり，組織傷害を引き起こす可能性がある。事実，ベーターカロテンやビタミンEの過剰摂取が一定の条件，例えば喫煙者で脂質過酸化反応を増加させ，癌の発生を哺乳類やヒトで増加させる可能性が示唆されている[2,3]。これは，後に述べる polyunsaturated fatty acid（PUFA）が酸化ストレス増大下ではむしろ組織傷害を引き起こすことと類似のメカニズムである。

アスタキサンチンの化学構造上の特徴は両末端に親水基を持つ（図3）ことで，上脂溶性の部位と親水性の部位が共存することにより，いわゆる血液―脳関門を通過するという性質（脂溶性）と血液中や組織内移行（水溶性）が良好であるという2つの性質を持つと考えられる。この性質は脳に対する生物学的影響をもつという意味できわめて重要であることを銘記されたい。

1) カロテノイド系抗酸化物質による一重項酸素消去反応

物理的消去反応（Physical Quenching）

$$^1O_2 + A \rightarrow {}^3O_2 + A + \text{熱エネルギー}$$

（基底状態の酸素）

（一重項酸素）

化学的消去反応（Chemical Quenching）

$$^1O_2 + A \rightarrow AO_2 \rightarrow \text{分解物}$$

2) ポリフェノール系抗酸化物質によるラジカル補足反応

水素原子転移反応（Hydrogen Atom Transfer Mechanism）

$$X^{\cdot} + AH \rightarrow XH + A^{\cdot}$$

（ラジカル化合物）

電子転移反応（Electron Transfer Mechsnism）

$$X^{\cdot} + AH \rightarrow [X^{-} + A^{\cdot +}] \rightarrow XH + A^{\cdot}$$

図２　化学成分，特に食品由来成分による抗酸化反応のメカニズム

3.3　何故，“アスタキサンチンと脳”なのか

超高齢化社会における医療介護をはじめとする諸問題を解決するためには，加齢に伴う認知障害，あるいは認知症の予防が急務である。認知症発症のリスクファクターとしては，糖尿病，脂質代謝異常，喫煙，慢性炎症といった生活習慣病と共通する要因，およびアポＥや神経栄養因子などの遺伝子多型といった遺伝要因が報告されており，「長期にわたる複合的要因」が病因となっていると考えられる。暦年齢である加齢を止めるのは不可能であるが，加齢に伴う心身機能の低下である「老化」を遅延させることは環境要因により可能であると期待できる（前項，脳内老化制御とアスタキサンチンを参照）。

脳の神経細胞死は個体の死を規定する。だからこそ「脳死」＝「人の死」という概念がなされている。図4に示したように，脳神経細胞は他組織に比較して酸化ストレスに対して脆弱であるのみならず，再生能力が低いため老化に伴う原因不明の神経細胞死は100歳以上の高齢者はほぼ全てが認知症あるいは神経変性疾患に罹患する。酸化ストレスを防御することは神経変性疾患の予防に有効であろうか。この答えは未だ明らかとなってはいない。多くの疫学的データが，ポリフェノールやカロテノイドなどのファイトケミカルを含む野菜や，docosahexaenoic acid（DHA）を多く含む魚の摂取が神経変性疾患であるアルツハイマー病やパーキンソン病の発症のリスクを低下させるとの報告をしている。しかしながら，これら抗酸化機能をもつ機能性食品（特にサプリメント）の摂取が神経変性疾患の進行を予防するというデータは殆どないのが現状である。こ

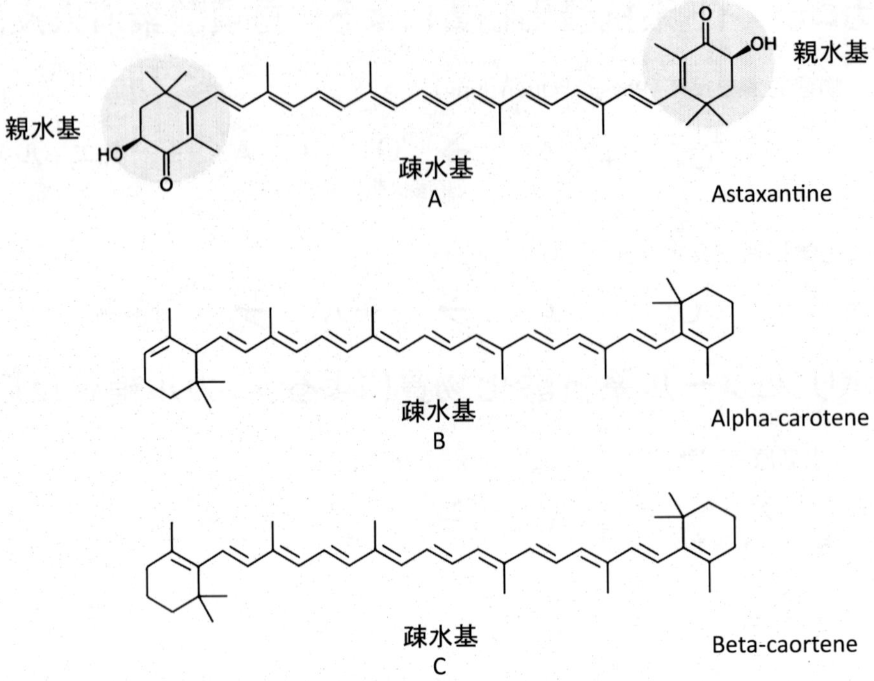

親水基 HO O 疎水基 A O OH 親水基 Astaxantine

疎水基 B Alpha-carotene

疎水基 C Beta-caortene

図3　カロテノイド類の化学構造式

A：アスタキサンチン：キサントフィル類。両端に水酸基を伴う親水基をもつ
B，C：アルファーおよびベーターカロチン。炭素と水素のみで構成される。
ヒト体内でビタミンAへと変換される。

の原因の1つとして脂質過酸化の chain reaction を抗酸化物質が増強している可能性があると筆者は考えている。脳神経細胞の膜構成成分である多価不飽和脂肪酸（PUFA）が酸化を受けることにより開裂し，反応性に富む脂質過酸化物を生成する。これら脂質過酸化物の中には，これまで研究の中心であった後期生成物であるアルデヒド類（4-hydroxy2-hydroxynonenal; 4-HNE, acrolein; ACR）以外に早期生成物の重要性が現在注目を集めている[4)]。筆者らは DHA の酸化生成物がタンパク質中のリジン残基と反応し，propanoylation あるいは succinylation を引き起こすことを見いだした。これらのアミノ酸修飾はタンパク質の高次構造を大きく変化させ，難分解性かつ反応性に富む毒性をもつ分子を生成する。神経変性疾患においては，疾患特異的な異常タンパク質の蓄積が認められるのが特徴である。筆者らはパーキンソン病，あるいはアルツハイマー病患者における異常構造タンパク質が PUFA 酸化物で修飾されていることを見いだした（Nagai Shamoto *et al.*, in preparation, Hisaka *et al.*, submitted）。これらの脂質過酸化物による修飾タンパク質は疾患の病因，すなわち神経細胞死に直接関わっている可能性がある。

では，膜，特に膜を構成する PUFA の過酸化を防御するためにはどのような化学物質が有効であろうか。このような目的には，アスタキサンチンは極めて有望と考えられる。何故ならば，①血液—脳関門を通過し，神経細胞へ到達可能である。

グルコース（ミトコンドリア）依存性のエネルギー代謝が高い → 酸化ストレスレベルが恒常的に高い

不飽和脂肪酸が多量に含まれる → 脂質過酸化がおきやすい

加齢にともなう抗酸化能の低下が顕著である（グルタチオン，カタラーゼ etc）

神経細胞は再生能力が限られている

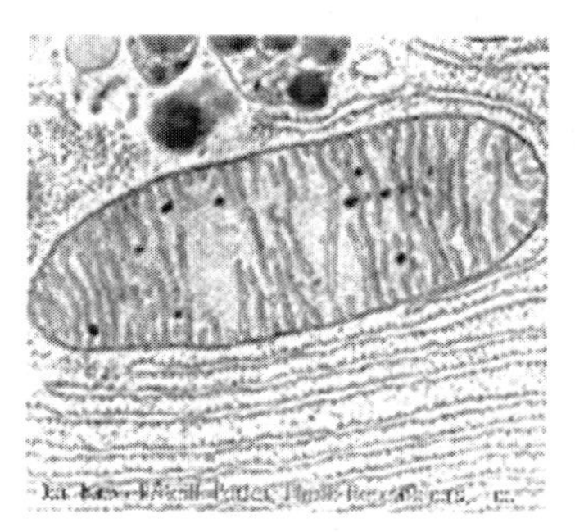

図４　脳神経細胞は酸化ストレス，特に好気的酸化による脂質過酸化により傷害をうける。

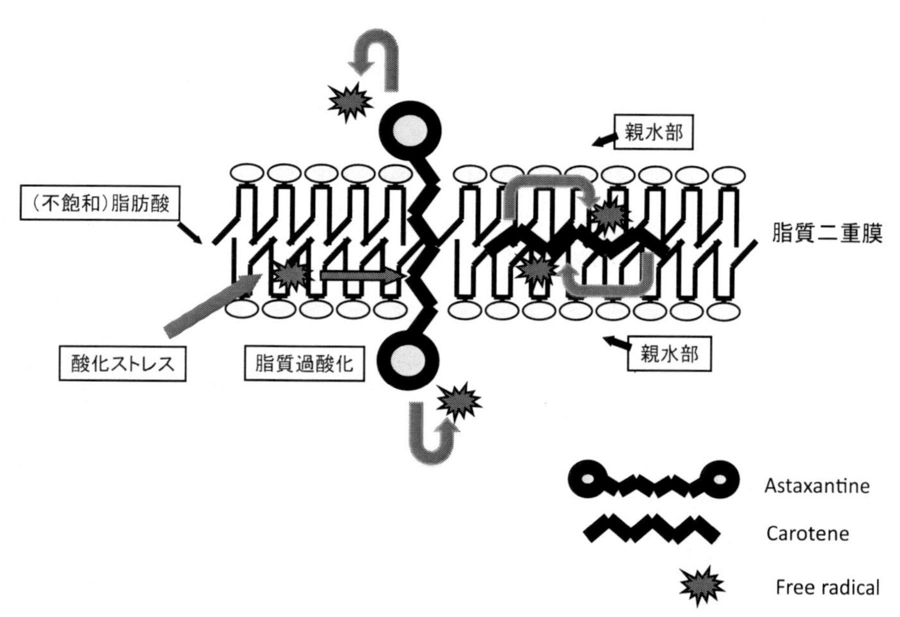

図５　脂溶性抗酸化物質が脳神経膜におけるラジカルを消去する機序。
カロチン類は水酸基をもたないため膜内に配位し，脂質過酸化の chain reaction を亢進する可能性があるが，アスタキサンチンは水酸基が細胞膜外に存在することによりラジカルを消去できる可能性をもつ。

②図5に示したように膜を貫通する形で配位し，膜内で生じた一重項酸素を効率的にトラップするとともに水溶系における熱反応により無害化する。
③その結果細胞膜のPUFAにおける酸化反応のchain reactionを，過酸化物を生成することなしに抑制できる。

食品成分による神経変性疾患の抑制には，DHAをはじめとするPUFAとともに，アスタキサンチンの同時摂取が必須かつ有効である可能性がある。今後の研究の発展が望まれる。

3.4 おわりに

精製した食品の機能性成分による神経変性疾患の予防試みと同時に，強化食品，あるいは食品成分の組み合わせが長期にわたる「脳の老化に伴う神経変性」を予防する鍵ではないか。この点に着目した産学共同研究は日本だけでなくそれ以上に超高齢化の進むアジアにおいて，最も着目すべき分野ではないだろうか。

文　献

1) Lim BP, Nagao A, Terao J, Tanaka K, Suzuki T, Takama K., *Biochim Biophys Acta.*, **1126**(2), 178-84 (1992)
2) Klein EA, Thompson IM Jr, Tangen CM, Crowley JJ, Lucia MS, Goodman PJ, Minasian LM, Ford LG, Parnes HL, Gaziano JM, Karp DD, Lieber MM, Walther PJ, Klotz L, Parsons JK, Chin JL, Darke AK, Lippman SM, Goodman GE, Meyskens FL Jr, Baker LH., *JAMA.*, **306**(14), 1549-56 (2011)
3) Goralczyk R., *Nutr Cancer.* **61**(6), 767-74. Review (2009)
4) Shamoto-Nagai M, Maruyama W, Hashizume Y, Yoshida M, Osawa T, Riederer P, Naoi M., *J Neural Transm.*, **114**(12), 1559-67 (2007)

4　パーキンソン病とアスタキサンチン

片桐幹之*[1]，白澤卓二*[2]

4.1　パーキンソン病とは

パーキンソン病は，安静時振戦，筋固縮，無動および姿勢反射障害を４大症状とした運動障害を主訴とする神経変性疾患である。また，嗅覚低下，睡眠障害，便秘，うつ，自律神経障害などの非運動症状も出現し得ることが知られている。好発年齢は50歳代後半から60歳代であり，20歳から80歳までの発症が知られている。パーキンソン病の90～95％は孤発性であり，その発症には遺伝的な素因と後天的な要素が複雑に関係していると考えられている。

パーキンソン病の主な病因は，中脳黒質のドーパミン作動性神経細胞が変性・脱落することによって中脳黒質から大脳基底核線条体へのドーパミンによる神経伝達が不十分になり，アセチルコリンによる神経伝達が優位になることとされている。しかし責任病巣である黒質の神経変性細胞に関するメカニズムは未だ明らかでない。神経細胞変性のメカニズムについては，ドーパミン細胞内においてミトコンドリア機能障害およびこれに伴う酸化ストレスが引き起こされ，これらが悪循環を呈しながら神経細胞死を誘導するという説が最も有力である[1)]。すなわち，ミトコンドリア機能障害および酸化的ストレスが神経細胞変性の中心的メカニズムであるとされている。

パーキンソン病の有病率は，人口10万人当たり約100人であり，アルツハイマー病に次いで頻度の高い神経変性疾患である。そのため根本的な治療法の開発が期待されている。しかし，現時点では治療または進行を阻止する薬は存在しない。現在行われているパーキンソン病に対する治療は，ドーパミン細胞の変性を抑制する根本治療ではなく，ドーパミン生成の不全を補正しようとする対症療法である。発症の初期には，食事，運動，生活様式，リハビリテーションなどによる治療法もされるが，主として以下の薬物療法による治療が行われている。①線条体で低下しているドーパミンを補給する。②ドーパミンの伝達を賦活する。③ほぼ正常レベルにあるアセチルコリンの機能を抑制して，ドーパミン―アセチルコリン間の不均衡を平衡に近づける。

治療の主役は①のレボドパ（L-ドーパ）である。ドーパミンは血液脳関門を通過しないため，前駆体であるL-ドーパが投与され，これが脳内で代謝されてドーパミンになる。L-ドーパが最も有効性に優れる反面，作用時間が短く，長期使用で効果の変動（wearing off, on-off）やジスキネジアなどの問題症状を生じる。②のドパミンアゴニストはL-ドーパに次ぐ効果を有し，作用時間も長い。L-ドーパとドパミンアゴニストの使い分けや併用による治療が主となるが，これはドーパミン細胞自体の変性を抑制するものではなく，根本治療に適用可能な薬物の開発が期待されている。

＊1　Mikiyuki Katagiri　順天堂大学　大学院医学研究科　加齢制御医学講座　非常勤助教
＊2　Takuji Shirasawa　順天堂大学　大学院医学研究科　加齢制御医学講座　教授

4.2 アスタキサンチンによるパーキンソン病の予防・治療効果の可能性

パーキンソン病は酸化的ストレスによる神経細胞変性が発症メカニズムの中心であると考えられること，血清中の抗酸化物質である尿酸濃度がパーキンソン病患者で低いこと[2~4]などから，ビタミンE，コエンザイムQ10[5]など抗酸化物質の投与による予防・治療効果が検討されてきたが，治療に応用されるまでに至っていない。

強力な抗酸化作用を示すアスタキサンチンには，マウスにおいて脳虚血後の再灌流時の水迷路学習障害が抑制されるとの報告がある[6]。また血管循環器系疾患・アルツハイマー病・パーキンソン病に関与するとされる血中過酸化脂質をアスタキサンチンが抑制するとの報告もある[7]。このようにアスタキサンチンはパーキンソン病の予防・治療の可能性が予想される。現在までのパーキンソン病に関係する，細胞レベル，動物レベル，並びにヒトにおける筆者らの研究結果について以下紹介する。

4.2.1 細胞レベルにおける研究

ヒト神経芽細胞腫（Neuroblastoma SH-SY5Y）に6-hydroxydopamineを作用させて細胞死（アポトーシス）を誘導する実験系において，アスタキサンチンは0～20 μMの範囲で濃度依存的にアポトーシスの抑制効果を示した。また酸化ストレスで活性化されるp38 MAPKの抑制，アポトーシスに関わるミトコンドリアからのcytochrome cの放出，caspase-3，並びにPARPの活性化抑制作用が示されたことから，アスタキサンチンには神経細胞の酸化ストレスによるアポトーシスを抑制する効果があることが示唆された[8]。

4.2.2 パーキンソンモデルマウスに対する効果

生体で発生する活性酸素種（ROS）は，主に細胞内のミトコンドリアから漏出すると考えられている。またROSの1つであるスーパーオキサイド（O_2・）をミトコンドリア内でH_2O_2に変換する酵素がMnSODである。従ってドーパミン細胞のMnSODを欠損したマウスはスーパーオキサイドの攻撃を直に受けてミトコンドリアの機能障害が誘導され，神経細胞のアポトーシスが引き起こされ，その機能が侵されることが予想される。

ドーパミン細胞特異的にMnSODを欠損させたマウス（TH-MnSOD$^{-/-}$）を，Cre-loxp発現制御システムを用いて作成した結果，得られたマウスは寿命が短い上に体重増加が鈍く，また歩行機能などの指標において明らかに表現型の異常が認められ，パーキンソン病のモデル動物となり得ると考えられた。

このパーキンソン病モデルマウス（TH-MnSOD$^{-/-}$）に，アスタキサンチンを投与した。アスタキサンチンにはヤマハ発動機㈱製アスタキサンチン含有ヘマトコッカス藻抽出物PURESTA®を用いた。PURESTA®を粉末飼料に10％含有するよう調製し，パーキンソン病モデルマウスに離乳直後（4週齢）から自由に摂食させた。投与量は約1,500 mg/kg/dayであった。対照群のモデルマウスにはPURESTA®を添加していない粉末飼料を与えた結果，歩行異常，体重減少の改善および延命効果が認められた（図1，2）[9]。

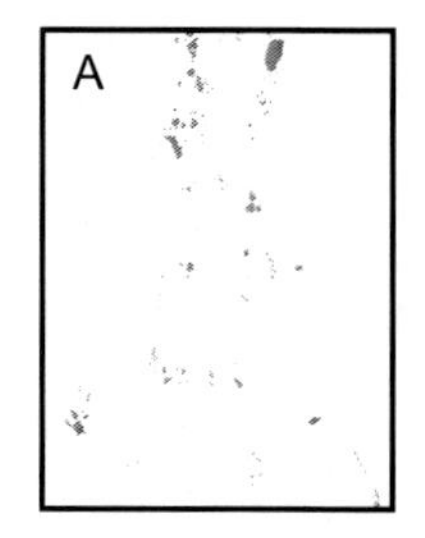

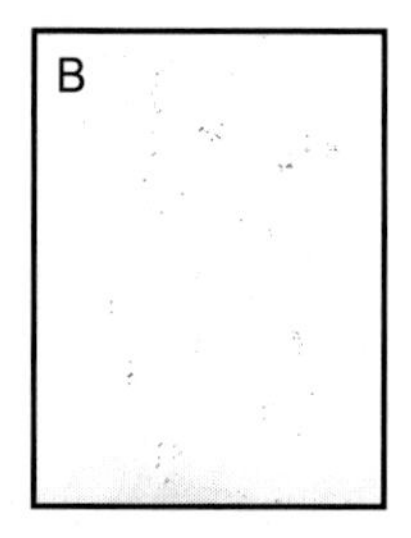

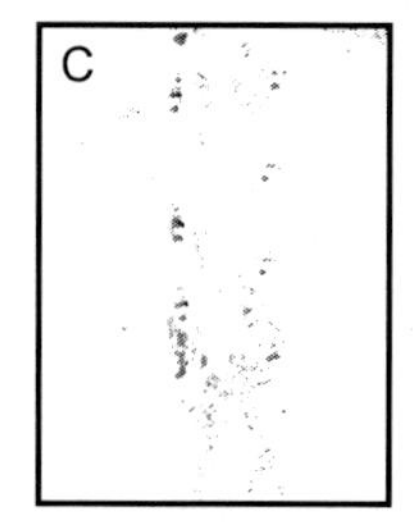

図1　パーキンソン病モデルマウス TH-MnSOD$^{-/-}$の体重に対するアスタキサンチンの効果
A：正常マウス TH-MnSOD$^{+/+}$，B：通常食を与えた TH-MnSOD$^{-/-}$，
C：アスタキサンチンを与えた TH-MnSOD$^{-/-}$

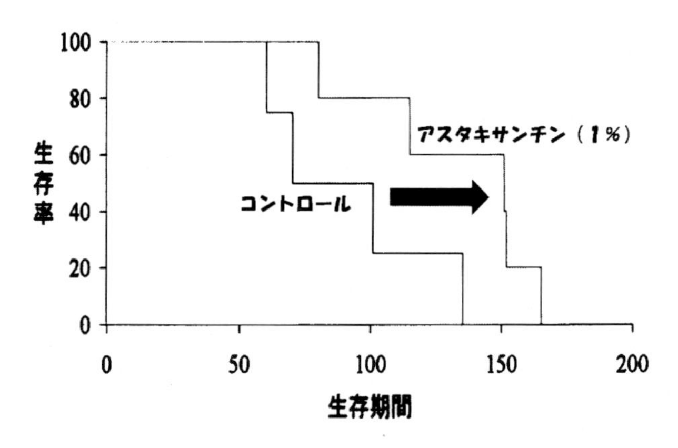

図2　パーキンソン病モデルマウス TH-MnSOD$^{-/-}$に対するアスタキサンチンの延命効果

4.2.3　ヒトにおけるアスタキサンチンの効果

筆者らはPURESTA®を，健常で加齢に伴う物忘れを自覚する中高年に摂取させた際の脳機能に及ぼす効果について，男性10名のパイロット試験[10)]並びに男女96名によるランダム化二重盲検プラセボ対照比較試験[11)]により検証を行った。本研究は健常人を対象としたものであるが，加齢に伴う脳の正常老化は，パーキンソン病，アルツハイマー病などの神経変性疾患と同様に，酸化ストレスと密接に関係している[12,13)]。

脳機能の評価は，認知機能に関わる脳波事象関連電位 P300，Task-Switching 課題である Cog Health[14)]，並びに空間記憶検査である Groton maze learning test[15)]を用いて行った。脳波事象関連電位 P300とは，聴覚オドボールなどの課題を与えた際に潜時300 ms 前後に出現する脳波の成分であり，認知機能を反映する指標である。CogHealth はパソコンのモニター上で行うトランプゲームにより，「単純反応」「選択反応」「作動記憶」「遅延再生」「注意分散」の反応速度と正確性を評価するものである。また Groton maze learning test はパソコンのモニター上で同一の迷路を6回繰り返すことにより，迷路を解く時間と誤答数を評価するものである。何れの検査も正常老化や脳変性疾患に伴う認知機能の低下や医薬品・健康補助食品の摂取などに伴う変動を高感度に検出し得る検査方法である。

パイロット試験では，男性10名にPURESTA®をアスタキサンチンとして6～12 mg/dayで12週間摂取させたところ，脳波P300を摂取前後で比較した際の振幅に増加傾向が認められ，これより情報処理の能力が向上した可能性が示唆された（図3）。また，CogHealthにおいても12週間摂取時に反応時間の短縮並びに正確性の向上が認められた（図4）[10]。

男女96名に対するランダム化二重盲検プラセボ対照比較試験では，CogHealthの結果からPURESTA®をアスタキサンチンとして12 mg/dayで12週間摂取した際の反応時間の短縮並びに正確性の向上が認められ，またGroton maze learning testの結果からはアスタキサンチンとして6 mg/dayおよび12 mg/dayを摂取したグループは，プラセボ摂取群に比し，早期に迷路を解いた際のエラー数の低減が認められ，空間記憶力の改善が示唆された（図5）[11]。

以上より，PURESTA®の摂取により中高年男女の脳機能の改善が認められ，酸化ストレスにより低下していた認知行動能力が改善したものと考えられた。本結果より，アスタキサンチンの

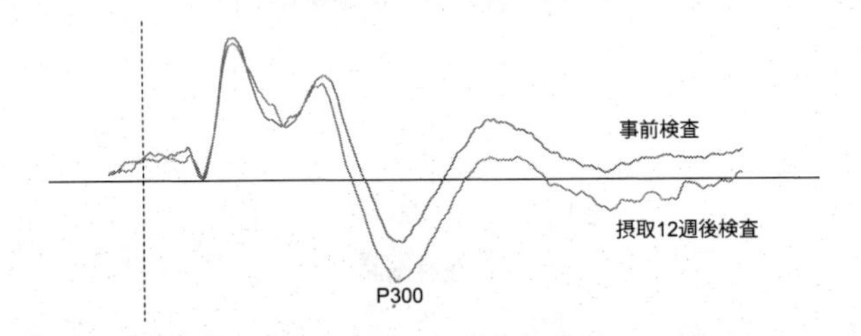

図3　アスタキサンチン摂取による事象関連電位P300の変化

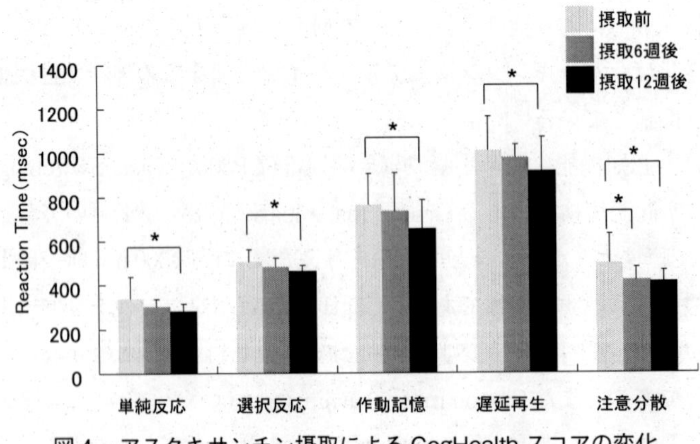

図4　アスタキサンチン摂取によるCogHealthスコアの変化

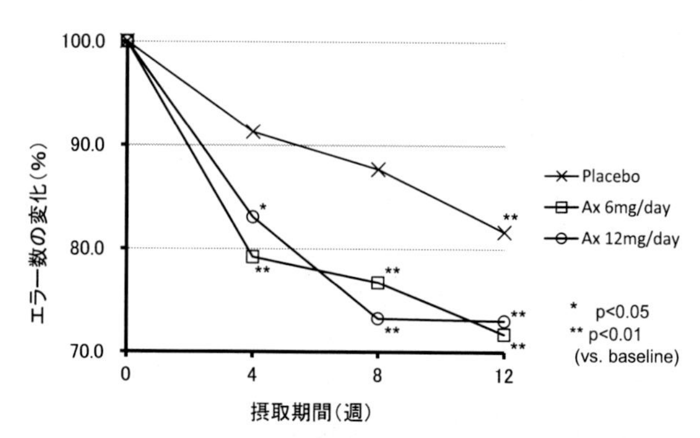

図5　アスタキサンチン摂取時のGroton Maze Learning Testのエラー数の変化

摂取は脳の酸化障害を抑制することによるパーキンソン病の予防，治療に役立つ可能性が考えられる。

4.3 まとめ

本稿ではアスタキサンチンのパーキンソン病に対する予防・治療の可能性について，細胞レベル，動物レベルにおける知見について述べた。またヒトの正常老化に伴う認知機能の改善効果の可能性が見いだされたことより，パーキンソン病などの脳変性疾患に対する応用も期待される。

今後高齢化社会がさらに進み認知症も増加が続くと言われる状況において，食品素材の脳内における抗酸化ストレス効果が示唆された意義は大きい。今後アスタキサンチンをはじめ，種々の食品のパーキンソン病，認知症など神経変性疾患に対するさらなる効果の検証が期待される。

アスタキサンチンはその強い抗酸化活性から，パーキンソン病，認知症をはじめ，美容効果，眼精疲労の改善効果など，種々の効果が期待されている素材である。現状アスタキサンチンは医薬品ではなく健康補助食品として販売されているものであるが，健康補助食品においても医薬品と同様に安全性並びに有効性の検証が求められている。しかしながらアスタキサンチンの安全性・有効性の研究は健常人において多くされているものの，病者に対する検証は皆無に等しい。今後パーキンソン病・アルツハイマー病などの患者に対する長期臨床試験の実施など，さらなるエビデンスの集積が行われることを期待する。

文　　献

1）P.M. Abou-Sleiman *et al.*, *Nature Reviews Neuroscience*, **7**(3), 207 (2006)
2）Anderson RF *et al.*, *Free Radic Res*, **37**(10), 1131 (2003)

3) Scott GS *et al., Med Hypotheses*, **56**(1), 95 (2001)
4) Annanmaki T *et al., Mov Disord*, **22**(8), 1133 (2007)
5) Shults CW *et al., Arch Neurol*, **59**(10), 1541(2002)
6) Hussein G *et al., Biol Pharm Bull*, **28**(1), 47 (2005)
7) Nakagawa K *et al., Br J Nutr*, **105**(11), 1563(2011)
8) Ikeda Y *et al., J Neurochem*, **107**(6), 1730 (2008)
9) 辻　晋司ほか，神経細胞保護材，特開 2008-19242
10) Satoh A *et al., J Clin Biochem Nutr*, **44**(3), 280 (2009)
11) Katagiri M *et al., J Clin Biochem Nutr*（印刷中）
12) Mattson MP *et al., Physiol Rev*, **82**, 637 (2002)
13) Schon EA *et al., J Clin Invest*, **111**, 303 (2003)
14) Collie A *et al., J Int Neuropsychol Soc*, **9**, 419 (2003)
15) Pietrzak RH *et al., Int J Neurosci*, **119**, 1137 (2009)

第4章　生活習慣病予防

1　アスタキサンチンのインスリンシグナルにおける作用

西田康宏*

1.1　糖尿病関連疾病とインスリン抵抗性について

近年，生活習慣の変化により，糖尿病およびその予備軍は増加の一方である。糖尿病とは，通常は，ごく狭い範囲で精緻に調節されている血中の糖濃度が，何らかの原因でコントロールできなくなり慢性的に病的に高くなる代謝疾患を指す。血糖濃度は，様々なホルモンで調節されているが，血糖降下ホルモンとして，インスリンがよく知られている。

インスリンは，膵臓の膵島β細胞から分泌され，様々な臓器での糖取り込みや糖代謝に関与する代謝に非常に重要なホルモンである。したがって，膵島からのインスリンの分泌が極度に低下もしくは減滅すると，その結果，重度の血糖調節機能不全に陥る。その成因としては，遺伝的な素因や自己免疫疾患，ミトコンドリア異常，妊娠など多岐にわたり，ここでは詳しくは割愛するが，増加傾向の生活習慣変化による内臓脂肪型肥満（メタボリックシンドローム）などとも大きな関連のある2型糖尿を取り上げてみる。この場合，インスリンの標的組織でのインスリン作用の低下，インスリン抵抗性が病態の進行に非常に重要な要因となっていることが広く知られている。インスリンの作用低下により代償的に膵島での慢性的なインスリン分泌が亢進する結果，膵島細胞の疲弊によりインスリン分泌は低下していく。そのような状態ではインスリンの相対的不足が生じ，慢性的に高血糖状態が持続する。その状態が持続すると，微細血管障害が腎臓，網膜，神経に生じ，糖尿病に特有な様々な合併症を惹起する。さらに慢性的な高血糖は動脈硬化症を亢進する。これは，現在の死因の多くを占める脳・心血管疾患などの重大疾病発症の主要な原因になる。

ゆえに，上流部分のインスリン抵抗性の改善と予防，さらに進んで治療法の確立が極めて重要な課題であると考えられる。肥満やインスリン抵抗性は，食生活環境や運動などによって改善可能であると思われるが，忙しい現代社会では，難しいのも現実問題である。そこで，本稿では，多彩な機能を有し，エネルギー代謝の要であるミトコンドリアで優位に機能すると考えられているアスタキサンチンがインスリン作用へ与える影響を評価し，さらにインスリン抵抗性改善に働くかを評価した。

1.2　インスリンシグナルへのアスタキサンチンの影響

インスリンは，前述したように，主たる作用として，血液中の糖濃度を下げる方向の調節する

---

* Yasuhiro Nishida　アスタリール㈱（富士化学工業㈱グループ）　研究開発部

機能を有する。繰り返すが，体内では血糖レベルを上昇方向へ調節する機構はグルカゴンをはじめ多く存在するが，降下作用に関してはほぼインスリンのみが担っているといっても過言ではないことから，その重要性は非常に大きい。

各組織における作用としては，骨格筋や脂肪組織においては，細胞内への糖の取り込み促進，肝臓では，グリコーゲンの合成促進，糖新生およびグリコーゲン分解の抑制，脳など中枢においても，記憶・学習，摂食・エネルギー代謝調節などに関与していることが示唆されている。

インスリンは受容体に結合すると，先に述べたような様々な生理作用を示す。そのシグナルについて骨格筋を例に挙げると，インスリンは細胞膜上のインスリン受容体に結合すると，詳細は割愛するが，構造変化と自己リン酸化を介し，自身の細胞内サブユニットのチロシンキナーゼ活性が活性化する。それに続いて，インスリン受容体に結合し，チロシンキナーゼの基質となる，IRS や Shc と呼ばれるタンパク質のチロシン残基をリン酸化（すなわち活性化）する。さらにそれら分子は，その下流の多彩なシグナル分子を主にリン酸化を介し活性化し，連続してそのシグナルの情報が伝達されていく。

IRS（IRS-1）を経る経路では，代謝的な反応を惹起する PI3K/Akt シグナルカスケードを活性化し，通常は細胞内に存在し，不活性型であるインスリン依存的なブドウ糖トランスポーターである Glut4 が原形質膜上へ移行する。それにより，細胞へのブドウ糖の取り込みを促進し，糖をエネルギーとして利用できるようにしたりする。さらに別の流れでは，GSK3 を経るグリコーゲン合成系の活性化などの現象が起きる。Shc を経る経路では，主に細胞増殖シグナルを制御する Ras/MAPK カスケードを経る（図１）。

シグナルを構成するタンパク質のリン酸化は，シグナル伝達に重要であるが，どのような制御

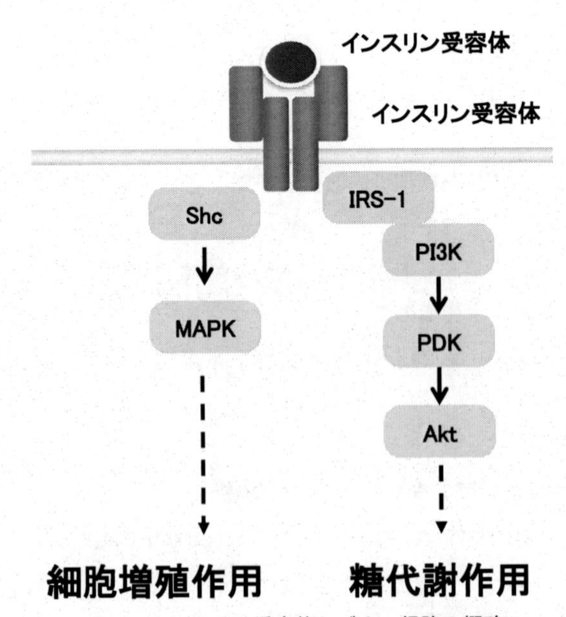

図１　インスリン受容体シグナル経路の概略

を受けるかというと，上流のキナーゼタンパク質からのリン酸化以外にも，逆反応による制御として，フォスフォターゼによる脱リン酸化反応の影響も受ける。また，このシグナルのセカンドメッセンジャーになるPIP3（フォスファチジルトール-3-リン酸）はPI3KによりPIP2から生成されるが，PTENと呼ばれるフォスファターゼは，PIP3を脱リン酸化する逆反応を触媒し，インスリンシグナルにおいては抑制作用を示す。

また，興味深いことに，インスリンシグナルの途中には活性酸素（ROS）が介在することが示唆されており，一過的なROSがフォスファターゼの不活性化などを介してシグナルの増幅をおこない，インスリン作用を増強したり，それ自身がインスリン用作用を有することが広く知られている。しかし，詳しくは次項に述べるが，慢性的なROS負荷は，生体内の酸化還元のバランスの破たんを招き，酸化ストレスとなる。酸化ストレスは，細胞内タンパク質の酸化修飾による機能低下や，ストレスキナーゼであるJNKやp38のリン酸化による活性化を惹起し，細胞内へ障害を与える。それらストレスキナーゼは，IRS1のセリン，スレオニン残基をリン酸化し，IRS1のチロシンリン酸化を阻害し，結果インスリンシグナルを抑制する[1)]。

以上がインスリンシグナルの概要であるが，アスタキサンチンのインスリンシグナルへの効果として，我々は，ラットL6筋芽細胞を用い，筋管細胞（myotubes）を分化調整し，そこに終濃度5～10μMのアスタキサンチンを添加することにより，インスリンシグナルにどのような影響を与えるかを検討した。その結果のうち一部を以下にまとめる。

アスタキサンチンは，①インスリン受容体の基質タンパクである，IRS-1のリン酸化を増強・遅延し，②逆にShcのリン酸化を抑制した。また，③それぞれの基質タンパクの下流のタンパク質のリン酸化を見てみると，アスタキサンチンの添加によりAktのリン酸化（セリン，スレオニン残基）は増強および遅延され，p42/44 MAPキナーゼのリン酸化は，アスタキサンチン短時間処理の場合抑制された。これらのことから，アスタキサンチンは，インスリン作用のうち，代謝的経路を増強し，細胞増殖経路を抑制することが考えられた。

上記①，②を精査に検討したところ，インスリン受容体とIRS1，Shcの結合が，アスタキサンチンの存在により変化する現象が観察された。この作用機序は，詳細は検討中であるが，アスタキサンチンは，膜の安定性を高めることから，レセプターが存在するカベオラ，脂質ラフトなど膜マイクロドメインの補正・矯正効果などが存在しているのかもしれない。

更にAktの遅延の作用機序として検討したところ，インスリン依存的なJNKのリン酸化がアスタキサンチンの添加により抑制されたことから，インスリンの負のフェードバック気候であるJNKによるIRSのセリン307残基のリン酸化を抑制し，IRS1のチロシンリン酸化を増強したことが考えられた。

また，他の抑制系であるタンパク質脱リン酸化酵素は，活性酸素などによる細胞内の酸化還元（レドックス）バランスによって，タンパク質のチオール残基の修飾やSrcキナーゼなどによるリン酸化によって活性の制御を受ける。Aktも含めた広範なタンパク質脱リン酸化酵素であるPP2Aは活性酸素によるSrcキナーゼの活性化に伴うリン酸化による活性低下経路が存在する[2)]。

インスリンやグルコースオキシダーゼ（GO）による過酸化水素によって，PP2A のリン酸化は惹起されそれに伴い活性は低下するが，非常に興味深いことに抗酸化剤であるアスタキサンチンの添加によってもPP2Aのリン酸化が惹起され，PP2Aの活性も抑制された。他の報告として，抗酸化剤のα-リポ酸も老齢マウス由来の肝細胞で亢進したPP2A 活性の阻害作用を示しており，抗酸化物質による抑制機構が存在すると考えられた[3)]。また，アスタキサンチンとそれらの効果は相加的であった。特にインスリンによるPP2Aのリン酸化は，Src キナーゼ依存的であるため，このアスタキサンチンのPP2Aのリン酸化作用が，Src 依存的なものかどうかを検討するため，Src 特異的な阻害剤（SI）を添加したところ，インスリンやGO によるPP2A のリン酸化は，SI によって抑制されたが，アスタキサンチンによるリン酸化は抑制されなかった。下流の Akt に関しても，インスリンや GO によるリン酸化が，SI の添加によって抑制されるが，アスタキサンチンではそれらの解除が認められた。従って，アスタキサンチンは Src 非依存的な何らかの経路で PP2A のリン酸化を制御していることが示唆された。このようにアスタキサンチンのシグナル調節作用の一旦としてタンパク質脱リン酸化酵素群への関与が示唆された。上記の結果を図２にまとめた。

1.3 アスタキサンチンのインスリン抵抗性改善効果

はじめに簡単に説明したが，糖尿病や死因に直結するような脳，心血管疾患の上流部には，インスリン抵抗性が存在することが明らかになってきた。インスリン抵抗性は可塑的であり，近年，インスリン抵抗性には，原因は全くかけ離れていても，共通して酸化ストレスが大きく関与

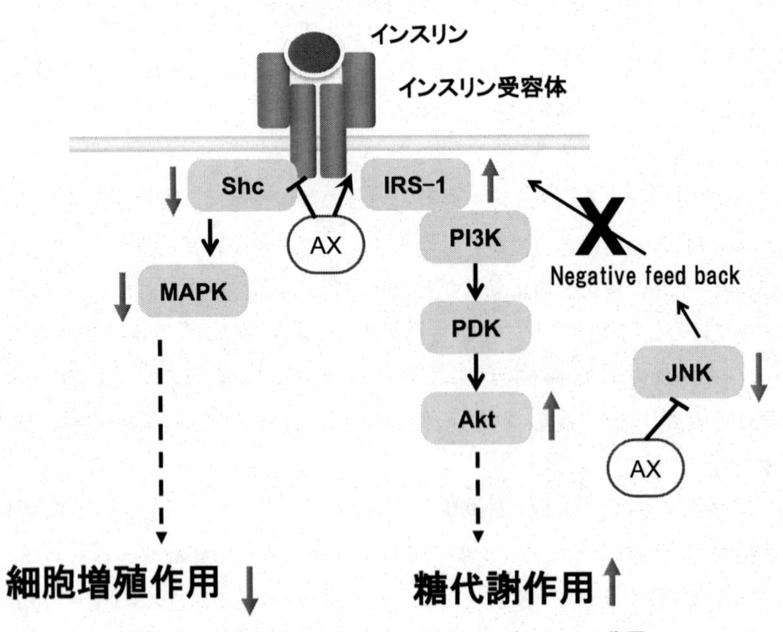

図２　アスタキサンチンのインスリンシグナルへの作用

することが示唆されている。また，いくつかの抗酸化物質の投与により，インスリン抵抗性は有意に改善することが報告されている[4)]。

インスリン抵抗性の主要因として考えられるのが，肥大化した内臓脂肪細胞から分泌された，TNFαやレジスチン，遊離脂肪酸などといった悪玉アディポカインの分泌亢進および，インスリン感受性にはたらく善玉アディポカインであるアディポネクチンの分泌低下である。さらに，肥大化した脂肪細胞からはMCP-1といったケモカインが分泌され，それに伴うマクロファージの浸潤により慢性炎症が惹起され，インスリン抵抗性が増悪すると考えられている[5)]。

また，既にメタボリックシンドロームモデルラット[6)]やショ糖負荷ラット[7)]など実験動物においてアスタキサンチンの添加により，インスリン抵抗性が改善するデータが一部報告されている。また，アスタキサンチンは*In Vivo*でインスリン抵抗性を改善に関与する核内転写因子PPARγに対して選択的な調節因子であることも近年報告されている[8)]。

従って，作用機序は，未解明な部分が多いが，アスタキサンチンは，前項で述べたようにインスリン作用増強効果を有し，強力な抗酸化物質であること，いくつかの報告があることから，インスリン抵抗性の改善に強く寄与できるものと考えられる。そこで，我々は，骨格筋における遊離脂肪酸であるパルミチン酸，炎症性サイトカインであるTNFαによってインスリン抵抗性を惹起させ，それに対するアスタキサンチンの効果を検討した。

TNFαやパルミチン酸によって，インスリンによる糖取り込みシグナルに重要な，インスリン依存的なAktのリン酸化が強く抑制され，糖取り込みの要であるGlut4の膜移行も強く阻害された。そこにアスタキサンチンを添加したところ，Aktのリン酸化は回復した。また，共焦点レーザー蛍光顕微鏡を用い，活性酸素や過酸化物と反応して蛍光を発するCM-H2-DCFDA (5-(and-6)-chloromethyl-2',7'-dichlorodihydrofluorescein diacetate, acetyl ester) による蛍光染色法よって検出したところ，既報のとおり，TNFαやパルミチン酸で酸化ストレスが弱いながら有意に惹起されており，アスタキサンチンによって，それらが明瞭に軽減していた。作用機序については現在詳細に検討中であるが，おそらく，アスタキサンチンが直接的に，あるいは，生体内の抗酸化・代謝機能を高めることにより，細胞にかかる酸化ストレスの軽減を介した機序が想定された。

1.4　おわりに

以上のようにアスタキサンチンは，インスリンシグナルに関して非常に有意に働くことことが明らかとなった。ここでは，アスタキサンチンのインスリン作用に対する効果にのみ焦点を当てたが，他のグループでは，糖尿病合併症の予防や脂質代謝に関する報告がなされている。その作用機序としてやはり，アスタキサンチンの持つインスリンシグナルの調節作用，ひいてはインスリン抵抗性の軽減などが挙げられると確信している。その為，今後アスタキサンチンのインスリン抵抗性が関係する疾病の予防などの更なる研究が期待される。

文　献

1) *Physiol Rev.*, **89**(1), 27-71 (2009)
2) *Science*, **257**, 1261 (1992)
3) *Biogerontology*, **10**, 443 (2009)
4) *Nature*, **440**, 944-948 (2006)
5) *J Clin. Invest.*, **112**, 1796-1808 (2003)
6) *Life Sci.*, **80**, 522 (2007)
7) *Int. J. Med. Sci.* **8**, 126-138 (2011)
8) Inoue, M., 15th. International Carotenoid Symposium, Okinawa, Japan, (2007)

2　アディポネクチン分泌とアスタキサンチン

石神眞人*

2.1　はじめに

脂肪組織は全身の重量の10～20% を占める巨大な臓器であり，代謝と内分泌の器官としてエネルギーバランスを調節するのに不可欠である。しかしながら過剰な脂肪の蓄積は心血管疾患や動脈硬化，高血圧症，糖尿病などの発症基盤となり，心血管疾患および動脈硬化は先進国や一部の発展途上国において主要な死因となっている。また，内臓脂肪の蓄積により高血糖・脂質代謝異常・高血圧が併発するメタボリックシンドローム[1,2]は，近年大きな医療・社会問題となっている。

脂肪細胞は脂質貯蔵の中心的な役割を担うだけでなくアディポサイトカインとして知られる多くの生理活性物質を発現し分泌する。アディポサイトカインにはアディポネクチン（adiponectin）や，plasminogen activator inhibitor-1（PAI-1），レプチン（leptin），レジスチン（resistin）などが含まれる[3]。PAI-1は肥満体で増加が見られ，心筋梗塞のような血栓症と関連している。レプチンは体重の増加を抑制し，インスリン感受性を増加させるアディポサイトカインである。肥満体においては，mRNA レベル，血清レベル共に高く，これはレプチン抵抗性が発生しているためと考えられる。レジスチンは肥満とインスリン抵抗性に関与するアディポサイトカインである。これらのアディポサイトカインの中でもアディポネクチンは他のサイトカインやホルモンに比べ，血中濃度が 5 ～30 μg/mL とはるかに高い物質であり[4]，これは血漿中蛋白の0.01%を占める値である。脂肪細胞から分泌されているにも関わらず，内臓脂肪蓄積時に血中濃度が低下するという特徴がある[4]。アディポネクチンは抗動脈硬化作用，インスリン増感作用，抗炎症作用を持ち，血管において強力な保護効果を持つため，心血管疾患や動脈硬化の新しい治療のターゲットとして注目されている。すなわち，アディポネクチンは動脈硬化発症過程において，接着分子 vascular cell adhesion molecule-1（VCAM-1），intercellular adhesion molecule-1（ICAM-1），E-セクレチンの発現抑制による単球の血管内皮細胞への接着の阻害[5]，血管平滑筋細胞の増殖・遊走の抑制[6]，スカベンジャーレセプター（scavenger receptors class A type 1：SRA1）の発現抑制によるマクロファージの泡沫化抑制[7]などの抗動脈硬化作用を有し（図 1 ），また insulin receptor substrate-1（IRS-1）シグナリングを介した phosphatidylinositol 3-kinase（PI3-K）の活性および糖輸送の上昇，脂肪酸輸送蛋白 1 型（fatty acid transport protein 1：FATP-1）の発現増強を介した脂肪酸酸化およびクリアランス促進によるインスリン感受性上昇，インスリン抵抗性に関与する tumor necrosis factor-α（TNF-α）の産生・作用の抑制などによる抗糖尿病作用も知られている[8]。

アディポネクチンは，1996年に脂肪組織において最も豊富な転写産物として発見された[9]。ア

＊　Masato Ishigami　日本生命保険相互会社　本店　健康管理所　副医長；
大阪大学　招聘准教授

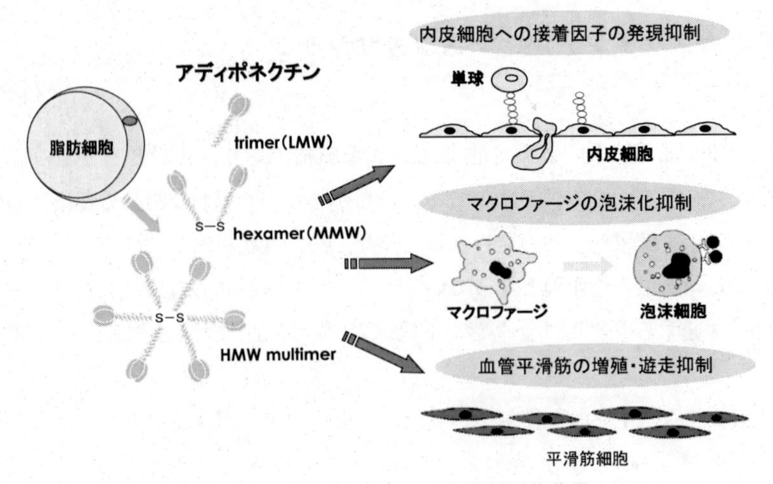

図１　アディポネクチンの抗動脈硬化作用

ディポネクチンはＮ末端 variable domain, collageneous domain, Ｃ末端 gulobular domain の３つの構造的なドメインより成り，triple helix における collageneous domain の非共有結合により疎水性の gulobular head を持つ３量体を形成する[10]。血中では単量体としてではなく，少なくとも３つの多量体の形で存在することが知られている。３量体の low-molecular-weight（LMW），６量体の medium-molecular-weight（MMW），12～18量体相当の高分子アディポネクチン high-molecular-weight（HMW）である。LMW の生理活性として，単球の adenosine monophosphate（AMP）activated protein kinase pathway を刺激する作用とともに IL-6（interleukin-6）の分泌を減らすこと[11]，さらに，ヒトにおいて血中 LMW 濃度は単球からの IL-6分泌と逆相関するという報告があり[12]，アディポネクチンの抗炎症作用の中で LMW が重要な位置を占める可能性がある。MMW は２つの３量体のＮ末端 variable domain に位置するシステイン残基（ヒトアディポネクチンでは Cys36，マウスアディポネクチンでは Cys39）を介したジスルフィド結合により形成される[13]。HMW は３量体同士がシステイン残基でジスルフィド結合し，12～18量体相当の高分子のアディポネクチンを形成したものである。アディポネクチンの多量体の中で最も活性が高いと考えられており，AMP activated protein kinase を刺激し，肝臓でのグルコース生成を抑制する働きや，内皮細胞のアポトーシスを抑制する働きを有することが知られている[14]。また，HMW の総アディポネクチン量に対する相対的割合や HMW の絶対量は，総アディポネクチン量に比べ，インスリン抵抗性やメタボリックシンドロームをより強く反映するという報告もあり[15]，アディポネクチンの総量だけでなく，各多量体の相対的割合に関しても注目が集まっている。

臨床応用にあたりアディポネクチン濃度を増加させるには大きく２つの方法が考えられる。組み換えアディポネクチンの投与と内因性アディポネクチン生成の増加である。組み換えアディポネクチンの生産には多くの難点がある。バクテリアが生成するアディポネクチンには，重要な翻訳後修飾が欠如しており，実際には活性が認められない[16)]。このため哺乳類の細胞培養によるアディポネクチン生産が必要となるが，これによる大規模な薬剤生産は現在の所，実現不可能である。組み換えアディポネクチン生産の難しさに加え，アディポネクチンの血中半減期は75分以下と短く，アディポネクチンの投与による治療には課題が残る[17)]。それゆえ脂肪細胞による内因性アディポネクチンの産生増加に焦点が集まっている。チアゾリジン誘導体[18)]，アンギオテンシン転換酵素阻害剤[19)]や，スタチンあるいはフィブラート系薬剤[20)]などの一部の薬剤には血中アディポネクチン増加効果を併せ持つことが報告されている。しかし，根本的な原因である内臓脂肪の蓄積を解消する必要があり，このためには，食事やライフスタイルを見直すことが重要であると考えられ，経口摂取可能なアスタキサンチンも，アディポネクチンを増加させるサプリメントとして期待されている。

本稿では，アディポネクチン分泌に対するアスタキサンチンの効果を，これまでに報告された文献および自験例から概説したい。

2.2　アディポネクチン分泌とアスタキサンチンに関するこれまでの報告

アディポネクチン分泌に対するアスタキサンチンの効果としては，富山県国際伝統医学センター（当時）・渡邉裕司博士らが，動物モデルを用いて検討し，報告している[21)]。すなわち，高血圧自然発症ラットにアスタキサンチンを毎日体重1 kg 当たり50 mg，22週間投与した結果，本ラットの自然経過で見られた血圧，血糖値の上昇がアスタキサンチン投与により有意に抑制され，インスリン抵抗性が改善された。さらに血漿中性脂肪値，遊離脂肪酸値を低下させ，8週の時点で，血中アディポネクチン濃度がアスタキサンチンを加えないラットに比し，約40％上昇した。一方，体重に関してはアスタキサンチンは本ラットに対し特に影響を与えなかったと言う。

ヒトにおける研究では慈恵会医大，吉田博博士らが，高脂血症患者にアスタキサンチンを投与することで血中アディポネクチン値の上昇を認めた[22)]。1日12 mg のアスタキサンチン内服により血清アディポネクチン濃度は，約25％増加した（図2）。また，アスタキサンチンの内服により，血清 HDL コレステロール値が増加，中性脂肪値が減少し，脂質代謝が改善されることを報告している。

肥満に伴い内臓脂肪が蓄積すると，脂肪組織で酸化ストレスが増加し，増加した酸化ストレスによりアディポネクチンの分泌が低下することが報告されている[23)]。すなわち，肥満モデルマウスにおいて，酸化ストレスは筋肉や肝臓，大動脈組織ではなく，白色脂肪細胞で見られること，また，全身性酸化ストレスを抑制するためには脂肪細胞における酸化ストレスの抑制が重要であることが報告されている。ここで，抗酸化物質である N-acetyl cysteine（NAC）によって，酸化ストレスによるアディポネクチンの分泌低下を抑制できることが報告されており，アスタキサンチンについても，その極めて強い抗酸化作用がアディポネクチンの分泌障害を回復させるのではないかと仮説を立てることができる。しかしながら，アスタキサンチンの脂肪細胞に対する直接の効果はまだ明らかになっていない。そこで我々は，培養脂肪細胞を用いて，アディポネクチ

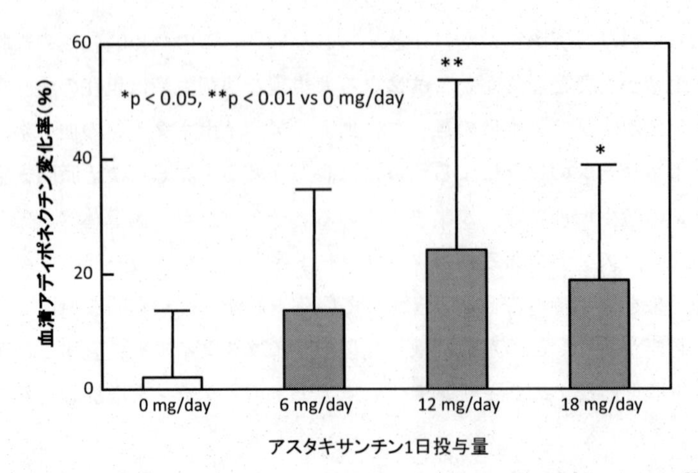

図2　高脂血症患者におけるアスタキサンチンの血中アディポネクチン増加効果（文献[22]より引用改変）

ン分泌に対するアスタキサンチンの効果を明らかにすることを目的とし，検討を行った。

2.3　培養脂肪細胞を用いたアスタキサンチンのアディポネクチン分泌に対する効果の検討

我々が用いたのはマウス線維芽細胞株の1種，3T3-L1細胞である。この細胞はinsulin, 3-isobutyl-1-metylxanthineおよびdexamethasoneを継代用培地に加えることにより脂肪細胞に分化する。分化誘導後7～9日目の80～90%以上分化した脂肪細胞を実験に用いた（図3）。添加用アスタキサンチンは以下のように調整した。すなわち，9mgのアスタキサンチンを10mLのdimethyl sulfoxide（DMSO）に溶かし，$15\times10^2\mu$Mの溶液を作成し，各々の濃度に調整した。コントロール群ではDMSOのみを加え，各培地のDMSOは同量になるようにした。

酸化ストレス環境におけるアスタキサンチンの効果は以下のようなモデルで検討した。すなわち，DMSOのみを加えたコントロール群に対し，過酸化水素群（コントロール群に0.5mM過

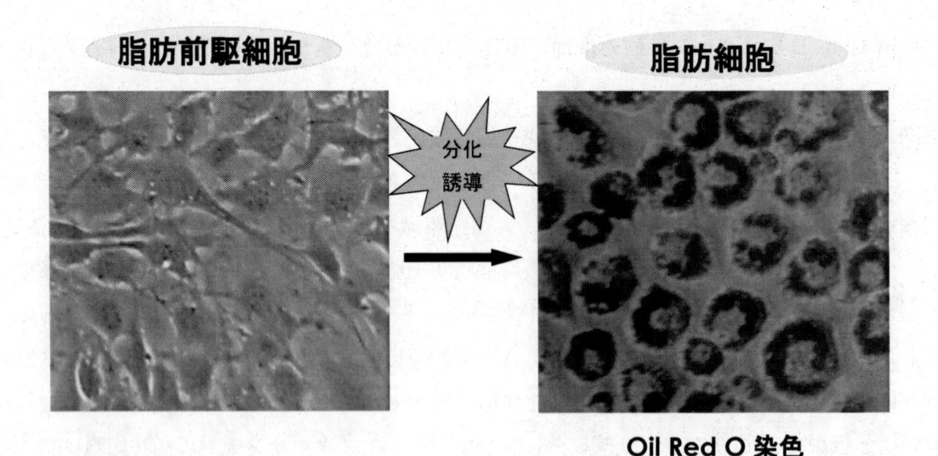

図3　脂肪細胞の分化

酸化水素を加えたもの）を設定し，さらにアスタキサンチンおよび過酸化水素群（過酸化水素とともにアスタキサンチンを加えたもの），（実験によっては）アスタキサンチン単独群を作成し，各群で培地中のアディポネクチン濃度を検討した。脂肪細胞のアディポネクチン分泌は恒常的であるため，培地交換から12時間後，同様の組成の培地で再度交換し，実験開始から24時間後に培地および細胞を回収し，酸化ストレス負荷後12時間後から24時間後までの分泌量を検討した。

まず，総アディポネクチン量を加熱・還元状態の Western blotting および enzyme-linked immunosorbent assay（ELISA）により解析した。アディポネクチンの分泌は，コントロール群が150.1 ng/mL であったのに対し，過酸化水素0.5 mM によって酸化ストレスを与えると61.5 ng/mL まで約60％有意に低下した。この結果はこれまでに報告されている結果と一致した[23]。過酸化水素の存在下でアスタキサンチンを１～15 μM 加えていくと，アディポネクチンの分泌はアスタキサンチン５μM の添加で88.1 ng/mL，15 μM の添加で110.7 ng/mL まで濃度依存的に回復した（図４A，B）。以上の結果より，アスタキサンチンは酸化ストレスによって低下したアディポネクチン分泌を濃度依存的に改善するということが示された。

次に，酸化ストレスによるアディポネクチン分泌の各多量体の相対的割合変化に対するアスタキサンチンの効果をしらべるため，培地中に分泌されたアディポネクチンを非加熱・非還元状態で電気泳動を行い，Western blotting により解析した。

酸化ストレスのない条件下ではアディポネクチンは HMW，MMW，LMW の３つのバンドに分かれた。しかし，酸化ストレスを負荷した細胞においては LMW の分布が検出不可能な程度にまで減少した（図５A）。MMW，HMW については，各レーンにおいて分泌された全アディポネクチン量に対する各アディポネクチン多量体の相対的割合を densitometric scanning によりピーク解析を行い，各ピーク面積を数値化し，グラフ化した（図５B）。まず，生理活性におい

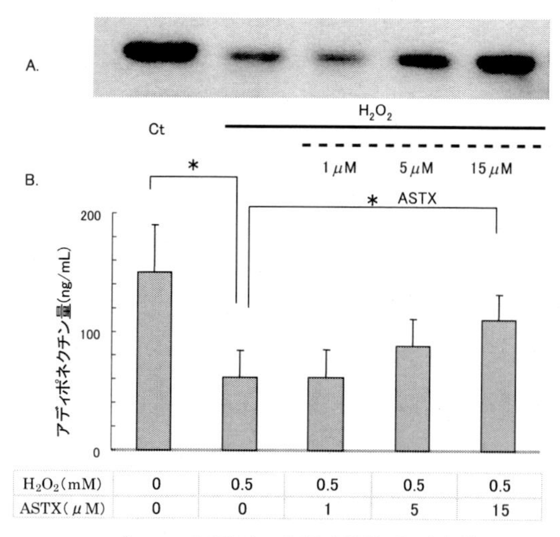

H_2O_2(mM)	0	0.5	0.5	0.5	0.5
ASTX(μM)	0	0	1	5	15

n=6, mean±SD, * p<0.05 ASTX: アスタキサンチン

図４　脂肪細胞におけるアスタキサンチンの総アディポネクチン分泌に対する効果

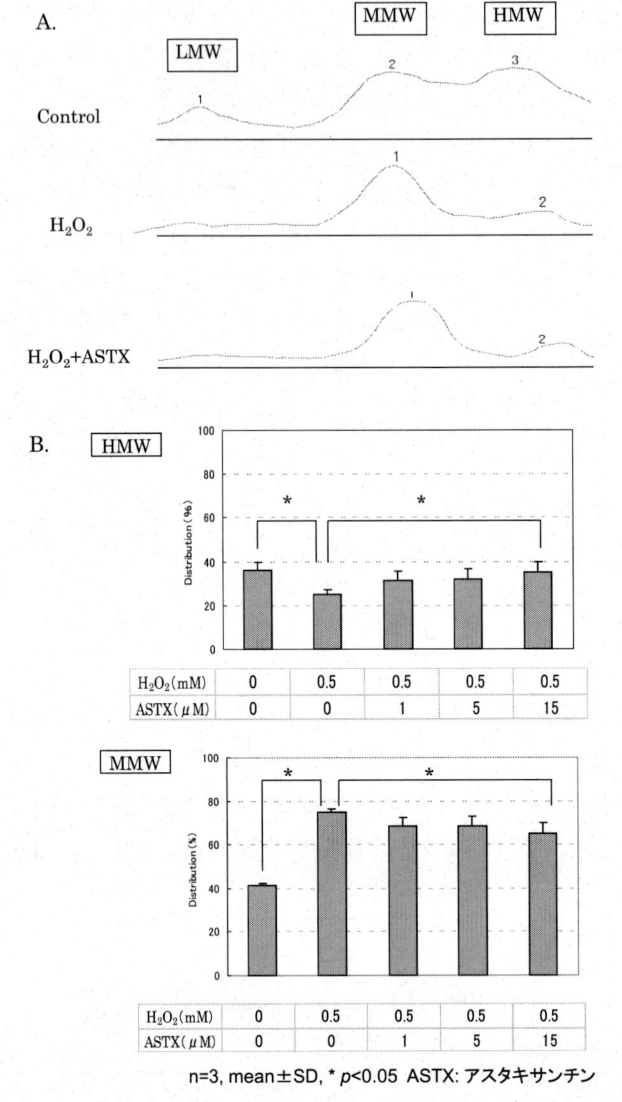

図5　アスタキサンチンのアディポネクチン多量体分布に対する効果

て重要なHMWについては過酸化水素の添加で，36.1％であった相対的割合が25.3％まで有意に低下した。ここにアスタキサンチンを1～15μM加えていくと，過酸化水素によって減少したHMWの相対的割合は濃度依存的な回復傾向が見られた。過酸化水素と同時にアスタキサンチンを15μMを加えるとHMWの相対的割合は有意に増加し，その値は35.0％と，コントロールと同程度にまで回復した。一方，MMWは過酸化水素の添加で41.5％であった相対的割合が74.7％まで有意に増加した。過酸化水素と同時にアスタキサンチンを1～15μM加えると，過酸化水素によるMMWの相対的割合の増加は抑制され，アスタキサンチンを15μM添加した際の回復は有意な値であった。以上の結果からアスタキサンチンは，酸化ストレスにより引き起こ

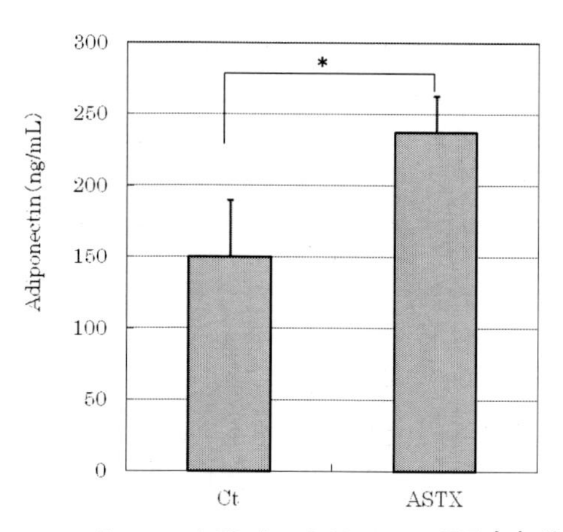

n=6, mean±SD, * $p<0.05$ ASTX: アスタキサンチン

図6　非酸化ストレス下での脂肪細胞におけるアスタキサンチンのアディポネクチン分泌に対する効果

されるHMWの相対的割合の減少とMMWの相対的割合の増加を回復させることがわかった。

次に，酸化ストレス負荷のない状態でのアディポネクチン分泌に対するアスタキサンチンの効果を調べるため，培地にアスタキサンチンのみを添加し，培地中に分泌された総アディポネクチン量を加熱・還元状態のWestern blottingおよびELISAにより解析した。アディポネクチンの分泌量は，コントロール群の150.1 ng/mLに比べ，アスタキサンチン15 μMを添加すると235.5 ng/mLとコントロール群より約57%有意に増加した（図6）。このことから，アスタキサンチンはアディポネクチン分泌に対し，酸化ストレスを介する経路以外でも作用し，分泌を増加させることが明らかとなった。

酸化ストレス負荷時と同様に，アスタキサンチンが単独で各アディポネクチン多量体の相対的割合に与える影響について調べるために，培地中に分泌されたアディポネクチンを非加熱・非還元状態で電気泳動を行い，Western blottingにより解析した。非加熱・非還元の条件下でアディポネクチンはHMW，MMW，LMWの3つのバンドに分かれた。各レーンにおいて分泌された全アディポネクチン量に対する各アディポネクチン多量体の相対的割合をdensitometric scanningによりピーク解析を行い，各ピーク面積を数値化し，グラフ化した（図7）。LMWはコントロールにおいて約16%であった。そこにアスタキサンチンを加えても有意な変化はなかった（データは示さず）。HMWの相対的割合はコントロールで27.5%であったのが，アスタキサンチンを1，5，10，15 μMを加えると，31.9%，32.0%，37.3%，39.0%と濃度依存的に増加した。一方，MMWに対してはコントロールにおいて約56%であった相対的割合が，アスタキサンチン1，5，10 μMにより，各々51.7%，52.7%，47.5%と減少し，15 μMの添加では45.7%まで有意に減少した。以上の結果から，アスタキサンチンは酸化ストレス非存在下でもアディポネクチン多量体の相対的割合に影響を与え，HMWの相対的割合を増加させ，MMWの相対的割合を減少させるということが明らかとなった。

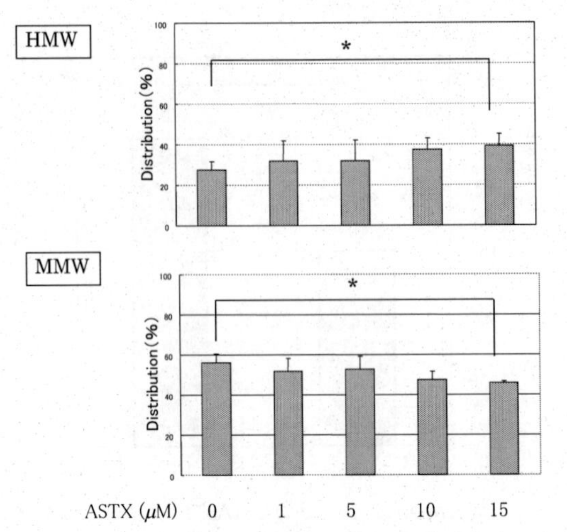

図7　非酸化ストレス下での脂肪細胞におけるアスタキサンチンのアディポネクチン多量体分布に対する効果

2.4 考察

本研究では，分化した3T3-L1脂肪細胞を用い，アスタキサンチンのアディポネクチン分泌に対する効果の検討を行った。これまでに酸化ストレスがアディポネクチンの分泌低下を引き起こすことが報告されており[23]，アスタキサンチンの抗酸化作用がこのアディポネクチンの分泌障害を回復させるのではないかと考え，はじめに過酸化水素による酸化ストレスの存在下でアディポネクチンの分泌に対するアスタキサンチンの効果を検討した。酸化ストレスの存在下ではアディポネクチンの分泌は有意に低下し，そこにアスタキサンチンを同時に添加するとアディポネクチンの分泌低下は濃度依存的に回復した。このことからアスタキサンチンは酸化ストレスによるアディポネクチン分泌低下を改善することが示された。アスタキサンチンは疎水性のため，培地中で過酸化水素と直接反応するとは考えにくく，細胞内で何らかの経路を介して酸化ストレスの影響を抑制し，アディポネクチン分泌の低下を軽減したと考えられる。アディポネクチンの転写活性には，プロモーター領域に存在する peroxisome proliferator-activated receptor γ（PPARγ）-responsive element（PPRE）と liver receptor homolog（LRH）-responsive element（LRH-RE）が重要であり，PPARγと retinoid X receptor（RXR）のヘテロダイマーの PPRE への結合および LRH-1の LRH-RE への結合が PPARγ誘導性のアディポネクチンプロモーター活性を上げ，アディポネクチンの転写を活性化することが知られている[24]。また，nicotinamide adenine dinucleotide（NAD）依存性脱アセチル酵素である SIRT1は PPARγ活性および小胞体膜の酸化還元酵素であるチオール蛋白の Ero1-Lα活性を低下させ，それによりアディポネクチン分泌，特に HMW 分泌が低下し，逆に SIRT1活性の低下は，PPARγ活性および Ero1-Lα活性を上げ，アディポネクチン分泌，特に HMW 分泌が増加することも明らかとなっている[25]。SIRT1は長寿遺伝子と言われる Sirtuin の一つであり，アディポネクチンが Sirtuin とレシプロカルに動くことは，アディポネクチンがSirtuinの機能を代償している可能性を示唆し，興味深い。

過酸化水素による酸化ストレス下では，nicotinamide adenine dinucleotide phosphate（NADPH）oxidaseの活性とsuperoxide dismutase（SOD），glutathione peroxidase（GPX），カタラーゼなどの抗酸化システムの崩壊によりreactive oxygen species（ROS）が産生され，それによりPPARγおよびアディポネクチンのmRNA発現レベルが低下する[23]。アスタキサンチンはヒドロキシル基およびケト基を有する両端と，中心部の炭素二重結合による共役ポリエン鎖の3ヶ所が抗酸化力を発揮する部位であると考えられており，このアスタキサンチンの構造は酸化ストレスにより発生した細胞内および細胞膜のROSの排除に大きく貢献し，今回の脂肪細胞の酸化ストレス下におけるアディポネクチン分泌の回復につながったと考えられる。また，過酸化水素はnuclear factor-kappa B（NF-κB）を活性化させる。この因子はPAI-1遺伝子のプロモーター部位に直接結合し，遺伝子の転写を増加させることが知られている。PAI-1欠損脂肪細胞においてアディポネクチンのmRNA発現が増加するという報告もあり[26]，過酸化水素によるNF-κBの活性化，それに続くPAI-1発現亢進がアディポネクチン発現抑制との関連があると考えられている。すなわち酸化ストレスはROSを介さない，NF-κBおよびPAI-1の経路によってもアディポネクチン発現と分泌の抑制に関連していると言える。このNF-κBに対してアスタキサンチンが抑制効果を持つことが報告されている。すなわち，10または100 mg/kgのアスタキサンチンを与えられたラットはNF-κB陽性細胞の数が非投与群に比べ，有意に少なかった[27]。このことからアスタキサンチンは，アディポネクチンの発現を低下させるように働くNF-κBを抑制することでアディポネクチン発現を回復している可能性がある。

アディポネクチンは多量体によってその効果や作用部位が異なることが知られている。HMWはアディポネクチンの多量体の中で最も活性が高いと考えられており，肝臓での糖新生の抑制と強い関連性を持っている。また，2型糖尿病患者および冠動脈疾患患者においてはHMWの選択的な減少が見られたという報告[14,28]があり，アディポネクチンは，その絶対量だけでなく，各多量体の相対的割合が抗糖尿病，抗動脈硬化作用に重要であること，アディポネクチンの多量体特異的に作用するメカニズムが存在することが示唆される。そこで，今回我々は，分化した3T3-L1脂肪細胞に過酸化水素とアスタキサンチンを投与し，脂肪細胞が培地中に分泌したアディポネクチンの各多量体の相対的割合を検討した。

これまでの報告にあるように，非加熱・非還元下ではアディポネクチンはHMW，MMW，LMWの3つのバンドに分かれた。しかし，過酸化水素を添加した細胞においてはLMWが著明に減少し，検出不可能であった（図5A)。マウスはLMWがヒトよりも有意に低く，その分布は10％以下である[29]。また，肥満モデルマウスでは，LMWの低下が見られることから，LMWのバンドが検出されなかったのは，そもそもの絶対数が少ないのに加え，高濃度の過酸化水素を添加することで肥満の環境に類似し，LMWが減少したためだと考えられる。MMWやHMWの相対的割合に対しては，酸化ストレスによってMMWの増加とHMWの減少が引き起こされた。これは肥満体における反応と同様であった。そこへアスタキサンチンを1～15 μMの範囲で加えるとMMWの減少とHMWの増加が見られた。これは酸化ストレスの影響を打ち消すように働いている。前述のように，HMWの総アディポネクチン量に対する相対的割合やHMWの絶対量は，総アディポネクチン量に比べ，インスリン抵抗性やメタボリックシンドロームをより強く反映することが知られており，今回の検討から，アスタキサンチンの抗糖尿病や抗動脈硬化機序の一つとして，アディポネクチン多量体分布への作用が明らかとなった。

アスタキサンチンと同様に，抗酸化作用を持つビタミンE（tocopherol）とその水溶性誘導体であるTroloxやNACは酸化ストレスの存在下ではアディポネクチンの発現と分泌に影響を与える[30]。しかし酸化ストレスの非存在下では，ビタミンEはアディポネクチン発現を増加させるのに対し，TroloxやNACは効果を持たない。このことから，アディポネクチン発現・分泌に対し，ビタミンEやアスタキサンチンのような脂溶性分子は，酸化ストレスに関係しない，水溶性抗酸化剤が作用できない経路で機能することが示唆される。今回の検討では，過酸化水素の非存在下における総アディポネクチン分泌量は，アスタキサンチンを15 μM加えた群においてコントロール群の約1.7倍まで有意に増加した（図6）。このことから，アスタキサンチンは酸化ストレスを介さない経路でもアディポネクチン分泌を増加させるということが明らかとなった。一つの可能性として，アスタキサンチンは脂肪細胞の大きさにも影響を与えるということが報告されており，SHR/ND mcr-*cp*ラットにおいて白色脂肪細胞の細胞数を有意に増加させ，そのサイズを低下させることが明らかとなっている[21]。このサイズの低下作用がアディポネクチン分泌に関わっているのではないかと考えられる。脂肪細胞のサイズの増大はインスリン抵抗性や糖尿病の進行と強く相関しており，アスタキサンチンにより小さくなった脂肪細胞は分散し，その増殖が抑制されることで抗肥満効果を示し，アディポネクチン分泌を増加させると考えられる。今回，アスタキサンチンによりアディポネクチン分泌が増加したメカニズムにはこのような細胞サイズの変化も関連しているのではないかと考えられる。

今回実験に用いたアスタキサンチンの濃度は1から15 μMである。ヒトにおける研究報告では，アスタキサンチンの代謝について，アスタキサンチンを40 mg経口摂取すると，約8時間後に最高値約130 μg/Lを示し，半減期は約16時間と報告されている。体内への吸収量を表すArea Under the Curve（AUC）は80.8 μM・min/mLとなった[31]。マウスにおける代謝については，500 mg/kgのアスタキサンチンを経口投与すると，6時間後に血中レベルは最高値381 nMを，肝臓での蓄積レベルも6時間後に最高値1735 nMを示したという報告がある[32]。今回実験に用いたアスタキサンチンの濃度は1から15 μM（0.6～8.9 mg/L）の範囲であり，これは生体内で考えられる血中濃度の5～70倍程度であると考えられる。しかし，ラットにおいて100 mg/kgのアスタキサンチンの経口投与8時間後，脂肪組織に分布するアスタキサンチンの量は血漿の4.13倍であるという報告[33]や，ニワトリ（ブロイラー）に2週間アスタキサンチンを連続投与すると小腸，皮下脂肪，内臓脂肪，脾臓，肝臓，心臓，腎臓，皮膚，筋肉の順でアスタキサンチン濃度が多かった[34]という報告もある。以上より，今回設定した濃度は組織におけるアスタキサンチンの効果を調べるためには妥当であると考える。

2.5　おわりに

これまでにアスタキサンチンの抗糖尿病，抗動脈硬化作用が示されてきたが，その効果発現機序として，脂肪細胞からのアディポネクチン分泌回復あるいは亢進作用とアディポネクチンの多量体分布への影響が明らかとなった。今後，アスタキサンチンの効果の，分子レベルでの詳細なメカニズムの解明と，アスタキサンチンのメタボリックシンドロームなどにおける，より広い臨床応用が期待される。

謝辞

本研究は大阪大学大学院医学系研究科保健学専攻で行われたものであり，精力的に研究に取り組んだ村川真有美氏，瀬川智子氏，千須和直美氏，アスタキサンチンに関してご教示頂いた富士化学工業㈱高橋二郎氏，研究全般のご指導を頂いた大阪大学西澤均先生，木原進士先生，船橋徹先生，山村卓先生に深謝いたします。

文　　献

1) Matsuzawa Y. *et al., Arterioscler. Thromb. Vasc. Biol.*, **24**, 29 (2004)
2) Zhu N. *et al., J. Clin. Endocrinol. Metab.*, **95**, 5097 (2010)
3) Kamigaki M. *et al., Biochem. Biophys. Res. Commun.*, **339**, 624 (2006)
4) Arita Y. *et al., Biochem. Biophys. Res. Commun.*, **257**, 79 (1999)
5) Ouchi N. *et al., Circulation*, **100**, 2473 (1999)
6) Arita Y. *et al., Circulation*, **105**, 2893 (2002)
7) Ouchi N. *et al., Circulation*, **103**, 1057 (2001)
8) Maeda N. *et al., Nat. Med.*, **8**, 731 (2002)
9) Maeda N. *et al., Biochem. Biophys. Res. Commun.*, **221**, 286 (1996)
10) Nakano Y. *et al., Biochem. J.*, **120**, 803 (1996)
11) Neumeier M. *et al., J. Leukoc. Biol.*, **79**, 803 (2006)
12) Schober F. *et al., Biochem. Biophys. Res. Commun.*, **361**, 968 (2007)
13) Waki H. *et al., J. Biol. Chem.*, **278**, 40352 (2003)
14) Kobayashi H. *et al., Circ. Res.*, **94**, 27 (2004)
15) Seino Y. *et al., Metabolism*, **58**, 355 (2009)
16) Wang Y. *et al., J. Biol. Chem.*, **277**, 19521 (2002)
17) Halberg N. *et al., Diabetes*, **58**, 1961 (2009)
18) Yu JG. *et al., Diabetes*, **5s1**, 2968(2002)
19) Furuhashi M. *et al., Hypertension*, **42**, 76 (2003)
20) Nakamura T. *et al., Atherosclerosis*, **193**, 449 (2006)
21) Hussein G. *et al., Life Sciences*, **80**, 522 (2007)
22) Yoshida H. *et al., Atherosclerosis*, **209**, 520 (2010)
23) Furukawa S. *et al., J. Clin. Invest.*, **114**, 1752 (2004)

24) Iwaki M. *et al., Diabetes,* **52**, 1655 (2003)
25) Qiang L. *et al., Mol. Cell. Biol.*, **27**, 4698 (2007)
26) Liang X. *et al., Am. J. Physiol. Endocrinol. Metab.,* **290**, 103 (2006)
27) Suzuki Y. *et al., Exp. Eye Res.*, **82**, 275 (2006)
28) Aso Y. *et al., Diabetes,* **55**, 1954 (2006)
29) Schraw T. *et al., Endocrinol,* **149**, 2270 (2008)
30) Landrier JF. *et al., Endocrinol.,* **150**, 5318 (2009)
31) Odeberg JM. *et al., Eur. J. Pharm. Sci.,* **19**, 299 (2003)
32) Showalter LA. *et al., Comp. Biochem. Physiol. C. Toxicol. Pharmacol.,* **137**, 227 (2004)
33) Choi HD. *et al.,. Br. J. Nutr.*, **105**, 220 (2011)
34) Takahashi K. *et al., Br. Poult. Sci.*, **45**, 133 (2004)

3　メタボリックシンドロームとアスタキサンチン

矢澤一良*

3.1　肥満とメタボリックシンドローム

肥満とは，「脂肪組織が過剰に蓄積した状態」であり，肥満症とは「肥満に起因ないし関連する健康障害を合併するか，その合併が予測される場合で，医学的に減量を必要とする病態をいい，病気として取り扱う」と定義されている[1)]。つまり，肥満に関連した疾病を合併した場合，減量して病態を改善することが望ましいとされている[2)]。

近年，食生活の欧米化や運動不足，ストレスなどの影響により，肥満をはじめ脂質代謝異常症，糖尿病，高血圧症などの生活習慣病患者が増加している。特に内臓脂肪の過剰な蓄積はメタボリックシンドロームの発症，進展に大きく関わっている。内臓脂肪の蓄積により，門脈を介して肝臓へ遊離脂肪酸（FFA）とグリセロールが過剰流入する。肝臓へ取り込まれたFFAは中性脂肪合成促進，リポ蛋白分泌亢進による脂質異常症を発症させ，グリセロールはグルコース合成促進によってインスリン抵抗性を引き起こす。

また，最近では内臓脂肪細胞からアディポネクチン，レプチン，TNF-α，PAI-1，アンジオテンシノーゲンといった様々な生理活性物質（アディポサイトカイン）が分泌されることが報告されており，内臓脂肪の過剰な蓄積によって，アディポサイトカインの分泌バランスが崩壊し，メタボリックシンドロームを引き起こすことがわかっている。例えば過度の内臓脂肪蓄積によってTNF-αが多量に分泌され，アディポネクチンが減少することでインスリン抵抗性の原因となる。また，PAI-1が脂肪細胞から多量に分泌されることによって血栓形成につながる。内臓脂肪細胞だけでなく皮下脂肪細胞もアディポサイトカインの調節に関わっており，メタボリックシンドロームはただ単に多数のリスクファクターが偶然に集積したのではなく，内臓脂肪の蓄積がリスク重積の上流に成因基盤として存在していることが報告されている。

つまり，内臓脂肪の蓄積が起点となって，様々な疾患が引き起こされ，これらの疾患が合併することによって生活習慣病が発症し，その結果，動脈硬化性疾患である心筋梗塞や脳梗塞の発症リスクを高める。したがって，メタボリックシンドロームや生活習慣病の予防は動脈硬化性疾患への進展を防止するために非常に重要である。

3.2　肥満の判定

肥満の判定をするためには，厳密に体脂肪量を測定して判定すべきである。体脂肪の測定には，いくつかの方法があるが，現在最も一般的なものはインピーダンス式の体脂肪測定である。これは，体中の水分と脂肪の電気抵抗の違いから，脂肪の割合を予測する方法であるが，入浴，食事，時間帯などで値が変動するので，同じ時間に図る必要がある。よって正確かつ簡便に体脂

---

*　Kazunaga Yazawa　東京海洋大学　特定事業「食の安全と機能（ヘルスフード科学）に関する研究」プロジェクト　特任教授

肪量を測定する方法はない。そのため，1997年に世界保健機関（WHO）により提言されたガイドラインにならって体格指数の一つであるBody Mass Index【BMI，体重(kg)÷{身長(m)}^{2}】を用いて肥満を判定することとし，国際的にも急速に問題化している肥満の健康障害に対して，世界的な肥満対策を行うことを決定した。WHOの肥満の判定基準に従うと，日本人は諸外国と比較して肥満者（BMI≧30）の割合が低く，生活習慣病の増加との関連を見出せなかったため，日本人に適切な肥満の判定を日本肥満学会肥満症診断基準検討委員会が発表した。

3.3 日本人の肥満の変遷と現状

2009年度国民健康・栄養調査によると，20歳以上の日本における肥満者の割合は，男性30.5%，女性20.8%，全体で25.7%であり，実におよそ4人に1人が肥満であるということになる。この傾向は2007年度から継続しており，男性ではすべての年齢層において20年前，10年前と比較すると肥満者の割合が年ごとに増加している。一方，女性に関しては，近年のダイエットブームにより低体重（やせ）の割合が増加傾向にあるが肥満者の割合は横ばい傾向にある。

このように肥満者が増加している背景には，過食および身体活動不足，遺伝的要因などが関係していると考えられる。国民健康・栄養調査の結果では，国民一人当たりの平均摂取エネルギーは男女とも年々減少傾向にある。また，脂質の摂取量も横ばいの状況であるが，エネルギー摂取の減少との関係から脂質エネルギー比は高くなる傾向にある。脂質エネルギー比率が30%を超えている者の割合は，男性で20%，女性では27.6%である。身体活動量については同じく国民健康・栄養調査において歩行数の調査が実施されており，2009年度の一日当たりの歩数平均値は男性7214歩，女性6352歩で6年前と比較すると減少している。その他にも不規則な食生活，ストレスによる過食など現代社会には肥満を助長する要因が多数存在する。

肥満者の増加は，肥満が原因で生活習慣病を発症し，さらにそれが合併したメタボリックシンドロームを引き起こす人が増加する可能性があることを意味している。

3.4 予防医学とヘルスフード

生活習慣病を増加させる主要因であるバランスの悪い食生活や社会環境の中で，肥満者が増加している現状から肥満を改善するのは非常に困難である。そこで，普段の食生活にヘルスフードを取り入れ，肥満を未然に予防する，現状からさらに肥満を悪化させないようにするといった予防医学的な食生活を目指すことが一つの実行しやすい改善策であると考えている。これは，悪くなった病気を治す「治療医学」よりも，病気になる時期を遅らせるという「予防医学」の考えに基づいている。ヘルスフードはこれからの医療（予防医学），QOL（Quality of Life）の維持・改善に重要な役割を果たしている。ヘルスフードとは単に健康食品ではなく，以下の条件を満たしたものをいう。

①有効性が科学的に証明されていること（薬理学的にヒト臨床試験で統計的に有意差がある）。

②安全性が確保されていること（できれば食経験があることが望ましい）。

③作用メカニズムが解明または推定可能であること。
以上の3点が十分に満たされたものを信頼のおける機能性食品素材と評価すべきであり，今日の肥満対策として有用になりうると考えている。

本稿では，研究室で得られた研究成果に基づき，アスタキサンチンによるメタボリックシンドロームの予防改善が可能かどうかを探る。

3.5　自然界におけるアスタキサンチン

サケは元来「白身魚」である。海洋を回遊している間の動物プランクトン摂取により，食物連鎖による赤い色素を筋肉中に蓄積する変わった魚である。このサケのもう一つの特徴は川を遡上する習性があることであり，遡上という過激な有酸素運動を継続できる機能を有していることである。この過激な運動や同時に筋肉中に発生する活性酸素に耐えることができるメカニズムが赤い色素のアスタキサンチンの生理機能である。

アスタキサンチンは，赤橙色を呈するカロテノイドの一種でキサントフィル類に分類される天然物であり，主に海産物の筋肉や体表に多く含まれている。サケの魚肉部分や，サケ卵のイクラやスジコもアスタキサンチンが多く含まれている。またタイやキンメダイ，メバル，キンキ，ニシキゴイ，金魚といった魚の表皮や，エビ，カニの甲殻や身の赤色もアスタキサンチンによって生み出されている。

アスタキサンチンは，活性酸素の中でも特に毒性の強い「一重項酸素」の酸化反応と，体内の組織細胞を連鎖的に障害していく「過酸化脂質」の生成を抑える力が強いことがわかっている。体内で発生した活性酸素はLDLコレステロールのみならず，血管壁そのものも攻撃するが，これも動脈硬化を促す原因となる。血管の老化（動脈硬化）が進むと血行が悪くなり，様々な病気が発生しやすくなる。アスタキサンチンの抗酸化力は，活性酸素の攻撃から血管壁を守るうえでも有効である。

アスタキサンチンの生理活性は先ずその強力な抗酸化活性に由来するものである。

3.6　アスタキサンチンの持久力向上・抗疲労作用

運動とは，体内の栄養源をもとにして燃焼させることでエネルギーを産生することである。燃焼は酸素による酸化反応であり，体内で消費される酸素の内2～3％は活性酸素に変わると言われている。従って予防医学上必要な運動・スポーツには活性酸素の自動的産生が避けられない。また，近年疲労物質として知られてきた乳酸は糖質代謝による運動の結果を示すもので疲労物質ではなく，その本体は細胞障害（筋肉細胞障害）を起す活性酸素であることが知られてきた。アスタキサンチンは活性酸素のスカベンジャーであり，筋肉疲労改善をメカニズムとする持久力向上・抗疲労作用を有する。

持久力向上・抗疲労作用を検討するために，マウスの遊泳実験を行ったところ，アスタキサンチン長期投与により，マウスの遊泳時間が延長し（図1），血液中乳酸値の上昇を抑制した。また，運動負荷による肝臓および筋肉のグリコーゲン量の減少が少なく，運動時の遊離脂肪酸の上昇が認められ，長期投与により内臓脂肪の減少が認められた。これらのことから，アスタキサンチンは運動時に糖代謝よりも脂質代謝を促進させ，それがエネルギー源となり持久力向上・抗疲労作用を有していることが示唆された。この作用は他の抗酸化成分と比較しても強力であった。主なメカニズムは，脂肪酸β酸化の律速酵素の活性化とTCAサイクルの律速酵素の活性化と推定されている（図2）。

筋疲労抑制作用などから，近年問題提起されているロコモティブシンドローム（運動器機能低下症候群）の予防と対策に効果が期待できる。

さらに最近眼疾患分野で最もトピックスとなっているのが，アスタキサンチンの眼精疲労を改善する作用である。眼精疲労は毛様体筋の疲労による調節機能の低下が原因である。アスタキサンチン投与のヒト臨床試験（プラセボコントロールによる二重盲検試験のメタアナリシス）結果より，1日6 mgの摂取にて有効であることが示された（第5章）。

3.7　アスタキサンチンのメタボリックシンドローム予防（抗肥満作用）

高脂肪食肥満モデルマウスを用い，アスタキサンチンの抗肥満作用試験を行った。

ddYマウス4週齢の雌を，1週間の予備飼育後，標準食群，高脂肪食（食事中脂肪分40%）群，高脂肪食＋アスタキサンチン1.2 mg/kg，6 mg/kg，30 mg/kgの5群に群別した。サンプルのアスタキサンチンはオリーブオイルに溶解し，60日間強制経口投与を行った。その結果，アスタキサンチン6 mg/kg，30 mg/kg投与群は，高脂肪食群と比較し，有意に体重増加の抑制が認められた（図3）。60日間の高脂肪食群の摂餌量には差は認められなかった。また，脂肪組織重量は，高脂肪食群は標準食群と比較し有意に増加し，アスタキサンチン投与群では用量依存的に増

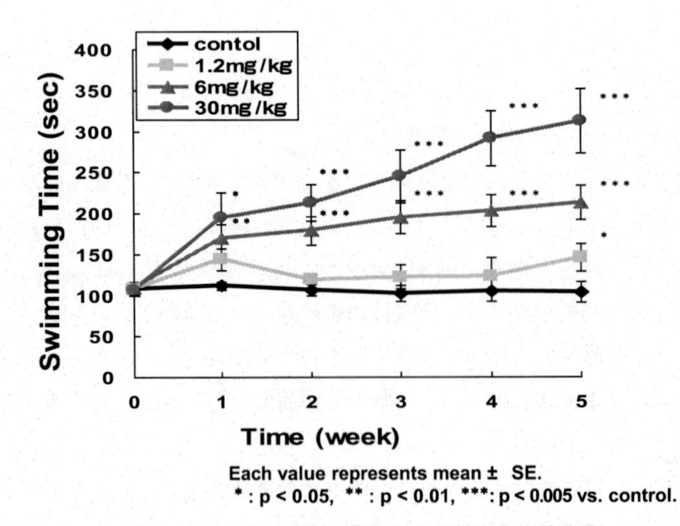

図1　アスタキサンチン投与による持久力増強作用

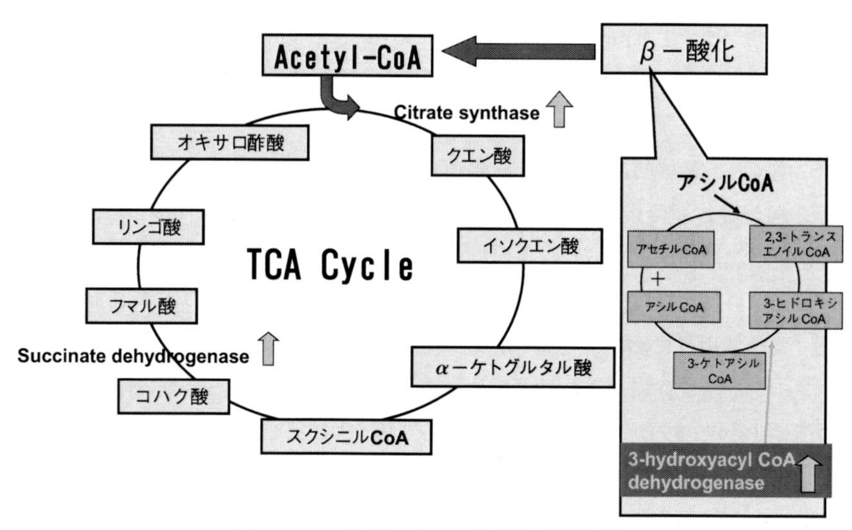

図2　アスタキサンチンによる脂質代謝促進

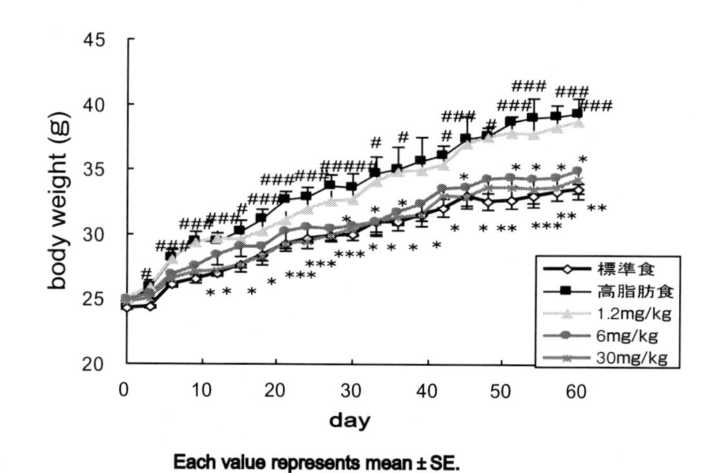

図3　アスタキサンチンの抗肥満作用

加抑制した。肝臓重量も，アスタキサンチン投与群では有意に増加抑制が認められた。肉眼的に見ても，高脂肪食群は脂肪肝を呈しており，アスタキサンチン投与群では抑制しているのがわかる。実際に肝臓中TGを測定したところ，6 mg/kg，30 mg/kg投与群では有意に増加を抑制した。

これまでの筆者の研究で，アスタキサンチン投与により運動時に遊離脂肪酸の増加が認められていることから，運動することでより脂肪燃焼を高めるのではないかと推測し，高脂肪食肥満モデルマウスに運動負荷を加える実験を行った。ddYマウス4週齢の雌を，1週間の予備飼育後，運動群と非運動群に分け，上述の実験と同様に標準食群，高脂肪食（食事中牛脂40%）群，高脂肪食＋アスタキサンチン1.2 mg/kg，6 mg/kg，30 mg/kg の計10群に群別した。サンプルのアスタキサンチンはオリーブオイルに溶解し，60日間強制経口投与を行った。運動群にはトレッドミルを用いて運動負荷を加えた。トレッドミルに馴れさせるため，運動時間は15分から開始し，毎日５分ずつ増やし，最終的には，40分間の運動を行わせた。その結果，アスタキサンチン投与に運動負荷を加えると，より早い時期から体重増加抑制が認められ，1.2 mg/kg 投与群においても有意に体重増加抑制が認められた。

これらのことから，運動負荷を加えることによりアスタキサンチンの体重増加抑制作用がさらに増強され，また低用量においても効果が認められ，相乗効果が確認された。別の研究により，アスタキサンチンは脂質代謝（脂肪酸β酸化）の活性化とエネルギー産生の律速となるクエン酸サイクルの活性化がそのメカニズムの一部であることが明らかになり，これらの結果は，内臓脂肪の蓄積増加を起点とするメタボリックシンドロームの予防や改善（ダイエット）にアスタキサンチンが有効であるばかりでなく，抗疲労やスポーツ機能向上などに有効であることを示唆するものである（図４）。このことは，最近のロコモティブシンドロームの改善・予防や老人性疾患であるサルコペニア（筋減弱症）予防にもつながるものであり，今後の予防医学や健康維持増進になくてはならない第７の栄養素とも言えるものである。

糖尿病になると，体内で活性酸素の産生が高まることがわかっていて，これが合併症を引き起こす原因になっている。体内に活性酸素が増えると，インスリンを分泌する脾臓の細胞（β細胞）が障害されやすくなるが，それを防ぐうえでアスタキサンチンの抗酸化力が有効である。またすでに糖尿病発症の場合でも，日常的にアスタキサンチンを摂取すると，活性酸素によって引き起こされる合併症（腎疾患・神経疾患・白内障）の予防に有効である。糖尿病を発症させたラットを２つのグループに分け，一方にだけアスタキサンチンを与えながら４ヶ月にわたり飼育した結

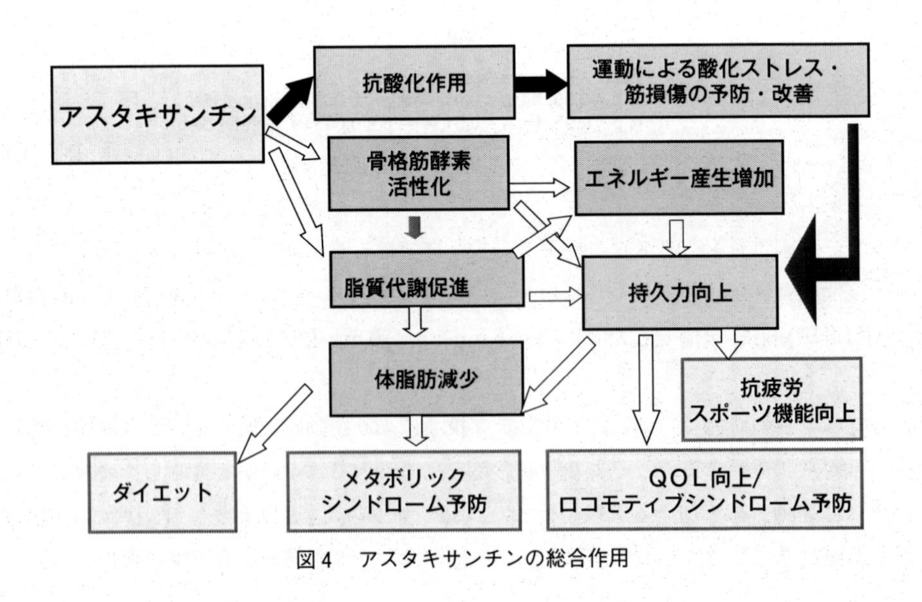

図４　アスタキサンチンの総合作用

果，対照群に比べてアスタキサンチンを投与したラットの血糖値上昇が抑えられた。また，肝臓中の抗酸化酵素（SOD）活性の低下抑制，肝臓中の過酸化脂質量抑制，また白内障の進行抑制などが観察された。糖尿病の食事療法にアスタキサンチンを取り入れていけば，糖尿病やその合併症の発症の予防に非常に有効であると言える。

3.8　アスタキサンチンの今後の開発

健康寿命を延ばして，医療費を抑制する目的においては「メタボリックシンドローム」や「ロコモティブシンドローム」の予防や改善が有効であり，「知的食生活」を実践することが重要である。少子高齢社会，ストレス社会，あるいは食の欧米化社会となった現代のわが国においては，栄養学的・食品学的視点から，疾病の発症時期を大幅に遅らせようとする予防医学が重要と考えられてきており，団塊世代が前期高齢者を目前としており，今後ますますアンチエイジング・ヘルスフードとしての需要が高まると考えられる。

「ヘルスフードの３要件」即ち，科学的根拠・安全性・作用メカニズムのエビデンスを十分に満たしている素材がアスタキサンチンであり，現在急速に研究と開発が進んでいる。ヘマトコッカス藻の培養によるアスタキサンチンの工業的増産により，研究素材として多くの研究者が取り組み，食品系，農芸化学系，水産系，薬学系，栄養学系，臨床系の研究者からの研究発表が急増している。

一般消費者向けの市場性も，近年最も急速に伸びた素材として評価され，多種多様の商品が開発・発表されている。特に最近米国での製品化が著しい。サプリメントや飲料，一般食品への添加・強化，化粧品への応用など，今後もますます大きな市場を持つ可能性が高い素材として評価できる。また特定保健用食品として申請途上のものもある。

今後アスタキサンチンのような真に科学的根拠に基づくものであれば，国民の信頼を受け，ヒトの健康維持や予防医学に貢献するものとなると確信している。

文　献

1）　矢澤一良編著，水産・海洋ライブラリ９／ヘルスフード科学概論，成山堂書店（2003）
2）　矢澤一良著，マリンビタミン健康法，現代書林（1999）

参考文献

・矢澤一良著，驚きのアスタキサンチン効果，主婦の友社（2001）
・矢澤一良編著，アスタキサンチンの科学，成山堂書店（2009）
・矢澤一良著，マリンビタミンで奇跡の若返り，PHP 出版（2010）

4 脂肪肝とアスタキサンチン

太田嗣人*

4.1 はじめに

2型糖尿病やメタボリックシンドローム患者は世界的に急増しグローバルな社会問題となっている。それに伴い肝臓のメタボリックシンドロームといわれる非アルコール性脂肪性肝疾患（nonalcoholic fatty liver disease; NAFLD）は増加し，先進国の成人の4，5人に1人と推定される。NAFLDは単純性脂肪肝と非アルコール性脂肪肝炎（nonalcoholic steatohepatitis; NASH）からなるが，両疾患の予後は大きく異なる。脂肪化に続いて炎症・線維化が起こるNASHは肝硬変・肝癌に進展しうる。食生活の欧米化といったライフスタイルの変化と共に増加してきたNAFLDでは，その発症予防および脂肪肝からNASHへの進展阻止は，医学のみならず栄養学，農学など領域を越えた重要な課題といえる。本節では，インスリン抵抗性や酸化ストレスなどのNAFLDの基本的病態や治療法，抗酸化をはじめとする多彩な機能性を有するアスタキサンチンによるNAFLDの予防効果について解説する。

4.2 非アルコール性脂肪肝（NAFLD）の定義と分類

脂肪性肝疾患fatty liver diseaseとは肝細胞に中性脂肪が沈着して，肝障害をきたす疾患の総称である。組織学的には30%以上の肝細胞に脂肪滴が認められるものを脂肪肝とする[1)]。脂肪肝の原因には栄養性，薬剤性，代謝性，遺伝性などあるが，主として，アルコール性と非アルコール性に大別される。

1980年，Ludwigは，多飲歴がない（週1回以下）にもかかわらず，組織学的にアルコール性肝炎に類似し肝硬変へ進展する原因不明の20例を集め，NASHという疾患概念を新たに提唱した[2)]。1986年，Schafferは，飲酒歴がない（20g以下/日）にもかかわらずアルコール性肝障害に類似した肝組織像を示す多岐の成因による疾患群を，まとめてNAFLDとして報告している[3)]。

NAFLDは組織診断上，肝細胞の脂肪沈着のみを認める単純性脂肪肝simple fatty liver/simple steatosisと脂肪化に壊死・炎症や線維化を伴う脂肪性肝炎steatohepatitisに大きく分かれる（図1）。臨床上は，病歴で明らかな飲酒歴がなく，肝組織で壊死・炎症や線維化を伴う脂肪性肝炎を認める症例をNASHと呼んでいる。NASHはNAFLDのステージの一部であり，NAFLDの重症型と考えられている。

4.3 NAFLD・NASHの疫学

欧米先進国の成人の4，5人に1人はNAFLDと推定される[4)]。わが国でも検診受診者の20～30%に脂肪肝が認められ，肥満人口の増加に伴い脂肪肝は増加し，脂肪肝症例の70%以上は

* Tsuguhito Ota　金沢大学　脳・肝インターフェースメディシン研究センター　准教授

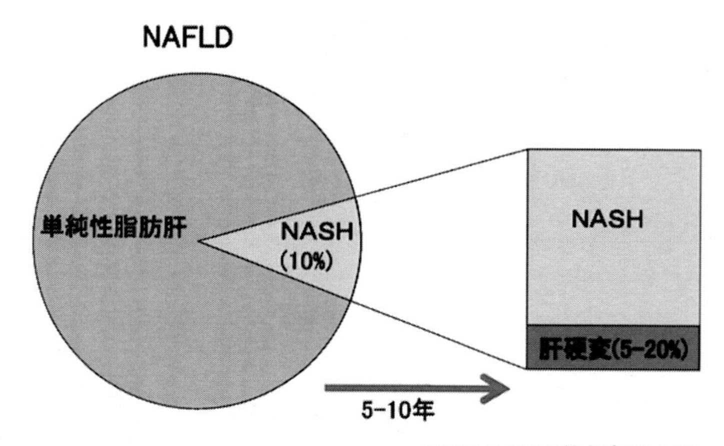

図1　NAFLDとは

肥満を伴っている。NAFLDの約80%は男性であり，50歳までのNAFLDは男性に多いが，50歳以上では女性の頻度が増加する。NAFLDの脂質異常症，高血圧，高血糖の合併率は，各々約50%，30%，30%で，メタボリックシンドロームの合併率は約40%である。

NASHの頻度は少なくとも成人の0.5～1%と推定されている。女性は男性に比べ，NASHへと進行する率が高く，脂肪肝からNASHまでの期間も短いと推定される。NASHでの脂質異常症，高血圧，高血糖の合併頻度は各々約60%，60%，30%で，メタボリックシンドロームの合併率は約50%である。一方，わが国の糖尿病患者の20～25%はNAFLDを合併し，うち30～40%以上はNASHと推測されている[5]。

4.4　NAFLDの基本的病態

4.4.1　インスリン抵抗性

メタボリックシンドロームの70～80%はNAFLDまたはNASHを合併していることが報告され，現在ではNASHはメタボリックシンドロームの肝臓における表現型として認識されている。NAFLD/NASHとメタボリックシンドロームに共通する病態としてインスリン抵抗性がある(図2)。インスリン抵抗性とはインスリン感受性が低下し，糖代謝に対するインスリン作用が十分発揮されない状態であり，反応性に膵β細胞からのインスリン分泌が亢進し，高インスリン血症を呈する。NAFLDにおけるインスリン抵抗性は肥満や糖尿病とは関係なく生じている場合があり，肝への脂肪蓄積はインスリン抵抗性の独立した要因であることが知られている。一方，著者らは，肥満糖尿病ラットに食餌性にNASHを誘導したモデルでは，肝臓の脂肪化のみならず炎症，線維化が促進しNASHが進展すること，反対に，インスリン抵抗性を減弱させると脂肪肝炎が改善することを実験的に明らかにしている[6]。また，糖尿病を合併したNASH患者において，インスリン抵抗性の改善に伴い，NASHの進展が抑止されることが示されており[7]，インスリン抵抗性は脂肪肝炎の成因として深く関与しているといえる。

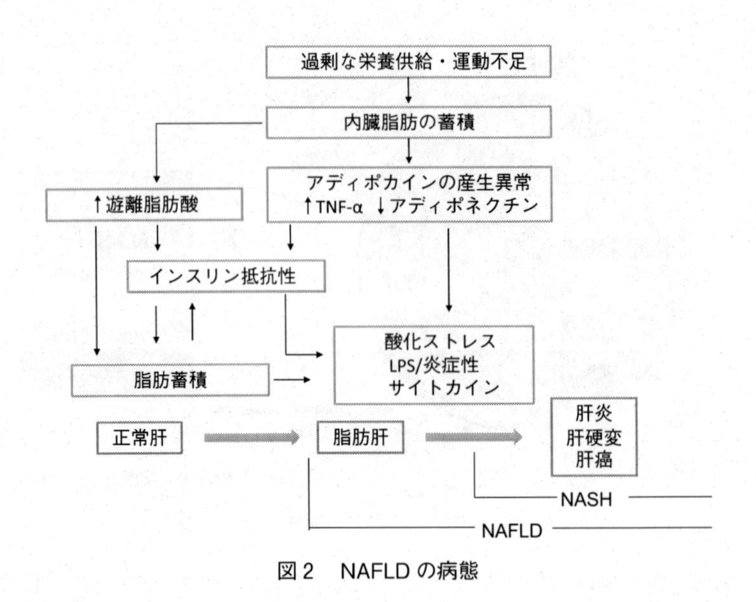

図２　NAFLD の病態

4.4.2　リポトキシシティ

肝臓はコレステロール，脂肪酸，中性脂肪（TG）などの脂質代謝の中心臓器である。脂肪組織の蓄積能を超えた過剰な栄養供給は，脂肪組織以外の臓器に中性脂肪を蓄積させることから，NAFLD は肝臓に異所性に脂肪が蓄積された状態である。すなわち NAFLD/NASH は個体の脂質過剰状態がもたらす肝臓のリポトキンシティといえる。肝に蓄積する TG は脂肪酸から変換・合成されたものであり，TG として貯蔵されることによって脂肪酸の蓄積による細胞，臓器レベルの障害を防御する生理的意義がある。また，TG の蓄積はインスリン抵抗性を増大させないという観点から，TG 自体はリポトキンシティを起こす本体ではないといえる。著者らは，コレステロール食を負荷したマウスでは，肝臓に強い酸化ストレス（過酸化脂質修飾蛋白）が惹起され，インスリン感受性の減弱と肝細胞変性，炎症，線維化が誘導され NASH が進展することを見出している[8]。インスリン抵抗性を基盤に，肝臓に蓄積する脂質とその代謝産物による「量」・「質」の変化とそれに伴う過剰なストレス応答が NASH の基本的病態にあると考えられる。

4.5　NASH の発展：脂肪化から炎症へ

NASH 発症の成立機序として，肥満，糖尿病，脂質異常症等による肝細胞への TG 沈着（脂肪肝）が起こり（first hit）さらに，酸化ストレスやアディポサイトカインが誘発され，肝細胞障害要因（second hit）が加わり，NASH が発症するという two-hit theory が広く指示されている（図３）[9]。脂肪化から炎症への進展に関わる2nd hit の代表的な因子として，①酸化ストレスと②アディポサイトカインが挙げられる。

①　酸化ストレス

過酸化水素（H_2O_2），ヒドロキシラジカル（･OH）などの活性酸素種（reactive oxygen species,

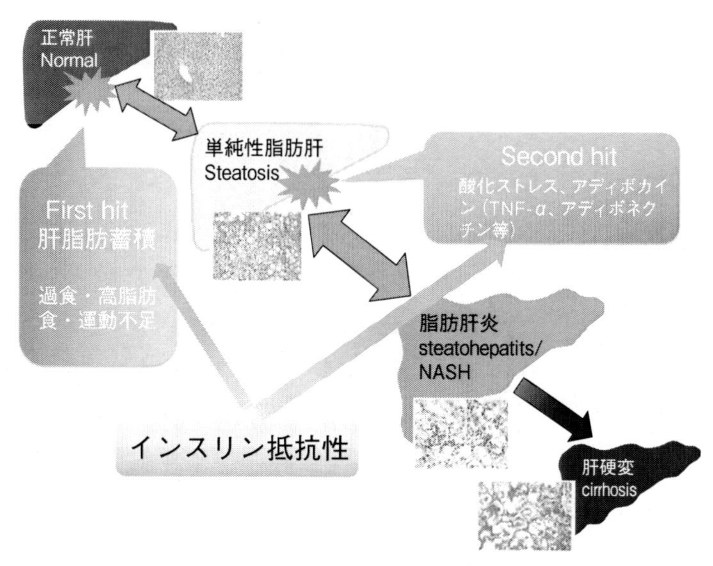

図３　NAFLD の進展機序：two-hit theory

ROS）の産生が，その消去系を上回り，DNA・脂質・タンパク質などが過剰な酸化を受けて障害される状態であり，肝細胞死・肝細胞癌発癌の原因となる。さらに，酸化ストレスによって生じる脂質過酸化物は，コラーゲンを産生する肝星細胞を活性化させ，肝線維化を誘導する（図２）。

②　アディポサイトカイン

⑴　Tumor necrosis factor（TNF）-α

TNF-αは，炎症性サイトカインであり，インスリン抵抗性を増大させる。肥満者では血中TNF-αが増加しており，その由来は脂肪組織に浸潤したマクロファージであることが報告されている[10]。NASH では，脂肪組織の TNF-αレベルの上昇と肝臓での TNF 受容体の発現増加が認められており[11]，肝星細胞を活性化させ，線維化を進展させる重要な因子であると考えられている（図２）。

⑵　アディポネクチン

アディポネクチンは肥満によりその血中濃度が低下し，内臓脂肪量と強い逆相関を示す。メタボリックシンドロームの発症に抑制的に働く「善玉」のアディポサイトカインである。アディポネクチン欠損マウスでは肝線維化が促進されること[12]，NASH 患者においてアディポネクチン受容体の一つである adipoR Ⅱの遺伝子発現の低下が報告されている。NASH 患者においても，アディポネクチンの低下は肝臓における炎症・壊死と独立した関連性を示す[13]。

4.6　NAFLD の予後

NASH の予後は未だ不明な点が多いが，肝硬変の進行は，５～10年の経過観察で５～20％と報告されている。経過を追った肝生検の比較検討では，平均観察期間３～６年で NASH 肝生検

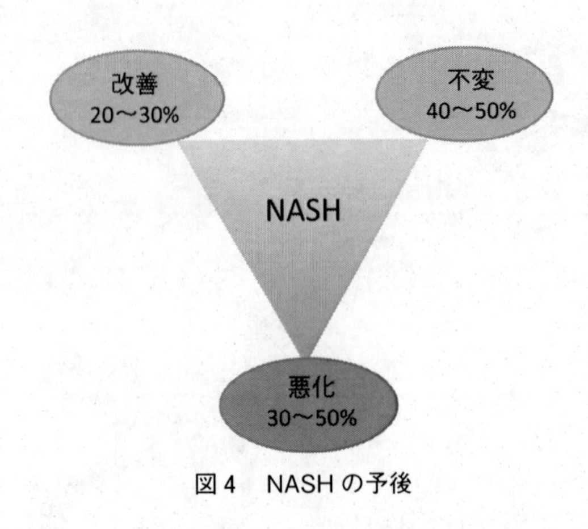

図4　NASHの予後

所見の変化は，40～50%が不変，30～50%が悪化，20～30%が改善する（図4）。

また，2007年のわが国の報告では，糖尿病患者18,385例の死因は虚血性心疾患（10.2%）がトップであったが，肝癌（8.6%）と肝硬変（4.7%）を合わせた肝疾患は13.3%と最も多かった[14]。日本人の糖尿病患者の8人に1人は肝疾患で死亡していることは注目すべき事実であり，その背景にNAFLD・NASHの増加が指摘されている。

4.7　NAFLDの治療

ここまで述べてきたインスリン抵抗性や過剰なストレス応答の病態における重要性から，NAFLD/NASHに有効と考えられる治療法を示す（図5，6）。NAFLD/NASHは，肥満，糖尿病，脂質異常症あるいはメタボリックシンドロームを少なくとも50%以上に合併しており，食事療法や運動療法などのライフスタイルの改善が最も重要である。その反面，NAFLD/NASHの薬物治療は未だに確立されていない。例えば，肝胆道疾患によく使用されるウルソデオキシコール酸（UDCA）は無作為対照比較試験（RCT）においてNASHに対する有効性が示されていない。これまで，NASHへの有用性を病理組織学的に確認された治療薬として糖尿病や脂質異常症の治療薬，抗酸化剤が挙げられる。食品とも深い関わりのある，代表的な抗酸化物質であるビタミンE（α-tocopherol）はNAFLD/NASHに対する有用性が比較的多く報告されている。非糖尿病患者のNASHに対する最近のRCTでは，ビタミンE投与群ではプラセボ群に比べて炎症を中心に組織学的に有意な改善がみられたが，ピオグリタゾンの効果は乏しいという興味深い結果が得られている[15]。

4.8　アスタキサンチンによる脂肪肝の予防

高脂肪食肥満モデルマウスにおいて，アスタキサンチンは容量依存性に体重を減少させ，肝臓TG含量をさせており，抗肥満作用と単純性脂肪肝の抑制作用があることが知られている[16]。著者らは現在，ビタミンEの250倍という強力な抗酸化力があるアスタキサンチンをはじめ（図

- 食事・運動療法（過栄養・肥満の是正）
- インスリン抵抗性の改善（チアゾリジン誘導体、メトホルミン）
- 脂肪酸β酸化促進（フィブラート）
- n3-多価不飽和脂肪酸（魚油：EPA, DHA）
- 抗酸化療法（Vitamin E、瀉血）
- 抗炎症・線維化作用
- 小胞体ストレス阻害？

図5　NAFLD/NASH の治療法

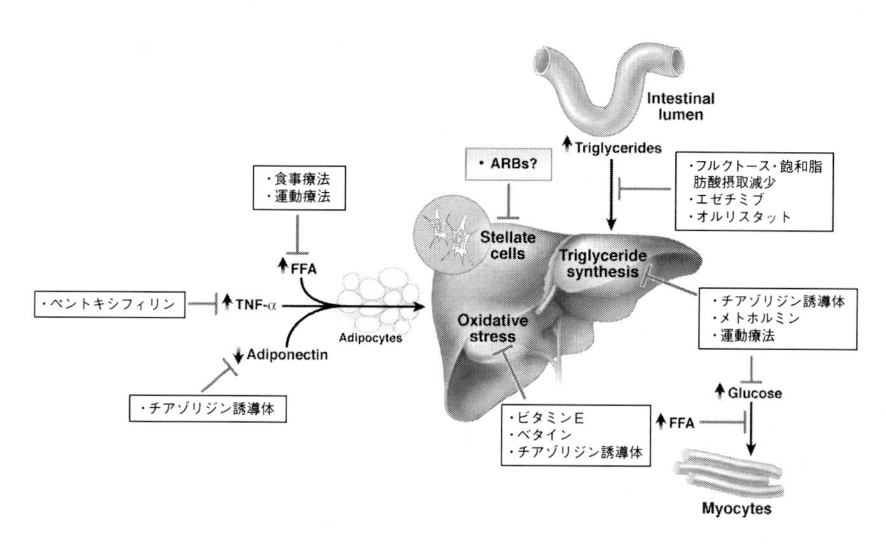

Gastroenterology 134:1682-1698, 2008より改変

図6　NAFLD/NASH の治療の作用部位

7），野菜・果物・魚介類に多く含まれるカロテノイドの抗炎症，抗酸化作用に着目し（図8），モデル動物を用いてNASHの進展予防効果を現在検証している。なかでもアスタキサンチンはNASHモデルにおいて，強い抗酸化力を背景に脂質過酸化を抑制し，肝臓の脂肪化を抑制すること，さらに，肝臓でのインスリン感受性を増大させ，炎症，線維化の進展を阻止することを見出し，現在その作用メカニズムの解析を行っている（図9）。食生活の変化と共に増加してきたNAFLD/NASHでは，糖尿病薬や高脂血症改善薬，抗炎症・線維化等のある既存の薬剤に比し，天然界に広く分布する身近な食素材や食品因子に，早期の段階からNASHの進展を予防する可能性があるのかもしれない。

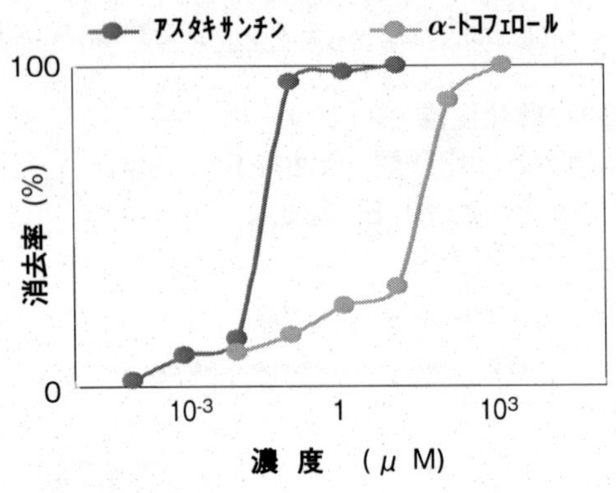

Miki W et al, Pure & Appl. Chem., 63, 141-146, 1991

図7　アスタキサンチンはビタミンE（α-トコフェロール）の250〜500倍の抗酸化能を有する

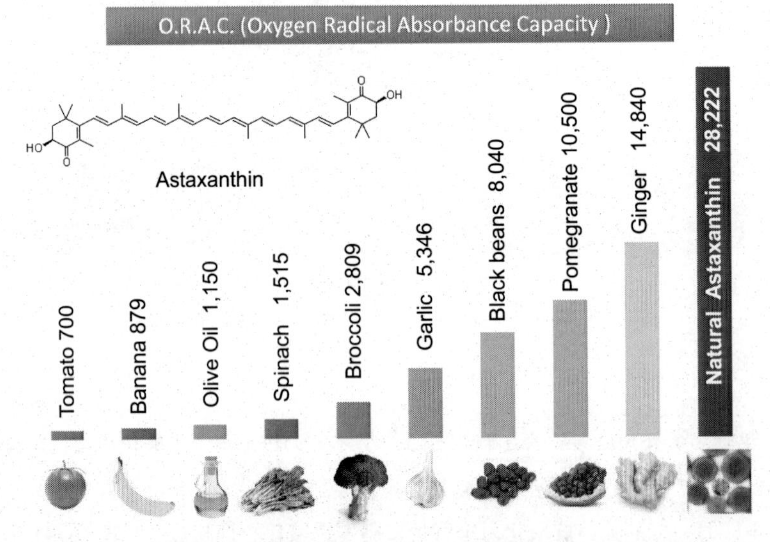

ORAC Selected Foods - 2007, Nutrient Data Laboratory, Beltsville Human Nutrition Research Centerより改変

図8　食品の抗酸化力

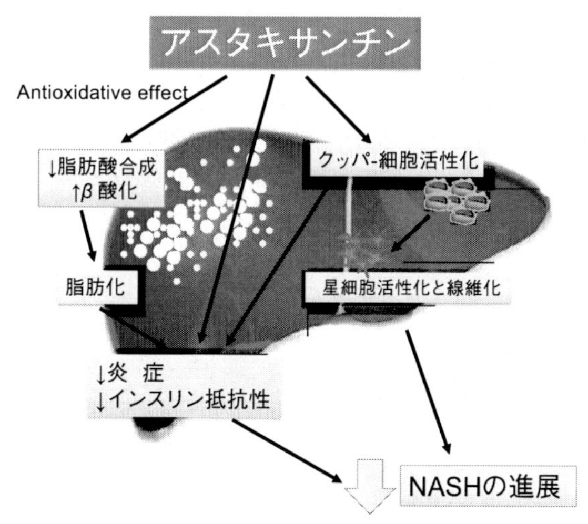

図9　アスタキサンチンによるNASHの進展予防

文　　　献

1) 日本肝臓学会，NASH・NAFLDの診療ガイド，文光堂，2-7（2006）
2) Ludwig J. *et al., Mayo Clin. Proc.*, **55**, 434-8（1980）
3) Schaffer, F. *et al., Prog.Liver Dis.*, **8**, 283-98（1986）
4) Browning JD, Szczepaniak LS, Dobbins R, Nuremberg P, Horton JD, Cohen JC, Grundy SM, Hobbs HH., *Hepatology*, **40**, 1387-1395（2004）
5) Okanoue T, Umemura A, Yasui K, Itoh Y., *J. Gastroenterol Hepatol*, **26**, Suppl 1, 153-162（2011）
6) Ota T, Takamura T, Kurita S, Matsuzawa N, Kita Y, Uno M, Akahori H, Misu H, Sakurai M, Zen Y, Nakanuma Y, Kaneko S., *Gastroenterology*, **132**, 282-293（2007）
7) Belfort R, Harrison SA, Brown K, Darland C, Finch J, Hardies J, Balas B, Gastaldelli A, Tio F, Pulcini J, Berria R, Ma JZ, Dwivedi S, Havranek R, Fincke C, DeFronzo R, Bannayan GA, Schenker S, Cusi K., *N Engl J Med.*, **355**, 2297-2307（2006）
8) Matsuzawa N, Takamura T, Kurita S, Misu H, Ota T, Ando H, Yokoyama M, Honda M, Zen Y, Nakanuma Y, Miyamoto K, Kaneko S., *Hepatology*, **46**, 1392-1403（2007）
9) Day CP *et al., Gastroenterology*, **114**, 824-5（1998）
10) Weisberg SP, McCann D, Desai M. *et al., J Clin Invest.*, **112**, 1796-1808（2003）
11) Crespo J, Cayon A, Fernandez-Gil P. *et al., Hepatology*, **34**, 1158-1163（2001）
12) Kamada Y. *et al., Gastroenterology*, **125**, 1796-1807（2003）
13) Hui JM. *et al., Hepatology*, **40**, 46-54（2004）

14) 堀田 饒，中村 二郎，岩本 安彦，大野 良之，春日 雅人ほか，糖尿病，**50**，47-61（2007）
15) Sanyal AJ, Chalasani N, Kowdley KV, McCullough A, Diehl AM, Bass NM, Neuschwander-Tetri BA, Lavine JE, Tonascia J, Unalp A, Van Natta M, Clark J, Brunt EM, Kleiner DE, Hoofnagle JH, Robuck PR, *N Engl J Med.*, **362**, 1675-1685（2010）
16) Ikeuchi M. *et al.*, *Biosci Biotechnol Biochem.*, **71**, 893-9（2007）

第5章　眼疾患

1　眼の調節機能とアスタキサンチン

梶田雅義*

1.1　はじめに

情報量の80％以上が眼を介して取得されていると言われていたが，昨今の携帯端末の精細小型化とその急激な普及から，その割合はさらに大きくなり，同時に眼精疲労を訴える人口はますます拡大するものと思われる。眼の調節は自律神経によってコントロールされており，眼の疲労が眼精疲労に発展すれば，交感神経と副交感神経のバランスを崩し，全身の体調不良にまで発展する可能性がある。私たちは健康な生活を維持するために，眼の健康を守ることが非常に大切な環境に生きている。

1.2　眼の調節機能とは

眼の構造はビデオカメラの構造によく似ており，映像を明瞭にとらえるためには見ようとする物体が網膜面に適切に結像する必要がある。そのために水晶体がレンズ屈折力を増減させて，ピント調節を行っている（図1）。これが眼の調節である。これとは別に，眼自体の構造には個人差があり，調節を全く働かせていないときに，角膜と水晶体で作るレンズ群の焦点距離が必ずしも網膜面に一致しているわけではない。これを屈折異常といい，焦点距離が網膜面に位置する眼は正視，網膜面よりも前に位置する眼は近視，網膜よりも後ろに位置する眼は遠視である（図2）。

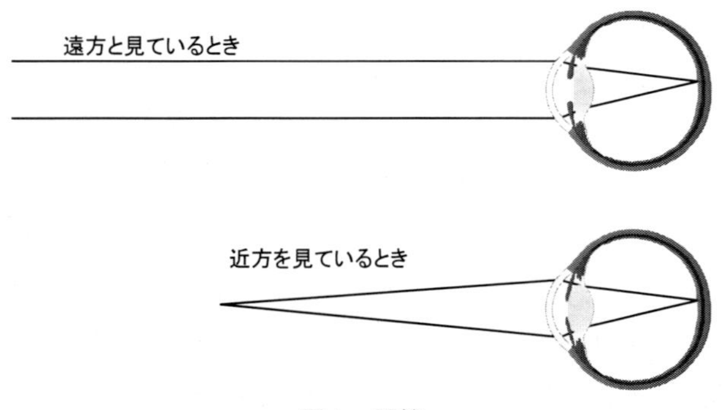

図1　調節

遠くを見るときには毛様体筋は弛緩し，水晶体の厚さが薄くなっているが，近くを見るときには毛様体筋が収縮して水晶体は自らの弾性で厚さを増し，近くにピントが合うようになる。これを調節という。

---

*　Masayoshi Kajita　梶田眼科　院長

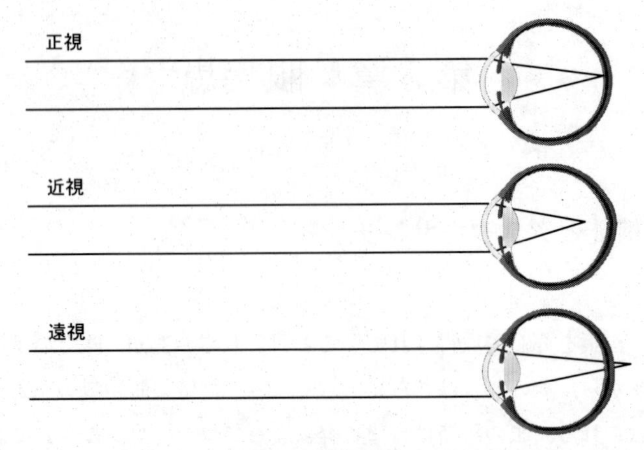

図2　屈折異常

毛様体筋が休止状態にあるときに，無限遠から来た光が網膜面で収束する眼が正視，網膜よりも前で収束する眼が近視，網膜眼よりも後で収束する眼が遠視である。

通常の屈折矯正では調節機能を働かせていないときに，眼に入射した平行光束が網膜面でピントが合うように調整される。このため，VDT 画面や書物を見ようとするときには，調節機能を働かせて，ピント合わせをする必要がある。

1.3　ピント合わせの機構

調節は水晶体の形状を変化させてレンズ屈折力を増すことによって行われるが，水晶体は自ら形状を変えることができない。水晶体の形を変えるのは虹彩の根元の裏側に輪状に付着している毛様体筋である。この毛様体筋も直接に水晶体を動かしているのではなく，毛様体筋と水晶体を接続するチン小帯を介している。毛様体筋は輪状筋であるので，緊張して収縮すると直径が小さくなる。毛様体筋の内側に張り巡らされている細いチン小帯は緩み，チン小帯の内側に位置している水晶体は円板状に引き延ばされる力が減じるため，自らの弾力性で膨らみを増して，レンズ屈折力を増加させる。これによって，調節は非常に穏やかな動きを実現し，安定した結像を可能にしている。

1.4　調節微動

私たちがある一定の距離を見ているときに，ピントの位置は固定されているかのように感じているが，経時的にピント位置を計測してみると，絶えず揺れ動いている（図3）。これを調節微動と呼んでいる。調節微動の揺れはその特徴から，0.6 Hz 未満のゆっくりとした低周波成分と1.0～2.3 Hz の比較的速い高周波成分に分けられる（図4）。低周波数成分はピント合わせのための調節そのものによる動きによって生じ，高周波数成分（以下，HFC）は毛様体筋の震えによって生じる。毛様体筋に負荷がかかると HFC は増加する。疲れている毛様体筋では小さな負荷に対しても HFC が増加する。この特性によって，毛様体筋の疲労の程度を数値化できる可能

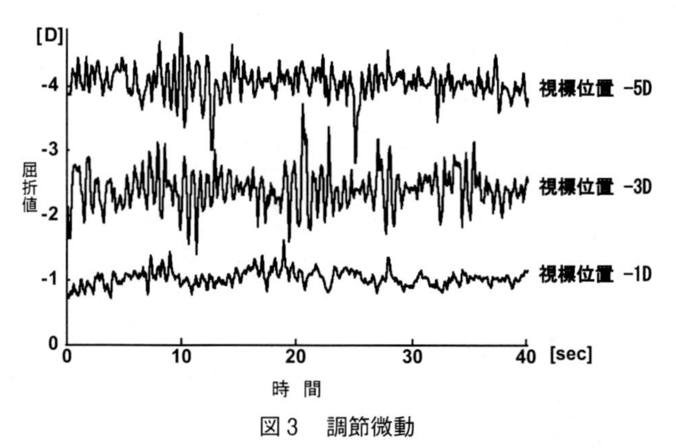

図3　調節微動

一定の距離を見ているときにも眼の屈折値は揺れ動いている。下段は1メートル，中段は33センチメートル，上段は20センチメートルの視標を注視したときの，調節微動波型を示す。

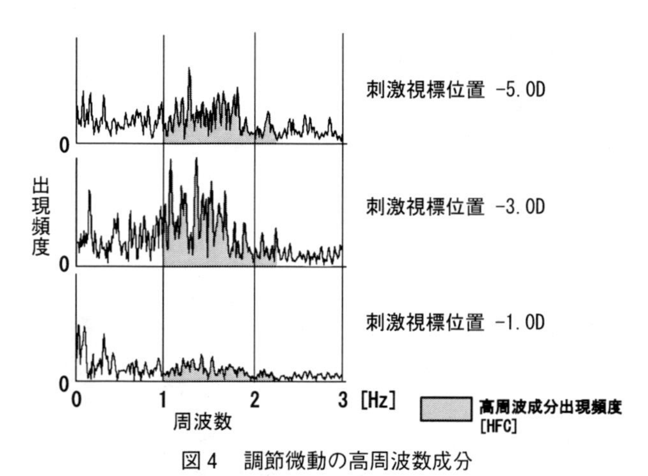

図4　調節微動の高周波数成分

図3のそれぞれの波型をフーリエ変換して，そのスペクトルを対数表示したものである。周波数1.0～2.3 Hz の範囲を積分した値を HFC 値とする。

性が示唆されている。

1.5　調節機能解析装置

オートレフラクトメータを改造して，HFC の出現頻度（HFC 値）を数値で表示する装置を作成した（図5）。一定距離の視標を注視したときに起こる調節反応量と HFC 値を瞬時に表示（Fk-map）する。調節機能が正常な成人の眼では，十分な調節反応量があり，HFC 値は低い値を取る（図6）。調節緊張症のある眼では，正常者と同じ程度の調節反応量はあるが，HFC 値は高い値を取る（図7）。調節機能が正常な老視眼では，調節反応量はほとんど変化せずに，HFC 値は低い値を取る（図8）。調節緊張を伴う老視眼では，調節反応量には大きな変化はないが，HFC 値は高い値を取る（図9）。白内障手術後の人工眼内レンズ（IOL）が挿入された眼でも，調節緊張が生じると，IOL に前後の震えが生じるためと考えられるが，高い HFC 値が観察され

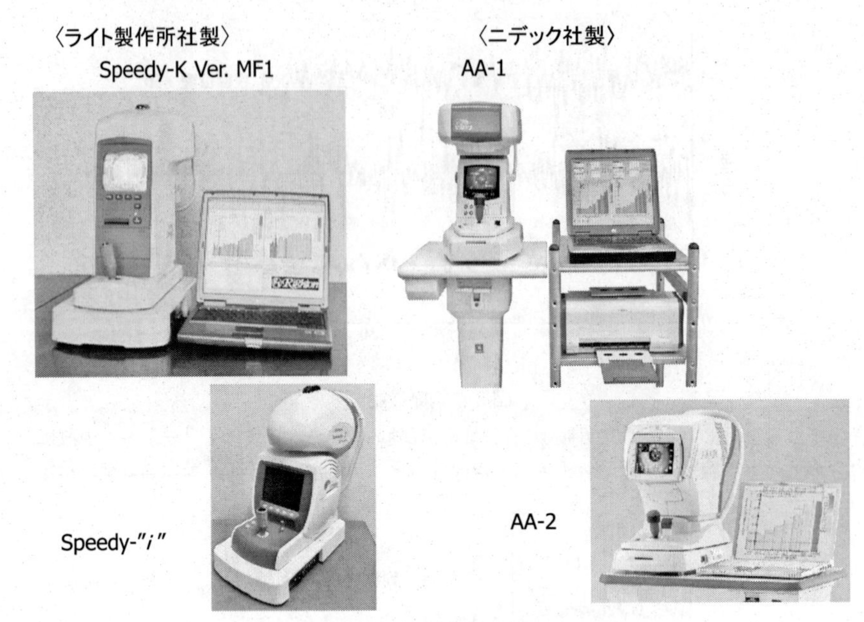

図5　調節機能解析装置

調節微動の高周波数成分を Fk-map で表示する装置である。
ライト製作所とニデック社から提供されている。

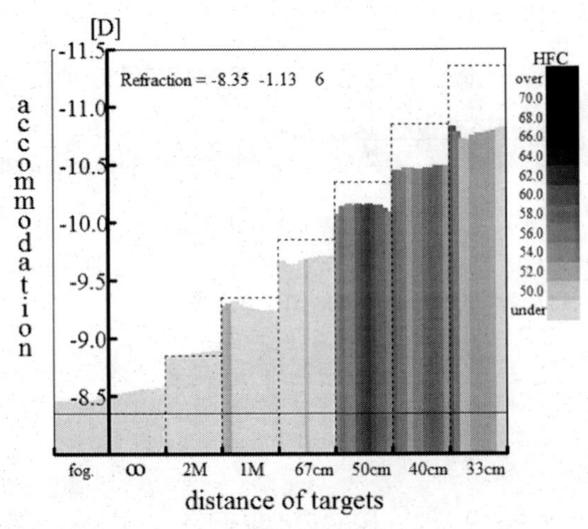

図6　正常者の Fk-map

横軸に注視視標位置，縦軸に屈折値を示し，点線で示した視標位置との差から調節反応量が読み取れる。カラムの高さは被検者の他覚的屈折値で，カラムの色の濃淡は HFC 値の大きさを示す。毛様体筋に負担がかかると HFC 値は高くなる。正常者では33センチメートルまでを注視する負荷では HFC 値はそれほど上昇しない。

ることがある（図10）。また，最近増加傾向にあるテクノストレス眼症（IT 眼症）では，日常生活では視機能に異常を感じないが，VDT 画面を見たり，読書を行おうとすると，眼の奥の痛みや頭痛が襲ってきて，仕事ができないと訴えているが，HFC 値はその訴えを如実に表現してい

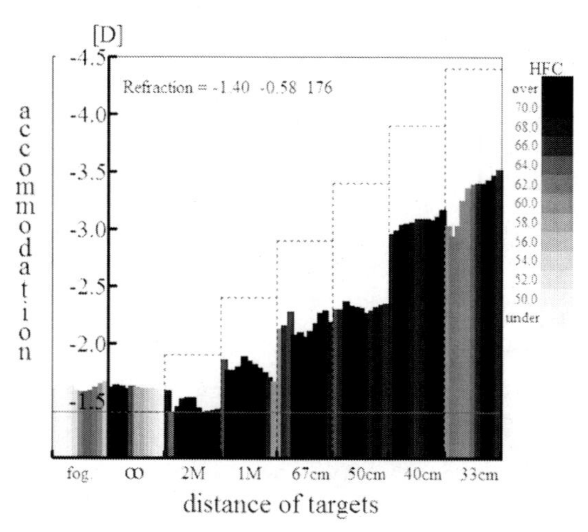

図7　調節緊張症

調節反応量は正常者と同じ程度が得られているが，どの視標に対しても高いHFC値を示す。

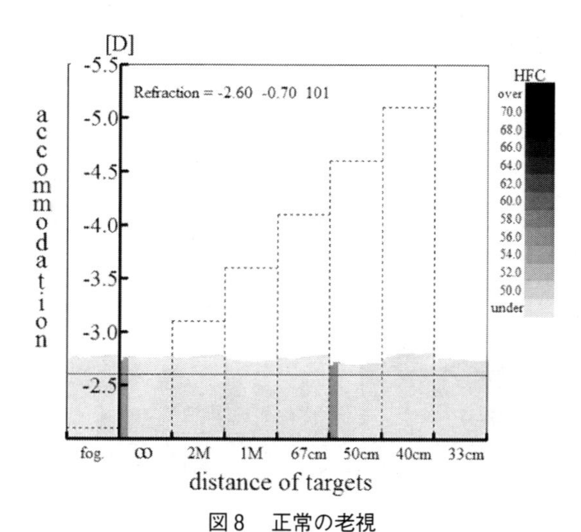

図8　正常の老視

老視眼では調節反応量はほとんど起こらず，HFC値も上昇しない。

る（図11）。

1.6　眼精疲労の定量測定

ビデオゲームなどを長時間見続けると一般には眼が疲れる。毛様体筋の疲労がHFC値とどのような関係にあるのかを調査した。

1.7　2003年の日本眼科学会IT研究班の報告[1)]

屈折異常以外に眼疾患のない22歳～28歳の有償ボランティア男性4名，女性12名を対象に実験

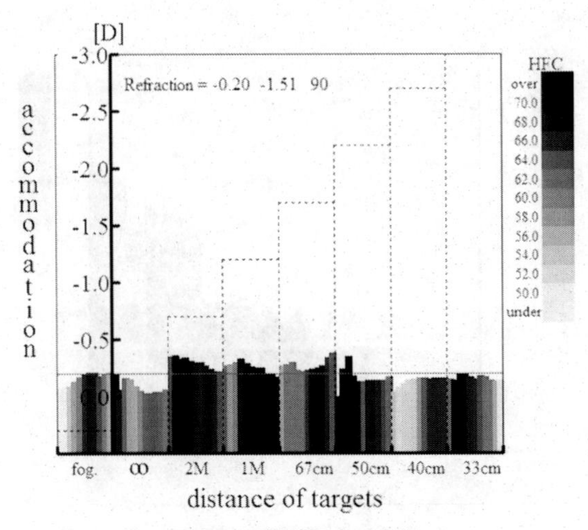

図9　調節緊張症の老視

古くは老視眼では調節緊張は起こらないと考えられていたが，Fk-map で観察すると，調節反応量は小さいが，HFC 値は高い値を呈する。眼精疲労の原因になる。

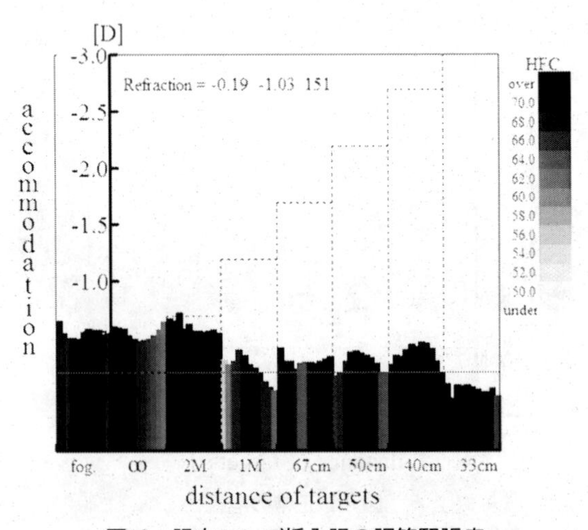

図10　眼内レンズ挿入眼の調節緊張症

75歳で白内障手術後の症例である。0.50D 程度の屈折値の変化を認め，高い HFC 値を呈していた。屈折値の変化は起こるが，近方視の努力を行うと，目的とは反対にピント位置は遠方にシフトしていた。

を行った。被検者には完全矯正した眼鏡を装用させて，30分間ビデオゲームを行わせた。その前後の他覚的屈折値，調節反応量および HFC 値の変化を記録した。調節機能の測定にはニデック社製 AA－1 を用いた。その結果，ゲーム前後の屈折値の変化は近視化 7 名，遠視化 6 名，不変 3 名であり，有意な変化を認めなかった。一般に疲労によって近視にシフトする眼と遠視にシフトする眼があり，屈折値の変化では疲労の程度を推定することはできないことは周知である。3 ジオプトリ負荷における調節反応量の大きさについても増加 7 名，減少 6 名，不変 3 名で，有意な変化を認めなかった。また，屈折値の変化の方向と調節反応量の変化の方向に相関は認めな

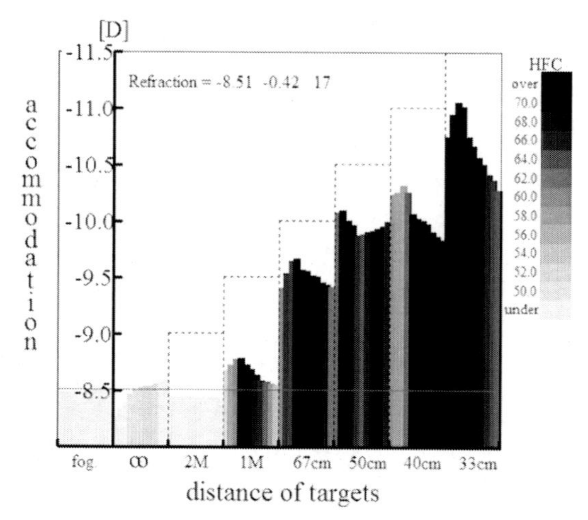

図11　テクノストレス眼症（IT 眼症）

遠方視では正常者と同じ HFC 値を呈するが，近方視では調節緊張症のパターンを呈する。
日常視では元気でも，近方作業時には苦痛が生じるという訴えによく一致する。

かった。調節反応量が0.00～0.75D の範囲における HFC 値の変化は増加12名，減少３名，不変１名で，ゲームの後で増加傾向にあることが確認できた。同時に行なったアンケート調査では，ゲームによって眼が疲れたと回答した対象に HFC 値の増加が著しく，自覚症状と HFC 値の変化に相関が高かった。

1.8　2004年の日本眼科学会 IT 研究班での報告[2,3]

VDT 作業の多い事務作業者で眼の疲れを感じている有償ボランティア男性11名，女性９名に対して，近用加入度数が＋1.00D の累進屈折力レンズ眼鏡を使用して，４週間をこれまでと同様の生活を過ごしてもらい，その前後の他覚的屈折値，調節反応量および HFC 値の変化を記録した。調節機能の測定にはニデック社製 AA－1 を用いた。その結果，他覚的屈折値は近視化13名，遠視化10名，不変17名で，有意な変化を認めなかった。眼の疲れは屈折値の変化では推測できない。３ジオプトリ負荷における調節反応量の変化は増加17名，減少13名，不変10名で，有意な変化はなく，調節反応の善し悪しで，眼の疲労を推測することもできない。しかし，調節反応量が0.00～0.75D の範囲における HFC 値の変化は増加９名，減少23名，不変８名で，累進屈折力レンズ眼鏡の使用後に有意に減少した。同時に行なったアンケート検査では，試験眼鏡が快適に装用できたと答えた対象に HCF 値の低下が著しく，眼鏡の装用に不快を感じたと回答した対象では HFC 値はかえって上昇していた。

その後，遠近両用累進屈折力ハードコンタクトレンズと遠近両用二重焦点ソフトコンタクトレンズでも同様の試験を行っているが，遠近両用コンタクトレンズの使用によって，毛様体筋にかかる負担が減少し，眼の疲れが少なくなることが示唆されている。

1.9 アスタキサンチンによる毛様体筋疲労の回復

屈折異常以外に眼疾患のない有償ボランティア男性3名，女性4名に対してアスタキサンチン6mgを1日1回夕食後に2週間摂取してもらい，その前後にハンディースクリーンゲーム機を30分間操作してもらい，その前後の他覚的屈折値，調節反応量およびHFC値の変化を記録した。その後，20分間単純なアイマスクを使用して閉瞼休息を行ってもらった後に3回目の他覚的屈折値，調節反応量およびHFC値を記録した。さらに，1か月以上のウォッシュアウト期間を設けて，外観が全く同じプラセボ剤を摂取してもらい同様の試験を行った。調節機能の測定にはニデック社製AA−1を用いた。その結果，作業前から作業後への変化量と作業後から休息後への変化量の差を比較したところ，他覚的屈折値はアスタキサンチン摂取とプラセボ剤摂取との間に有意な変化は認めなかった（図12）。3ジオプトリ負荷における調節反応量の変化は試験剤摂取前に対する摂取後の作業後から休息後への変化量の差にも有意な変化を認めなかった（図13）。摂取前に対する摂取後の作業後から休息後へのHFC値の変化量の差を比較すると，プラセボ剤摂取時に対してアスタキサンチン摂取時は有意に低下していた（図14）。これらの結果は，遠近両用眼鏡やコンタクトレンズの結果と酷似しており，HFC値の変化から，アスタキサンチン摂取によって，近見作業によって毛様体筋に疲労は生じるが，休息時の疲労の回復速度が促進していることが示唆された[4]。

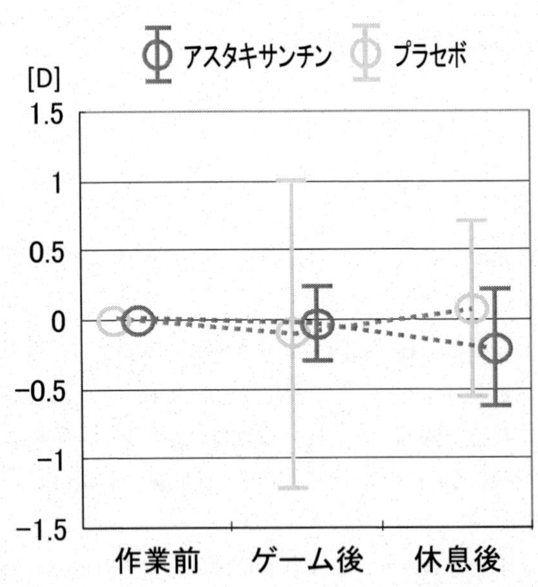

図12 アスタキサンチンとプラセボ剤の比較（他覚的屈折値）

作業前の変化を0としたとき，作業後はアスタキサンチン摂取時−0.04±0.27D，プラセボ摂取時−0.11±1.10Dで，休息後はアスタキサンチン摂取時−0.21±0.42D，プラセボ摂取時−0.07±0.62Dであり，有意差を認めなかった。

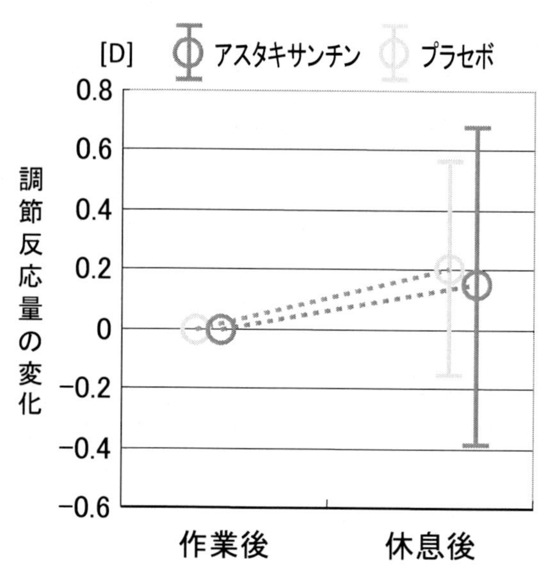

図13　アスタキサンチンとプラセボ剤の比較（調節反応量）

摂取前に対する摂取後の作業後から休息後への変化量の差を比較すると，アスタキサンチン摂取時は＋0.15±0.53D，プラセボ剤摂取時は＋0.20±0.56Dであり，有意差は認めなかった。

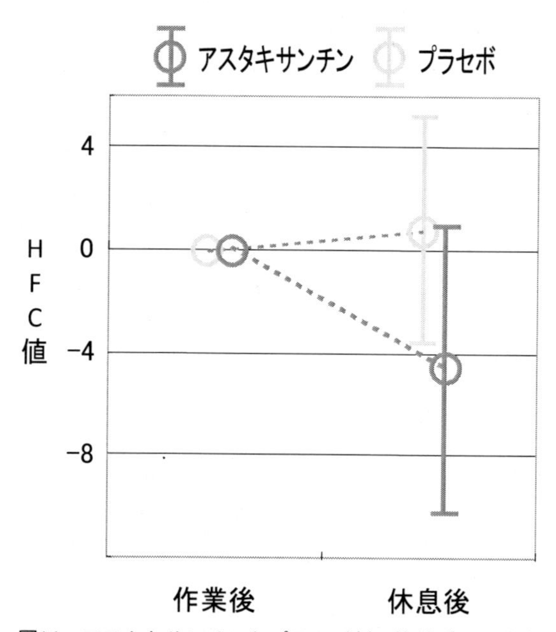

図14　アスタキサンチンとプラセボ剤の比較（HFC 値）

摂取前に対する摂取後の作業後から休息後への変化量の差を比較すると，アスタキサンチン摂取時は−4.82±5.57，プラセボ剤摂取時は＋0.83±4.42であり，アスタキサンチン摂取時では有意にHFC値が低下していた。

1.10　アスタキサンチンの有効性の確認

屈折異常以外に眼疾患のない有償ボランティア男性９名（年齢30～37歳，平均34歳）に対して，アスタキサンチン６mgを１日１回食後に２週間摂取してもらい，摂取前後に前述の試験と同様の検査を行なった。その結果，作業後と休息後のHFC値の変化量の差は摂取前と摂取後では有意に減少していた（図15）。先の試験と全く同じ結果が得られた。

1.11　高齢者におけるアスタキサンチンの有効性

屈折異常以外に眼疾患のない有償ボランティア男性22名（年齢46～65歳，平均54歳）に対して，アスタキサンチン６mgを１日１回食後に４週間摂取してもらい，摂取前後に前述の試験と同様の検査を行なった。その結果，作業後と休息後のHFC値の変化量の差は摂取前と摂取後では減少傾向を示した（図16）。この試験では同時に近見縮瞳反応も記録したが，アスタキサンチン摂取後には縮瞳率が大きくなっていた（図17）。近見縮瞳の改善は調節機能の改善を意味し，毛様体筋の疲労が改善していることが示唆される。

アスタキサンチンによる末梢血液循環の改善が疲労回復に関与しているのではないかと考えている。

眼精疲労に有効と言われている他の食品でも前述と同様の試験を行ったことがあるが，鰹だしではアスタキサンチンとは異なり，作業中の疲労が生じにくくなっており，休息による疲労回復

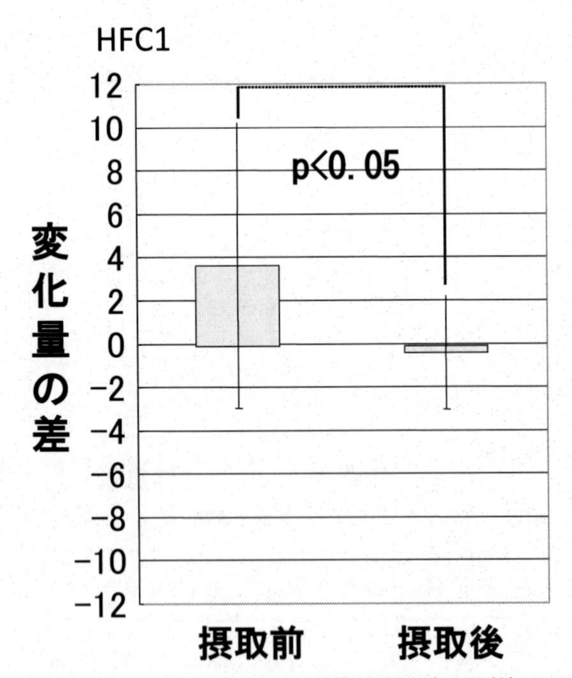

図15　アスタキサンチンの効果の確認（HFC値）

アスタキサンチン摂取前後で作業後から休息後へのHFC値の変化量の差は有意に低下していた。

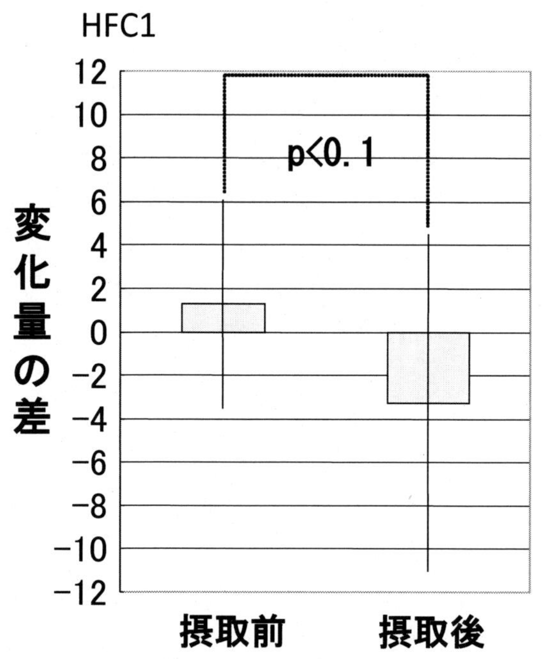

図16　高齢者でのアスタキサンチンの有効性（HFC 値）
高齢者でもアスタキサンチン摂取前後で作業後から休息後への HFC 値の変化量の差は低下傾向にあった。

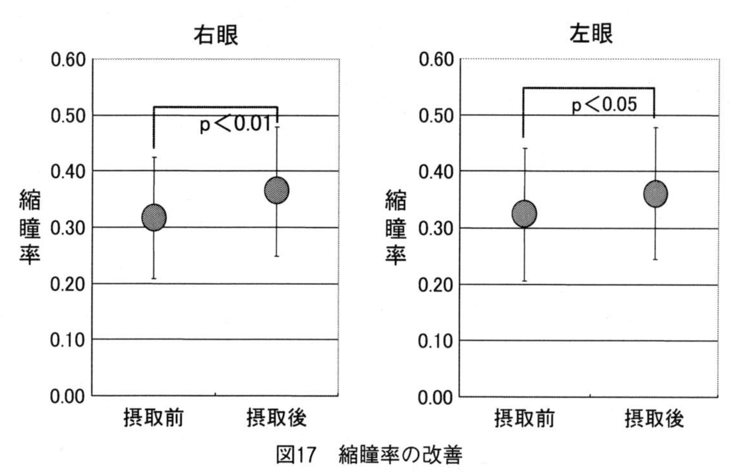

図17　縮瞳率の改善
近見縮瞳反射で近くを見ようと毛様体筋に緊張が加わると，瞳孔は小さくなる。
アスタキサンチン投与後では左右眼共に縮瞳率が大きくなっていた。

には有意な変化を認めなかった[5]。クロセチン高含有クチナシ抽出物では，アスタキサンチンと同様に疲労回復過程に作用していた[6]。

1.12 おわりに

IT 機器の精細小型化が進んでおり，視機能にかかる負担は今後ますます大きくなることが予測される。副作用の少ない栄養補助食品で眼精疲労を解消しようと考える人も増加傾向にあるように思われる。しかし，眼精疲労の治療は発症した眼精疲労を癒やすことではなく，眼精疲労の発症を予防することにあり，そのためには適切な屈折異常の矯正が必須である。疲れが生じている眼では適切な眼鏡やコンタクトレンズに馴染みにくく，薬剤やサプリメントなどで，疲れを和らげることによって，矯正用具の使用に慣れやすくなる。適切な矯正用具に慣れるまでの補助手段として，サプリメントなどを応用できることは望ましい。

文　　献

1) 梶田雅義，日本眼科医会 IT 眼症と環境因子研究班業績集，100-103（2002-2004）
2) 梶田雅義，日本眼科医会 IT 眼症と環境因子研究班業績集，104-108（2002-2004）
3) 梶田雅義，高橋奈々子，高橋文男，視覚の科学，**25**，40-45（2004）
4) 高橋奈々子，梶田雅義，臨床医薬，**21**(4)，431-436（2005）
5) 本多正史，石崎太一，梶本修身，天野浩之，梶田雅義，黒田素央，視覚の科学（日本眼光学学会誌），**27**(4)，95-101（2006）
6) 梶田雅義，海貝尚史，仲野隆久，天野浩之，竹野隆太，梶本修身，視覚の科学，**28**，77-84（2007）

2　視覚疲労とアスタキサンチン

瀬谷安弘[*1]，今中國泰[*2]

2.1　はじめに

パーソナルコンピュータやカーナビゲーション，携帯電話などに代表される情報機器の普及により，我々は膨大な情報をいつでもどこでも利用できるようになった。それに伴い，これら情報提示機器（Visual Display Terminal：VDT）を利用した視覚作業に起因する，視覚疲労への関心が高まっている[1,2]。一般に，視覚疲労は目の疲れや痛みといった症状[1]の他に，視覚情報の正確な知覚・認知を困難にし[3,4]，様々な視覚作業での事故や効率の低下を引き起こすことが経験的によく知られている。それ故，VDT作業者の健康管理や視覚作業における事故防止の上で，視覚疲労を効果的に軽減することが重要な課題となっている[2]。

これらVDT作業に伴う視覚疲労の軽減・改善については，近年，アスタキサンチンを含む健康食品が有効であることが報告されており，特に，調節機能[5~8]や視力[5]，深視力[9]などの視機能の改善に効果があることが報告されている。但し，これまでの研究では，必ずしも実際のVDT作業中の視覚疲労の評価からアスタキサンチンの効果を検討しているわけではない。一般に，視覚疲労は眼筋や調節機能の疲労といった感覚器官での身体的疲労だけではなく，注意力の低下，動機付けの低下，知覚・認知エラーの増大といった中枢性疲労をも含んでいる[10]。いくつかの先行研究[6,7]では，被験者にVDT作業に類する視覚作業を行わせ，その前後で調節機能などの眼科的検査を行っているものの，それらの眼科的指標は中枢性疲労を含めた評価には必ずしも適していない。また，眼科的検査では，VDT作業を中断した上でそれとは全く異なる眼科的検査課題を被験者に行わせる必要があることから，VDT作業中の即時的な認知的負荷・ストレスを直接検討しているとは言えない。すなわち，VDT作業の中断によって認知的負荷やストレスが減少し，結果として，視覚疲労が軽減してしまう可能性も考えられる。以上を踏まえると，アスタキサンチンを含む健康食品の摂取が視覚疲労に及ぼす影響を検討する上では，現実的なVDT作業場面に類似した状況において，視覚疲労の定量的な評価が可能な指標を用いる必要があると言える。

この章では，近年著者らが行った，反応時間課題を用いた視覚疲労の定量的評価，およびアスタキサンチンを含む健康食品の摂取による視覚疲労の軽減効果に関する行動科学的・認知科学的アプローチからの研究[11]を紹介し，アスタキサンチンが視覚疲労へ及ぼす影響について解説する。

＊1　Yasuhiro Seya　東北大学　加齢医学研究所　産学官連携研究員
（現）立命館大学　情報理工学部　知能情報学科　助教
＊2　Kuniyasu Imanaka　首都大学東京　人間健康科学研究科
ヘルスプロモーションサイエンス学域　教授

2.2　視覚疲労の評価法

視覚疲労の程度を示す指標には，視力[5]や深視力[9]，眼の調節機能を示す近点距離（視覚対象を鮮明に見ることができる最短の視距離）[3,12~14]，フリッカー臨界融合周波数[14,15]（Critical Flicker Frequency; CFF，光の点滅が知覚される単位時間当たりの限界頻度として定義される）など多数の指標が用いられてきた。しかし，先に述べたように，視覚疲労が感覚器官における身体的な疲労だけでなく，知覚・認知エラー，注意や動機付けの低下といった中枢性の疲労も含むことを考慮すれば[3,4]，視力，深視力，近点距離などの計測では，中枢性疲労を含めた視覚疲労の評価が難しい。また，一般に CFF は中枢性疲労も含めた視覚疲労の指標と考えられているものの[2]，CFF の測定には視覚疲労を誘発する視覚作業とは全く異なる課題を用いる必要がある。そのため，CFF は視覚作業中の視覚疲労の継時的側面や時間特性の評価には必ずしも適していない。

視覚疲労の程度を示す行動的な指標の１つとして，視覚刺激への反応時間が挙げられる。反応時間課題を繰り返し行わせる場合，課題の開始直後では反応時間は速く，課題の終了間際では疲労の蓄積などにより反応時間は遅くなる[4,10,16,17]。この反応時間の変化は感覚器官の疲労を反映しているだけでなく[4]，中枢性疲労をも反映していると考えられている[16,17]。それ故，反応時間計測により，視覚疲労によって生じる感覚器官および中枢の疲労の両者を合わせた評価が可能である。さらに，このような反応時間計測ではディスプレイ上に提示される視覚刺激の検出や判断といった VDT 作業と類似した作業を被験者に行わせることが可能であり，それ故，実際の VDT 作業に近い状況で視覚疲労の変化を客観的に，また継時的に評価することが可能である。

2.3　アスタキサンチンを含む健康食品の摂取が視覚疲労に及ぼす影響

以上を踏まえ，著者らは反応時間課題を用いて視覚作業の繰り返しによる視覚疲労の反応時間への影響，およびアスタキサンチンを含む健康食品の摂取による視覚疲労への影響を検討した。既に述べたように，反応時間が視覚疲労の蓄積により延長するという知見からすると，反応時間課題を繰り返し被験者に行わせると，先行研究と同様に，課題の開始付近では反応時間が速く，終了間際では遅くなることが予想される。また，アスタキサンチンの長期的な摂取に伴い視覚疲労が軽減されるのであれば，反応時間はアスタキサンチンの摂取前に比べて摂取後で速くなると考えられる。実験では，コンピュータによる視覚作業により日常的に視覚疲労が蓄積していると想定される成人の男女10名に，図１に示すような反応時間課題を行わせた。課題では，まず画面中央から右または左に10°の位置に，注視刺激が提示され，それより左右に５°の位置に円枠が提示された。刺激が提示されてから300 ms 後に，画面中央を中心とする20°の距離を往復移動した。往復移動の開始より１秒から３秒のランダムな時点において，ターゲット刺激（光点）が左右の円枠のいずれか１つの中心に提示された。被験者の課題は注視刺激を正確に追従し，ターゲット刺激の出現に対しできる限り速く正確にその位置に対応したボタンを押すことであった（図１）。ターゲット刺激の提示からボタン押しまでの時間を反応時間として測定した。50試行を

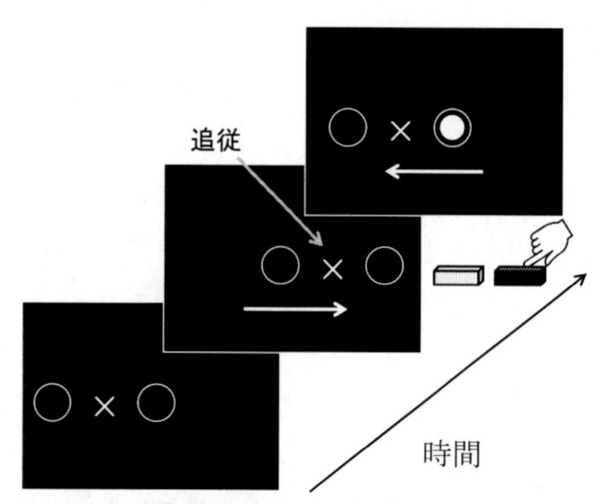

図１　視覚反応時間課題の刺激模式図（追従試行のみ）

被験者は移動する注視刺激（×）を正確に追従しながら（静止試行では，凝視しながら），ランダムな時点で提示されるターゲット刺激の出現に対して，対応するボタンを速く正確に押すことが求められた。

１ブロックとして，10ブロック（計500試行）を行った。追従試行との比較のために，静止刺激を用いた静止試行も設定した。静止試行では，注視刺激と円枠が静止して画面中央に呈示され，ターゲット刺激が注視刺激の左右いずれかの円枠に呈示された。この静止試行での課題は，ターゲット刺激が呈示される前に正確に注視刺激を凝視する以外は追従試行と同じであった。静止試行は10ブロックの追従試行を行う前（プレテスト）と後（ポストテスト）に１ブロック（50試行）ずつ行った。ターゲット刺激の呈示される位置は試行間でランダムであった。全ての試行での反応時間を計測した。また，実験中に被験者が適切に注視刺激を追従または凝視していることを確認するために，実験中の被験者の眼球運動を計測し，適切に追従・凝視を行っていることを確認した。

実験では，被験者にアスタキサンチンを含む健康食品を28日間毎日摂取してもらい，摂取前（０日），摂取開始から14日間，28日間後に上述の反応時間課題を行わせた。摂取期間は先行研究[5,7~9,18]において調節機能の改善効果が報告されている28日間に設定した。健康食品には，富士化学工業㈱製のアスタキサンチンカプセル（１カプセル中にアスタキサンチン２mg 含有）を使用した。摂取量は１日１回，３錠の６mg であった。アスタキサンチンの摂取時刻については，被験者は毎日同一の時間帯に摂取するように教示された。アスタキサンチンの摂取の確認，他の薬剤や健康食品の投与の有無については，チェックシートを作成し，被験者に毎日これらの項目にチェックさせた。課題実施の前日には激しい運動やアルコールの摂取を控えるように被験者は教示された。３回の反応時間課題を実施した時間帯は同一被験者において同じであった。

分析には正答反応時間のみを用いた（全てのブロックにおいて全試行の95％以上）。また，正答反応であった試行のうち，反応時間が100 ms 以下または1000 ms 以上の試行，ターゲットの提示時に瞬きを行った試行，追従を行わなかった試行は分析から除外した。視覚疲労の影響は，10ブロック，計500試行を通して生じるのみならず，各ブロック内50試行といった比較的短期間の間にも生じると考えられる。そのため本研究では，ブロック毎（50試行）の平均反応時間を算出し，ブロック間で反応時間を比較する解析と，1ブロック内の開始後10試行（1試行から10試行まで）と終了前10試行（41試行から50試行まで）の平均反応時間を算出し，それらを比較する2種類の解析を行った。

図2はアスタキサンチン摂取前（0日），摂取14日目と28日目の追従試行の1，5，10ブロック，および静止試行のプレテストとポストテストの平均反応時間を示す。図より明らかなように，反応時間は追従試行・静止試行いずれにおいても後半のブロックにおいて反応時間が遅くなっており，この結果は先行研究[4,10,16,17]の結果と一致した。すなわち，視覚作業の繰り返しに伴う視覚疲労の蓄積によって反応時間が遅くなっていることが示唆される。また，アスタキサンチンの摂取の効果に関しては，静止試行ではその摂取の効果は明確ではないものの，追従試行ではアスタキサンチン摂取前（0日）より摂取14日目，28日目において反応時間が速くなっていた。この結果は，少なくともアスタキサンチンを含む健康食品の摂取が視覚疲労を軽減させた可能性を示しており，調節機能に関する指標を用いた先行研究[5~8]の結果を支持する。興味深いことに，追従試行において見られたアスタキサンチンの摂取による反応時間の短縮効果は実験ブロックが進むにつれて小さくなった。これはアスタキサンチンによる視覚疲労の軽減効果が比較的短い時間に限定されていることを示唆する。

図3はブロック毎の開始後10試行と終了前10試行の平均反応時間を示す。反応時間課題の繰り返しの効果については，追従・静止試行に関わらず，同じブロック内の場合であってもやはり前半の試行に比べて後半の試行において反応時間が遅くなった。アスタキサンチンの摂取の効果については，静止試行（図3右列）では，摂取前（0日）のプレテストにおいてはブロック開始後10試行の反応時間が終了前10試行よりも速かったが，14日および28日間摂取後のプレテストにおいてはブロック開始後と終了前の10試行での反応時間の差が小さくなった。この結果は，アスタキサンチンによる視覚疲労の軽減効果が比較的短い時間に限定されているという考えを部分的に

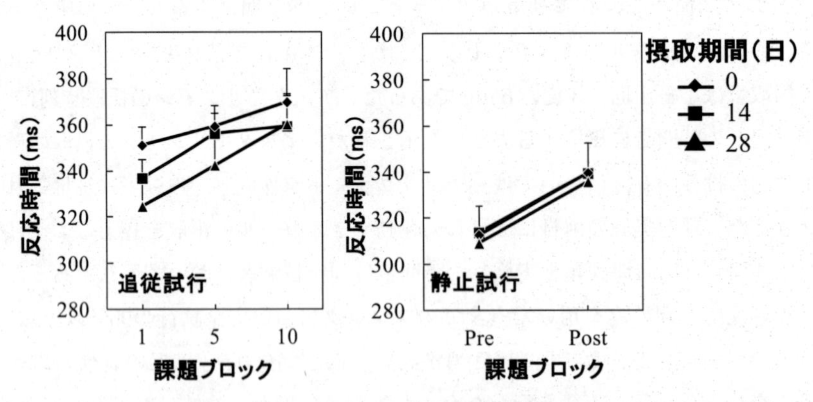

図2　アスタキサンチン摂取期間毎の平均反応時間
縦棒はSEを示す（文献[11]を改変して引用した）。

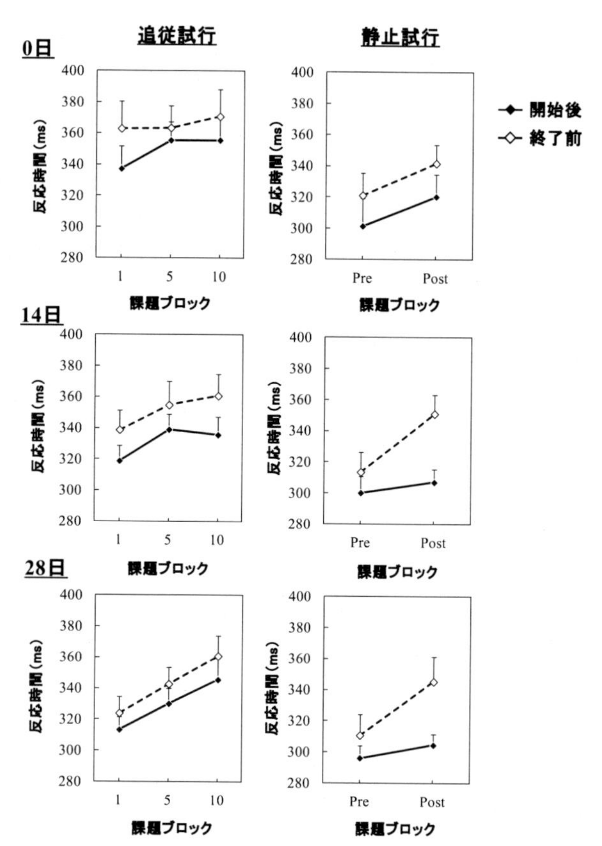

図3　アスタキサンチン摂取期間毎のブロック開始後10試行および終了前10試行の平均反応時間
縦棒はSEを示す（文献[11]を改変して引用した）。

支持していると言えるだろう。但し，追従試行でのブロック内での比較においては必ずしもこのような傾向は見られていないことから，今後さらなる検討が必要である。

以上の結果は，実際のVDT作業に近い視標追従課題においてもアスタキサンチンを含む健康食品の摂取によって視覚疲労が軽減することを示唆している。アスタキサンチンによる疲労軽減メカニズムは主にアスタキサンチンの抗酸化作用による赤血球の変形能低下を抑制すること，そして，網膜血流の流動性を高め，調節機能に関与する毛様体筋へのエネルギー供給の増大と代謝物の除去の促進が生じること[18]にあると言われている。本研究の結果は，実際のVDT作業場面のような中枢性疲労が伴っている場合においても，アスタキサンチンを含む健康食品の摂取により調節機能の疲労が軽減し，結果として，反応時間の短縮につながったものと解釈できる。

2.4　反応時間における練習効果

上述の研究結果は視覚疲労の軽減以外の要因によって生じた可能性も未だ残っている。1つの要因には，練習効果が挙げられる[19]。上述の研究では，被験者は同じ視覚反応時間課題を3回

(アスタキサンチンの摂取開始日，14日間と28日間摂取後）行っていたことから，2回目以降の課題の反応時間は課題に対する練習や経験の効果が含まれている可能性がある。この点を検討するために，新たに成人男性6名をリクルートし，健康食品を摂取せずに（無摂取群）3回の反応時間課題を，実験開始日（0日目)，14日後および28日後に行うという補足実験を行った。アスタキサンチンを摂取しない点を除き，実験方法は上述の実験と同じであった。図4に無摂取群におけるブロック毎の平均反応時間を示す。図より明らかなように，反応時間は3回の実験いずれにおいても開始直後で速く，後半で遅くなっており，視覚疲労の蓄積による反応時間の遅延が示された。一方，アスタキサンチンを摂取せずに3回の反応時間課題を行った場合には，必ずしも反応時間は短縮しなかった。この結果は，上述の実験で見られたアスタキサンチンの摂取期間に伴う反応時間の短縮が課題の練習や経験の有無だけでは説明できないこと，そして反応時間の短縮が少なくとも健康食品の摂取によって生じたことを意味している。

2.5 まとめと今後の課題

本節では，アスタキサンチンが視覚疲労へ及ぼす効果について検討した著者らの研究について概説した。先に述べたように，これまで眼科的指標を用いた多くの先行研究において，アスタキサンチンを含む健康食品の摂取がVDT作業に関連する視覚疲労に有効であることが示唆されているものの，反応時間や行動科学的・実験心理学的アプローチでの研究はほとんどなく，またこれまでの研究は，現実のVDT作業場面で生じる中枢性疲労も含む視覚疲労に対するアスタキサンチン効果を直接検討したものではない。本節で紹介した我々の研究は，実際のVDT作業に近い視覚課題においても，アスタキサンチンを含む健康食品の摂取が視覚疲労の軽減に一定の効果があることを示している。但し，いわゆる心理的な構え・プラシーボ効果については考慮していないことから，今後さらなる検討が必要であろう。また，著者らの研究はアスタキサンチンを含む健康食品を28日間摂取したのみの効果を検討したものであり，より長期的な摂取については視覚疲労がどのように軽減されるのかについて今後さらに検討する必要があるだろう。

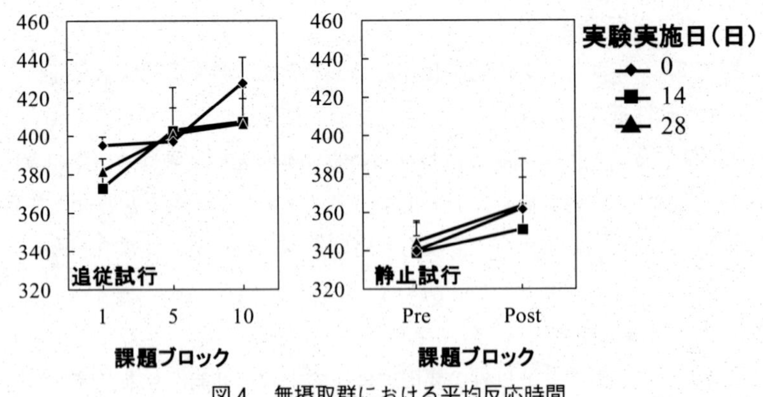

図4　無摂取群における平均反応時間
縦棒はSEを示す（文献[11]を改変して引用した)。

文　　献

1) 西村　武, テレビジョン学会誌, **37**(5), 389 (1983)
2) 斎藤　進, Vision, **5**(1), 27 (1993)
3) 木村遠洋ほか, 情報処理学会論文誌, **44**(11), 2587(2003)
4) Welford, A. T. In Welford, A. T. (ed.), Reaction times, Academic Press, London, 321 (1980)
5) 新田卓也ほか, 臨床医薬, **21**(6), 543 (2005)
6) 岩崎常人ほか, あたらしい眼科, **23**(6), 829 (2006)
7) 長木康典ほか, 臨床医薬, **22**(1), 41 (2006)
8) 白取謙治ほか, 臨床医薬, **21**(6), 637 (2005)
9) 澤木啓祐ほか, 臨床医薬, **18**(9), 1085 (2002)
10) 尾上浩隆, 渡辺恭良編, 疲労の科学, 医歯薬出版, 東京, 83 (2005)
11) 瀬谷安弘ほか, 日本生理人類学会誌, **14**(2), 59-66 (2009)
12) S. Gur *et al., Occup. Med.*, **44**(4), 201 (1994)
13) 植竹篤志ほか, 電子情報通信学会論文誌, A, 基礎・境界, J83-A(12), 1521 (2000)
14) 西村　武ほか, テレビジョン学会誌, **40**(12), 1239 (1986)
15) 神谷達夫ほか, 日本生理人類学会誌, **10**(2), 17 (2005)
16) W. T. Singleton, In Floyd, W. F., & Welford, A. T. (eds.), *Symposium on Fatigu*e, H. K. Lewis & Co. for Ergonomics Research Society, London, 163 (1953)
17) 吉村　勲ほか, 日本生理人類学会誌, **4**(2), 37 (1999)
18) 長木康典ほか, 臨床医薬, **21**(5), 537(2005)
19) Ando, S. *et al., Percept. Mot. Skills.*, **95**, 747(2002)

3 アスタキサンチンの眼疾患への応用

北市伸義*1，石田 晋*2

3.1 はじめに〜縄文人・続縄文人を支えたサケ・イクラ

縄文時代は日本に人類が定住を始めた時代である。縄文式土器の発明は食材を煮ることを可能にしたことで時代を変えた。これにより，生ではアクが強くて食べられないドングリなどの木の実を食べられるようになり，狩猟に頼る不安定な食生活が大きく改善されたからである。最近の考古学的研究によれば当時はカロリーの40％以上をドングリなどの木の実で摂取し，残りはイノシシ，シカなどの狩猟，および魚類や貝類の漁撈による動物性カロリーであったらしい。彼らは川辺に集落を作ったが，これは飲料水の確保とともにサケの捕獲のためとも考えられている。サケ（アイヌ語ではシャケンベ）は特に東日本の遺跡から多くの骨が出土しており，生活を支える重要な食物であったと考えられる。そのため当時は西日本より東日本の方が人口密度はかなり高かった。実際，北海道大学構内の縄文・続縄文遺跡からも，サケを捕獲するための定置網と考えられる柵状遺構が発掘される（図1）。炉端にはアワ，イネ，オオムギなどの炭化種子とともに，焼いて調理されたサケの骨が大量に出土する。当然イクラ（ロシア語でイクラ）も食べていたと考えられる。アスタキサンチンはこれらサケ，イクラなど人類が古来摂取してきた食品中に広く存在する[1)]。

本稿ではアスタキサンチンと眼疾患との関連を解説したい。

図1 北海道大学構内の柵状遺構

キャンパス内の縄文・続縄文遺跡では川を塞ぐ形で杭と横板が大量に発掘される。
周囲の炉端跡からは炭化種子とともに焼けたサケ科の魚の骨が多量に出土する。中世までの東日本〜北日本ではサケ類が非常に重要な食料であった（北海道大学蔵）。

---

*1 Nobuyoshi Kitaichi 北海道医療大学 個体差医療科学センター 眼科 准教授；
北海道大学 大学院医学研究科 炎症眼科学 客員准教授
*2 Susumu Ishida 北海道大学 大学院医学研究科 眼科学 教授

3.2　加齢にともなう眼疾患

世界的にみると失明原因の圧倒的第一位は白内障である。白内障は加齢とともに水晶体が混濁して視力が低下する，加齢性眼疾患の代表的なものの一つである。現代の我が国では手術による視機能回復の機会が一般的になってきているが，全身状態や社会的事情で手術できず，失明状態となっていることも多い。しかも一部の先進国以外では白内障の手術機会そのものが十分得られないのが世界の現状である。

日本では失明原因上位5つは現在，緑内障，糖尿病網膜症，網膜色素変性症，加齢黄斑変性，網脈絡膜萎縮であり，いずれも加齢とともに悪化していく（図2）。緑内障は40歳代から発症が急増するため，眼科領域における加齢疾患の代表と考えて良い。糖尿病は加齢と関連する上，糖尿病網膜症は糖尿病の罹病期間が長くなると発症するため，やはり加齢関連疾患である。網膜色素変性症は遺伝疾患であるが幼少時は異常がみられないことが多く，加齢とともに症状の発現や悪化がみられる。遺伝子を治療することは容易ではないが，加齢に介入することで発症を遅らせ，あるいは進行を抑制するという発想は可能であろう。加齢黄斑変性はその名の通り加齢と直結する疾患である。既に米国では失明原因の第一位であり，今後我が国でも生活の欧米化と高齢化によりますます増加すると予想されている。強度近視による網脈絡膜萎縮も加齢とともに悪化する。

また，失明に至ることは少ないが，眼が乾くドライアイ，角膜に結膜組織が侵入する翼状片，瞼が下がる眼瞼下垂なども加齢に関連し，QOL を低下させる。

3.3　酸化ストレスと眼疾患

米国ネブラスカ大学のハーマンは1956年，放射線障害はミトコンドリアから発生する活性酸素が組織障害の大きな原因であり，正常の老化もミトコンドリアや細胞質から発生する活性酸素に

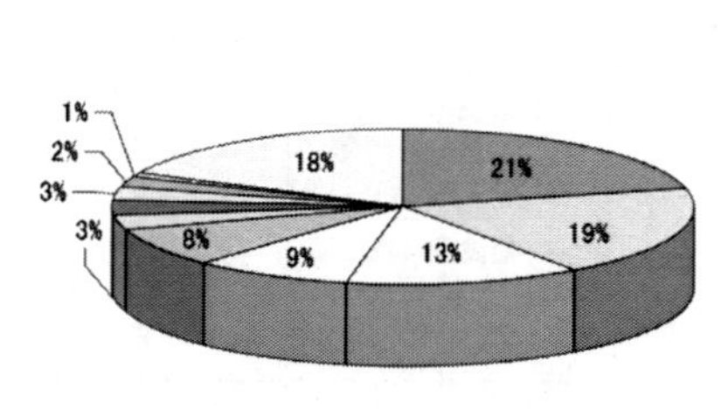

図2　日本の中途失明原因
加齢性疾患が多くを占める。

よって蛋白や核酸が障害されることによって起こるという説を提唱した[2]。実際，ミトコンドリア内過酸化水素除去酵素カスパーゼを過剰発現させたマウスの寿命が延びることや，ハエでも活性酸素除去酵素であるスーパーオキサイドデスメターゼ（SOD）を過剰発現させると寿命が延びる。したがって活性酸素が個体寿命に関係することは有力視されている。また，大気中の活性酸素や喫煙などの外界からの酸化ストレスも老化の増悪因子である。喫煙は動脈硬化や悪性腫瘍などの加齢に関係する疾患に深く関わるが，眼科領域でも加齢黄斑変性の危険因子である。眼が乾燥するドライアイでは能動喫煙だけではなく受動喫煙も危険因子であることがわかってきている[3]。

3.4 光老化

ミトコンドリアからの酸化ストレスに加え，眼の場合は皮膚と同様，光老化も重要である。可視光と紫外線は老化を進行させ，特に紫外線の人体への有害性は以前から良く知られている。眼疾患の中では加齢黄斑変性，白内障，翼状片などが光老化に関連する代表的疾患である。網膜は生まれて以来，一生光を受け続けることになるが，300 nm 以下の紫外線はまず角膜が吸収する。その先の水晶体は紫外線フィルター機能があり，320 nm までの紫外線 B と320～400 nm の紫外線 A をほぼ完全吸収する。従来可視光線は人体に無害と考えられていたが，現在では短波長の可視光線も網膜障害を引き起こすことが知られている。短波長の可視光線，すなわち青色光は網膜内に存在する黄色色素であるルテインやゼアキサンチンによって吸収される[4]。生体ではこれら三重のフィルター機能によって網膜は有害な光から守られている[5]（図 3）。しかし，長期間にわたる紫外線 B の影響により徐々に水晶体上皮細胞は障害され，水晶体の混濁である白内障が発症・進行する。これらの事実を踏まえ，混濁した水晶体に代わって白内障手術後に挿入される眼内レンズに関しては今日，紫外線と青色光を吸収するレンズが主流となっている。

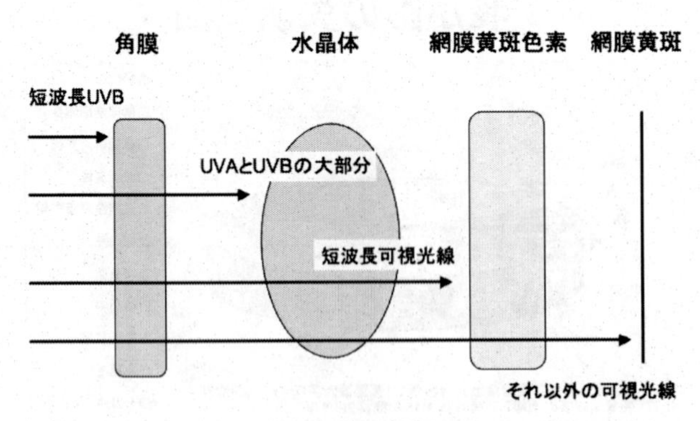

図 3　眼の光線吸収システム

眼は一生光に曝露され続ける。特に有害な紫外線は短波長 UVB が角膜，それ以外は水晶体で吸収される。可視光線は網膜へ到達するが，有害な青色光は網膜黄斑の色素で吸収される。したがって網膜は三重のフィルターで保護されている。

3.5　動物モデルでの効果

アスタキサンチンは抗酸化作用だけではなく抗炎症作用も有する。まずアスタキサンチンの抗炎症効果を動物モデルで検証した。

エンドトキシン誘発ぶどう膜炎（EIU）は急性前部ぶどう膜炎モデルである。我々はルイスラットにリポ多糖（LPS）を投与し，同時にアスタキサンチンを投与して前房水中の炎症細胞数や前房内蛋白濃度，プロスタグランジン（PG）E2，一酸化窒素（NO），腫瘍壊死因子（TNF）-α濃度を測定した。24時間後の前房炎症細胞数や前房内蛋白濃度はアスタキサンチン100 mg/kg投与群で有意に減少しており，代表的なステロイド薬であるプレドニゾロン10 mg/kgに匹敵した[6]（図4）。また，PGE2，NO，TNF-α濃度はいずれも1 mg/kg投与群から有意に減少し，10 mg/kg以上でプレドニゾロン（10 mg/kg）とほぼ同等の効果がみられた[6]。

EIU惹起ラット摘出眼球のNF-κB（核内因子κB）核内発現を免疫組織学的に検討すると，アスタキサンチン投与群ではぶどう膜（虹彩・毛様体）のNF-κB陽性細胞数が有意に減少していた[7]。さらに，中高年者の失明原因として注目される加齢黄斑変性の終末病態である脈絡膜血管新生に対する効果も検討したところ，レーザー誘導脈絡膜血管新生モデルではアスタキサンチンの摂取により脈絡膜血管新生が抑制された（図5）。この奏功機序もNF-κBを介する炎症機序の軽減によった[8]。したがってアスタキサンチンは免疫・炎症反応の中心的転写因子であるNF-κB阻害により抗炎症効果を発揮すると考えられる。

3.6　点眼薬という可能性

紫外線は活性酸素を発生させ，代表的な老化促進要因である。眼への影響は電気性眼炎や雪眼炎（ゆきめ）などの角膜炎，白内障などが古くから良く知られているが，アスタキサンチンの強力な抗酸化作用は眼の紫外線対策，老化対策に有効である可能性がある[9]。そこで我々は次にマウスに紫外線を照射する角膜障害モデルを用いて検討した。麻酔下のマウスに紫外線Bを400

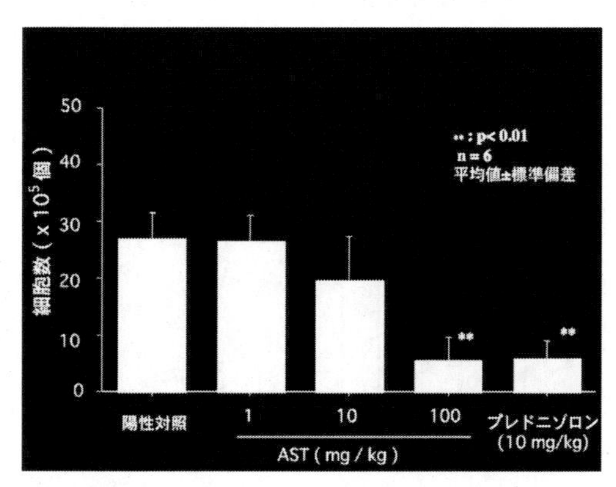

図4　EIU惹起ラット前房水中炎症細胞数

前房水中炎症細胞数はアスタキサンチン（AST）の投与量依存的に減少し，AST100 mg/kg投与群はプレドニゾロン10 mg/kg投与群とほぼ同程度であった。

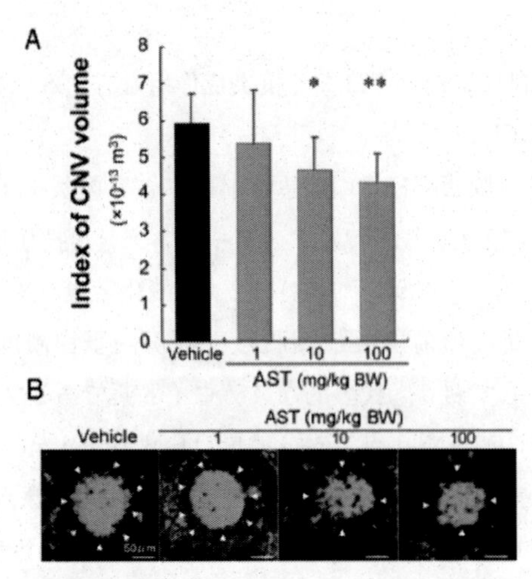

図5　脈絡膜新生血管に対するアスタキサンチンの効果

加齢黄斑変性の動物モデルである脈絡膜新生血管（CNV）モデルでは，アスタキサンチンの摂取により用量依存的にCNVが縮小した。
A：CNVの大きさを計算により比較したもの
B：網膜フラットマウントによる実際のCNV像

mJ/cm^{2}照射し，24時間後に角膜を検討した。現在，アスタキサンチンは全身摂取が基本であり点眼薬はないが，眼表面であれば点眼薬の方が効率的である可能性があると考え，ここでは研究室で独自に点眼薬を試作した。片眼にアスタキサンチンを，他眼には対照として溶媒のみを点眼した。

アスタキサンチンを点眼すると紫外線による角膜障害が有意に軽症化し（図6），TUNEL陽性細胞も有意に減少，活性酸素も著明に減少していた[10]。しかし，アスタキサンチンが色素を有するため，これだけでは色素自体による光減弱効果（サングラス効果）による可能性も完全に否定することはできない。そこで，紫外線照射5分後にアスタキサンチンを点眼する実験を行なっ

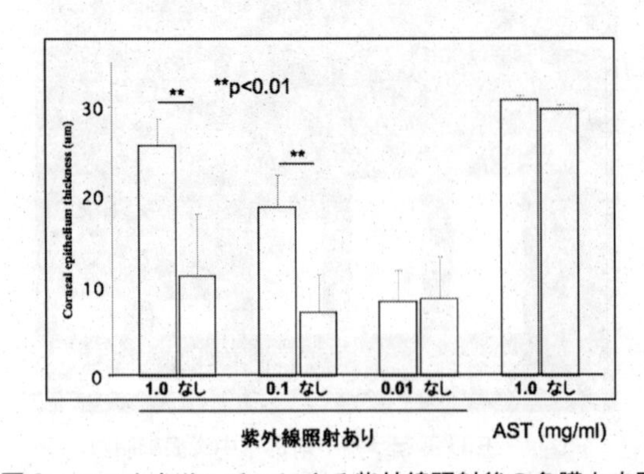

図6　アスタキサンチンによる紫外線照射後の角膜上皮厚

アスタキサンチンを点眼した眼は溶媒のみを点眼した反対眼と比較して，有意に紫外線角膜障害が軽度であった。

た。その結果，アスタキサンチンは紫外線による細胞死を有意に抑制しており，サングラス効果の可能性は完全に否定された[10]。さらに，培養した角膜上皮細胞の培養液中にアスタキサンチンを添加すると紫外線照射による細胞死が著明に抑制された（図7）。

このことはアスタキサンチンが紫外線から眼を強力に守る作用があること，さらに将来は点眼薬という選択肢を検討する価値があることを示している。

3.7　ヒトでの効果

次に動物モデルで得られた結果を元にヒトでの臨床的評価を試みた。被験者は日常的にパソコン業務などが多く，眼精疲労を自覚する健康成人とし，試験食品を4週間連日経口摂取してもらった。対照群（非アスタキサンチン群）とアスタキサンチン6 mg経口摂取群（アスタキサンチン群）の2群に分け，眼精疲労と調節機能を二重盲検法で比較した。摂取開始後の準他覚的調節力を14日目，28日目で比較するとアスタキサンチン群では調節力が有意に改善し，その効果は摂取日数が長くなるほど増強した[11]（図8）。また眼精疲労は自覚的視覚アナログスケール法を

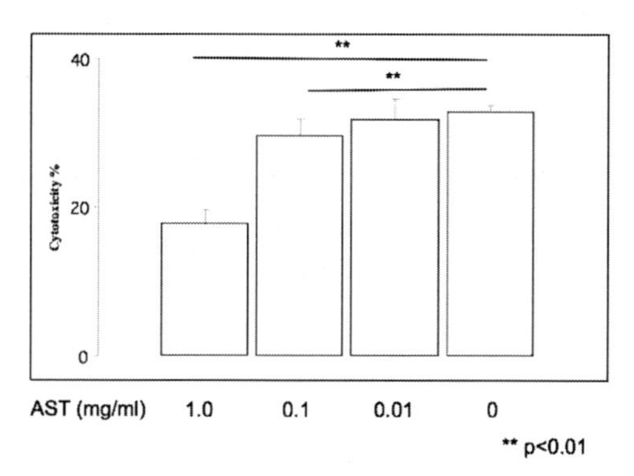

図7　アスタキサンチンによる角膜上皮培養細胞の紫外線障害の軽減
培養液中にアスタキサンチンを添加すると，紫外線による細胞死が用量依存的に減少した。

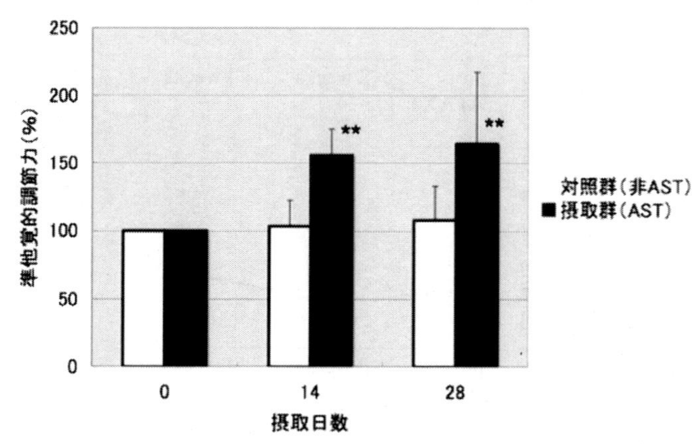

図8　健常成人におけるアスタキサンチン摂取後の調節力変化
14日目以降アスタキサンチン摂取群では有意に調節力が向上した（**：$p<0.01$）。

用いて摂取前後の客観的眼精疲労度評価を行なった。その結果12項目中「目が疲れやすい」「目がかすむ」「眼の奥が痛い」「しょぼしょぼする」「まぶしい」「肩が凝る」「腰が痛い」「イライラしやすい」の８項目で有意な改善がみられた[11]。

現代社会では長時間コンピュータモニターを利用することが多く，必然的に近見作業時間が長くなる。そのため毛様体筋に長時間の緊張状態を強いることになり，調節機能の異常やひいては眼精疲労を引き起こす。さらに長期間にわたるコンピュータ使用による慢性ストレスが毛様体筋の機能低下を引き起こし，調節力の低下の一因となる可能性がある。我々がコンピュータなどの使用時間の長い被験者を対象として二重盲検試験を行なったところ，同様にアスタキサンチン投与群で調節機能の改善と自覚症状の改善がみられた。したがってアスタキサンチン摂取は眼科臨床では眼精疲労の軽減と調節機能の改善に有効であると考えられた。

近年失明原因として増加している加齢黄斑変性（AMD）や代表的なぶどう膜炎疾患であるVogt-小柳-原田病では眼底の血流速度が低下していることが報告されている。そこで健常者を対象に，レーザースペックルフローグラフィー（LSFG）という装置を用いて眼底の血流速度を精密に測定した。摂取前，摂取後２週目および４週目に眼底血流量を視神経乳頭部，黄斑部および眼底後極部の３部位について測定したところ，アスタキサンチン摂取群では網脈絡膜全般（同３部位での）の血流速度の有意な上昇傾向がみられた[12]（図９）。アスタキサンチンは加齢黄斑変性，糖尿病網膜症などの眼底疾患だけではなく，緑内障における視神経乳頭血流改善など各種眼底疾患に対し，臨床応用できる可能性が示唆された。

今後さらに白内障進行予防，緑内障における視神経乳頭循環改善，ぶどう膜炎緩和，あるいは

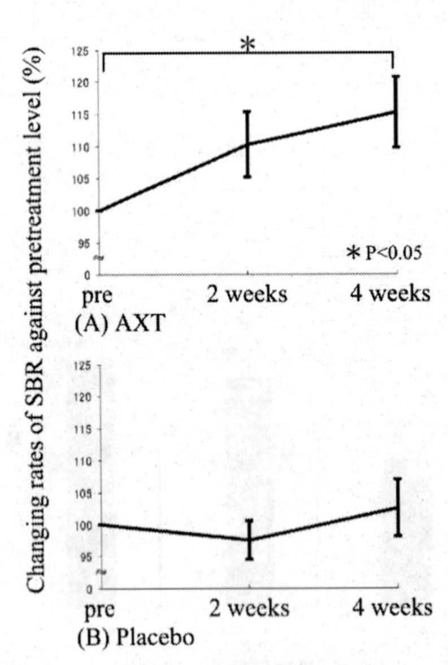

図９　アスタキサンチン摂取による健常者の眼底血流速度の変化
ヒトの眼底血流速度は，アスタキサンチン摂取群（A）で４週間後に有意に増加した。
一方，プラセボ群では有意な変化はなかった（B）。

加齢黄斑変性や糖尿病網膜症の予防，進行緩和への応用が期待される。

3.8　おわりに

ヒトは外界からの情報の80％以上を視覚に頼るとされるが，近年の情報化社会は眼への負担をこれまで以上に過酷なものにしている。加えて我が国は世界一の長寿社会である。アスタキサンチンの抗炎症効果はNF-κBシグナルを介するが，NF-κBはストレス反応，サイトカイン産生，紫外線障害，細胞増殖，アポトーシス，自己免疫疾患，悪性腫瘍など多くの生理現象に深く関与している。したがってアスタキサンチンは将来，眼精疲労，炎症性疾患，紫外線障害，加齢黄斑変性症など多くの疾患に有用である可能性がある[13)]。また，安全性試験では有効量の5倍量である1日30 mgを4週間摂取しても全身に影響はみられず，眼圧上昇などの眼科的有害事象も全くみられなかった[14)]。その安全性の高さも考えあわせ，今後一層その抗酸化作用，抗炎症作用の基礎的・臨床的エビデンスを蓄積すべきであると考えられる[15)]。

文　　献

1) 北市伸義，大野重昭，石田　晋，あたらしい眼科，**27**, 43-46 (2010)
2) Harman D., *J. Gerontol.*, **11**, 298-300 (1956)
3) 坪田一男，石田　晋，眼科プラクティス22　抗加齢眼科学，文光堂，2-15 (2008)
4) 柳　靖雄，眼科プラクティス22　抗加齢眼科学，文光堂，182-185 (2008)
5) 北市伸義，石田　晋，メディカルリハビリテーション，**124**, 51-57 (2010)
6) Ohgami K, Shiratori K, Kotake S., *et al.*, *Invest Ophthalmol Vis Sci.*, **44**, 2694-2701 (2003)
7) Suzuki Y, Ohgami K, Shiratori K., *et al.*, *Exp Eye Res.*, **82**, 275-281 (2006)
8) Izumi-Nagai K, Nagai N, Ohgami K., *et al.*, *Invest Ophthalmol Vis Sci.*, **49.**, 1679-1685 (2008)
9) 北市伸義，石田　晋，杉田　直，新しい治療と検査シリーズ　あたらしい眼科，**29**, 63-64 (2012)
10) Lennikov A, Kitaichi N, Fukase R., *et al.*, *Mol Vis.*, **18**, 455-464 (2012)
11) 白取謙治，大神一浩，新田卓也ほか，臨床医薬，**21**, 637-650 (2005)
12) Saito M, Yoshida K, Saito W., *et al.*, *Graefes Arch Clin Exp Ophthalmol*, **250**, 239-245 (2012)
13) 北市伸義，大神一浩，大野重昭，*Functional Food*, **3**, 26-30 (2009)
14) 大神一浩，白取謙治，大野重昭ほか，臨床医薬，**21**, 651-659 (2005)
15) 北市伸義，石田　晋，大野重昭，からだの科学，**263**, 131-134 (2009)

第6章　アレルギー抑制

1　アスタキサンチンのアトピー性皮膚炎に対する有効性

藤山俊晴*

アスタキサンチンのアレルギーに対する効果を考察した医学論文は少なく，実際にPubMedでアスタキサンチンとアレルギーをかけて検索すると，意外にもわずか数件がヒットするのみである。しかし，アスタキサンチンが免疫系に与える影響についての研究報告は多数存在しており，アレルギー反応にも何らかの影響を与えることが推測される。インターネットでアスタキサンチンのアレルギーに対する効果を謳うウェブサイトを見ると，アスタキサンチンの抗ヒスタミン作用が強調され，アレルギーや痒みに対する効果があると記載されているものもある。実際，過去の報告では，*in vitro* の実験においてアスタキサンチンを含めて複数のカロテノイドが，マスト細胞からの抗原依存性の脱顆粒を抑制したとする報告がある[1)]。マスト細胞は即時型のアレルギー反応において根本的な役割を果たす細胞である。マスト細胞上の高親和性 FcεRⅠに結合したIgEはその特異的な抗原（アレルゲン）と結合し，その抗原による架橋が引き金になって，ヒスタミンやエイコサノイド，タンパク分解酵素，サイトカイン，ケモカインなどの生物学的活性物質が脱顆粒により放出される。脱顆粒はその部位によって，血管では血流の増加，血管透過性の亢進，気道では粘液分泌の亢進，内径の狭小化，消化管では消化液分泌の亢進，といった即時型アレルギー症状を引き起こすことになる。さらにIgEを介したマスト細胞の活性化は，好酸球，好塩基球，Th2細胞の動員により増幅される重要な炎症カスケードをつかさどることになる。したがって，アスタキサンチンに，マスト細胞の脱顆粒を抑制する作用があるとすると，それに続く多くのアレルギー症状に対して効果が期待できる可能性がある。

また，これまでに行われてきた基礎実験では，アスタキサンチンには炎症発生過程での遺伝子発現制御において重要な役割を担っている転写因子NF-κBへの作用があることが示されている。NF-κBはシクロオキシゲナーゼ-2（COX-2）や誘導型NO合成酵素（iNOS）の発現を制御しており，これらが炎症メディエーターであるプロスタグランディンやNOの産生に関わっている。アスタキサンチンはIκBキナーゼ（IKK）の活性を抑制し，NF-κB活性を阻害することによりCOX-2やiNOSの発現を抑制しPGE2やNOの産生を抑制することが，培養マクロファージおよびマウスを用いた実験より明らかとなっている[2〜4)]。このような効果には，アスタキサンチンの抗酸化作用が関与しているとする考えがある。COX-2やiNOSの発現抑制作用に加えて，アスタキサンチンは炎症メディエーターの一つであるロイコトリエンの生合成に関わる5-リポキ

* Toshiharu Fujiyama　浜松医科大学　皮膚科学講座　助教

シゲナーゼ（5-LOX）の活性を阻害することも明らかとなっている[5]。この機構は活性酸素が存在しない *in vitro* の系において活性が抑制されていることから，活性酸素を介さず，アスタキサンチンが直接的に作用している可能性が示唆されている。

さらに，*in vivo* の基礎実験データとしては，アトピー性皮膚炎のモデルマウスであるNC/Nga マウスの耳介の皮内にダニ抗原を反復投与してアレルギー反応を誘発し，アスタキサンチン投与群と対照群で症状や耳介の浮腫の程度を比較したものがある[6]。その報告によると，アスタキサンチン投与群では非投与群に比して耳介の炎症症状の程度は軽く，耳介厚も有意に低かった。したがって，この結果からは生体内においてもアスタキサンチンがアレルギーやアトピー性皮膚炎の炎症に対して有効である可能性が示唆された。しかし，実際にアトピー性皮膚炎患者に対するアスタキサンチン内服の臨床試験やその効果についてこれまで十分には示されていなかった。また，アスタキサンチンのアレルギー性疾患に対する有効性を示すエビデンスレベルの高い報告は存在しなかった。

浜松医科大学皮膚科学教室では，ヤマハ発動機㈱ライフサイエンス部と共同で，2007年に31名のアトピー性皮膚炎患者に対してヘマトコッカス藻由来のアスタキサンチン含有製剤とプラセボを用いた二重盲検比較試験を実施した[7]。本稿ではその結果をもとに，アスタキサンチンのアレルギーに対する効果を考察する。

ここで，アトピー性皮膚炎につき簡単に紹介すると，本症は増悪・寛解を繰り返す瘙痒のある湿疹を主病変とする疾患であり，患者の多くはアトピー素因を持つ。アトピー素因とは家族歴や既往歴に気管支喘息，アレルギー性鼻炎・結膜炎，アトピー性皮膚炎などを持つか，IgE 抗体を産生しやすい素因と定義されている[8]。患者の多くは末梢血液中の好酸球や IgE が増加しており，特にハウスダストやダニ抗原などのアレルゲンに反応する特異的な IgE の増加が高頻度に見られることなどから，古典的にはアトピー性皮膚炎はアレルギー性疾患として捉えられてきた。免疫学的背景として，リンパ球の一種であるヘルパー T 細胞の中には，主に液性免疫を担当し IL-4（Interleukin-4）などを産生する Th2細胞と，主に細胞性免疫を担当し IFN-γ（Interferon-γ）などを産生する Th1細胞があり，お互いに抑制し合ってバランスをとっていると考えられている。アトピー性皮膚炎では多くの場合でこのバランスが崩れ Th2細胞が優位となり，このアンバランスは IgE の産生にも関わっている。このような免疫学的背景に加えて，アトピー性皮膚炎の患者では，瘙痒感から搔破行動を繰り返してしまい，搔破によって皮疹がさらに悪化し，さらなる瘙痒感を覚えるという悪循環が存在し，itch-scratch cycle とも呼ばれている。痒みはそれ自体で強いストレスとなり，逆に搔破行動は一種の快感も伴い，ストレスのはけ口となる場合もある。したがって，本症は精神的ストレスとも密接に関連しているため，アトピー性皮膚炎と精神との関わりも広く議論されている。そして，近年ではフィラグリン遺伝子の変異をはじめとする皮膚のバリア機能の異常がその病態に深く関わっていると考えられるようになってきている。強い痒みや，他人から見える皮膚の症状は，患者の QOL（quality of life）に大きな影響を与えている。このように，アトピー性皮膚炎という疾患は多彩な側面を持つことから，今回のアスタキサンチンの効果の検討も疾患の重症度，瘙痒感，免疫・アレルギー，ストレス，患者の QOL など多方面からの評価を試みた。

本臨床試験においては，被検物質としてアスタキサンチン12 mg（フリー体換算）を含むヘマトコッカス藻色素（PURESTA，ヤマハ発動機㈱），プラセボとしてコーンオイルを用いた。被検者に，そのいずれかを含むソフトカプセルを1日1回1粒，朝食後に4週間毎日内服させ，アトピー性皮膚炎の重症度，痒みの程度，ストレスの程度，血液・尿検査所見，QOL などについて比較検討した。試験はプラセボ効果や観察者バイアスの影響を防ぐことのできる二重盲検法で行った。

アトピー性皮膚炎の重症度の評価には，国際的に頻用されている SCORAD（scoring atopic dermatitis）というスコアを用いた。本スコアは，アトピー性皮膚炎における皮疹の範囲，強さ，瘙痒感や睡眠障害などを含めて，総合的にアトピー性皮膚炎の重症度を測定することができる。また痒みの程度は VAS（visual analogue scale）を用いて評価した。VAS とは10 cm の線分上で左端の「痒みなし」を0，右端の「最もひどい痒み」を100として，受診時における痒みの程度に応じて患者に線分上に点の印を打ってもらう。左端から印までの長さ mm 数を痒みの尺度値として用いる方法である。今回，アスタキサンチンおよびプラセボを4週間内服した後，内服前の SCORAD および VAS の数値を100%として内服後の%値を比較した。その結果，残念ながらアスタキサンチン内服群とプラセボ内服群の間には，SCORAD，VAS の変化共にほとんど全く差が見られなかった。つまり，アスタキサンチン12 mg を4週間内服してもアトピー性皮膚炎の皮疹や瘙痒感はあまり改善しないという結果であった。

免疫・アレルギー的側面からの検討として，免疫機能について内服前後の両群を比較した。まず，IFN-γ産生 CD4陽性細胞を Th1細胞，Il-4産生 CD4陽性細胞を Th2細胞と定義した。内服の前後に患者から採血を行い，リンパ球を分離した後，フローサイトメトリーによる解析で Th1/Th2比の変化を比較したところ，アスタキサンチン内服群では Th1/Th2 比が34%程度上昇しており，プラセボ内服群の変化率と比較して有意な上昇が見られた。このことは，通常アトピー性皮膚炎で Th2優位に傾いている Th1・Th2のアンバランスが，アスタキサンチン内服によって，改善する方向に働いたことを意味している。これまでに，ヒト末梢血を用いた別の検討で，アスタキサンチンには IL-4放出阻害活性が確認されており，今回の結果と合わせて考えると，アスタキサンチンに生体内で Th1へシフトするような作用がある可能性が高く，他の Th2が優位になる，いわゆるアレルギー性疾患に対して何らかの効果が期待できる可能性がある。

ストレスの評価は，直接ストレスという抽象的なものを測定することは困難であるため，精神的ストレスの指標として，不安の程度を測定する STAI（Sate-Tait Axiety Iventory）により評価した。STAI は Spielberger（1966）の「不安の特性・状態モデル」に基づき，不安を特性不安と状態不安に分けて考え，各不安を評価する20ずつの質問に4段階評価のアンケート形式で患者に答えてもらい，スコア化する方法である。ここで得られた特性不安，状態不安それぞれのスコアに応じて評価段階基準がⅠ（非常に低い）からⅤ（非常に高い）が男女別に区分されている。

STAIの使用手引きによれば，状態不安とは緊張と懸念という主観的で意識的に認知できる感情および自律神経系の活動の昂まりによって特徴づけられる人間という生体の一過性の状態と概念化することができるのに対して，特性不安とは比較的安定した不安傾向の個人差と関係している[9]。これまでに，我々がアトピー性皮膚炎患者および健常者に対してSTAIを行ってきた結果によれば，アトピー性皮膚炎患者では特性不安，状態不安共に健常者に比べて統計学的に有意に高く，特に特性不安はアトピー性皮膚炎患者の血清IgE値と正の相関を示しており，疾患との強い関連性が考えられている[10]。今回のアスタキサンチンおよびプラセボを4週間内服前後のSTAIのスコアは，状態不安・特性不安共に有意な改善は見られなかった。しかし，評価段階基準に基づく比較では状態不安の段階評価が改善した患者数が，アスタキサンチン内服群でプラセボ群に比べて統計学的に有意に多かった。したがって，アスタキサンチンには多少のストレスや不安に対する作用が期待できるのかもしれない。

生化学的手法でのストレスの評価として，血中のカテコラミン値も評価した。アスタキサンチンおよびプラセボ内服前後で血中のアドレナリン，ノルアドレナリン，ドパミンの濃度を比較したところ，各々の変化率では両群間に統計学的有意差はなかったが，いずれのカテコラミン分画も，アスタキサンチン内服後に低下する傾向を示した。酸化ストレスの指標として，尿中8-OHdG，イソプラスタン濃度を内服前後で測定し比較したところ，プラセボ群では内服後の方が高値を示したのに対して，アスタキサンチン群ではわずかではあるが低下する傾向を示した。

アトピー性皮膚炎患者のストレスに対するアスタキサンチン内服の評価としては，ストレス自体が多くの因子の影響を受けているため，アスタキサンチン自体で直接患者のストレスを大きく軽減するのは難しいが，何らかの抗ストレス作用を示す可能性は否定できない。

QOLの評価もストレスと同様に抽象的で難しいが，皮膚疾患におけるQOLの評価として国際的に広く用いられているSkindex16を用いて，アトピー性皮膚炎によるQOLの障害に対するアスタキサンチンの効果の評価を試みた。Skindex16は過去1週間に患者が悩まされた皮膚の症状について，16個の質問に，全く悩まされなかった（0）から，いつも悩まされた（6）の間の数字で答えるものである。16個の質問の中には，感情，症状，機能に対する質問項目が含まれており，その各々および総合につき比較検討した。

興味深いことに，アスタキサンチン内服群では症状に関する質問でQOLの改善が見られていたのに対して，プラセボ群では改善が見られなかった。そして，症状に関する質問の中でも「皮膚のかゆみ」に対する質問においてアスタキサンチン群で改善が見られた。この結果は前述の痒みの評価でVASの値には改善が見られなかったことと矛盾するように感じられる。この点を考察するとすれば，VASは診察時の瞬間的な痒みを評価しているのに対して，Skindex16の痒みの質問は過去1週間の痒みの評価である。したがって，VASの結果だけではアスタキサンチン内服による痒みの改善を可視化することはできないが，Skindex16の結果を合わせて考えると，中長期的には痒みに対しても多少の抑制効果が期待できる可能性がある。

この臨床試験の結果を総括すると，残念ながらアスタキサンチン12 mg，4週間の内服ではアトピー性皮膚炎の皮膚症状を十分に改善する効果は得られなかった。しかし，アトピー性皮膚炎が前述のように，多くの側面を持つ疾患であり，アスタキサンチンの内服により，幾つかの側面で部分的にではあるが，改善が見られたことは，非常に興味深い。現在，アレルギー疾患の治療の多くは対症療法であり，アトピー性皮膚炎に対して健康保険の適応となっている，抗アレルギー薬・抗ヒスタミン薬の効果でさえも，多くの患者を十分に満足させるレベルには達していない。したがって，今回得られたアスタキサンチンの有効性は，他の薬剤と組み合わせるなどの工夫によって，アレルギー性疾患の治療オプションとなる可能性はあると考えている。

謝辞

稿を終えるにあたり，基礎実験，臨床研究に御協力されました当時の浜松医科大学皮膚科教室のスタッフ並びにヤマハ発動機㈱ライフサイエンス部のスタッフ，関係者の皆様に深謝いたします。

文　献

1) Sakai S *et al., J. Biol. Chem.*, **284**(40), 281772 (2009)
2) Ohgami K *et al., Opthalmol. Vis. Sci.*, **44**, 2694 (2003)
3) Lee S. J. *et al., Mol. Cells.*, **16**, 97 (2003)
4) Suzuki Y *et al., Exp. Eye. Res.*, **82**, 275 (2006)
5) ヤマハ発動機㈱特開 (2006)
6) 飯尾久美子ほか，日本化粧品学会誌，33，p. 7 (2009)
7) 佐藤朗ほか，*J Environ Dermatol Cutan Allergol*, **3**(5), 429 (2009)
8) 古江増隆ほか，日本皮膚科学会雑誌，119(8), 1515 (2009)
9) Spielberger CD 日本語版STAI，状態・特性不安検査 使用手引，p. 3，三京房 (1991)
10) Hashizume H *et al., Br J Dermatol.*, **152**(6), 1161 (2005)

第7章　美容効果

1　皮膚の抗老化とアスタキサンチン

菅沼　薫*

1.1　皮膚の加齢変化

加齢によって皮膚は，水分量や皮脂量の低下，皮膚厚の減少，皮溝や毛孔の不均一化やたるみ，シワ，色素沈着などの形態変化がみられる。皮膚の加齢変化については自然老化と光老化があり，自然老化は加齢に伴う各種の皮膚機能低下から引き起こされる皮膚の乾燥や，連続運動による疲労や弾力の低下などである。一方，太陽紫外線が原因となって引き起こされる光老化は，紫外線により生じた活性酸素が皮膚障害に関わっているといわれている[1~3]。とくに紫外線照射を繰り返し受ける顔面皮膚では，皮膚厚の増加や皮膚真皮におけるエラスチンやコラーゲン線維の変性によるシワやたるみなどの症状として表れる。顔面部位のなかでも目尻部の皮膚は，皮膚面の角度から太陽光線を直接大量に受けやすく，そのため皮膚内部へ到達する紫外線の影響を強く受け，表情筋の動きに応じたシワが深く刻まれる。皮膚の形状や弾力に関わっている真皮には，1型コラーゲン，エラスチン，ヒアルロン酸などの細胞外マトリックスと呼ばれる成分が存在し，これらの成分は，皮膚線維芽細胞（ファイブロブラスト）が産生する種々タンパク分解酵素により分解され，劣化変性することによりシワやたるみなどが形成される[4]。

シワやたるみの形成には，紫外線A波（UVA）およびB波（UVB）の両方が関与することが明らかとなっている。紫外線の影響を受けて活性化する1型コラーゲンを分解する酵素は，コラゲナーゼ酵素Matrix metalloproteinase-1（MMP-1）であり，エラスチンを分解する酵素は線維芽細胞由来エラスターゼ酵素（Neutral Endopepitidase（NEP））[5]である。

UVB照射では，ケラチノサイトから産生分泌されるインターロイキン6（IL-6）やインターロイキン1α（IL-1α），Granulocyte macrophage colony stimulatory factor（GM-CSF）が真皮まで浸透し，真皮の皮膚線維芽細胞ファイブロブラストに作用して，IL-6はコラゲナーゼ酵素Matrix metalloproteinase-1（MMP-1）活性を，IL-1aとGM-CSFはエラスターゼ酵素NEP活性を亢進させる[6]。そのことにより，コラーゲン線維の減少およびエラスチンの三次元構造に変性をもたらし，皮膚の弾力を低下させるということが明らかになっている。

さらに，波長の長いUVAは唯一表皮を貫通する紫外線で，照射浸透が深く真皮に到達する。UVAによって誘導される皮膚の損傷は，真皮における皮膚線維芽細胞ファイブロブラストに直接作用し，コラゲナーゼ酵素Matrix metalloproteinase-1（MMP-1）やエラスターゼ酵素

*　Kaoru Suganuma　㈱エフシージー総合研究所（フジテレビ商品研究所）取締役；暮らしの科学部，企画開発部　部長

Neutral Endopepitidase（NEP）酵素活性およびマトリックスタンパクの合成に強い影響を及ぼすためである。それによって，真皮のコラーゲン量の低下や皮膚弾力性が低下することで，皮膚にシワやたるみ形成を引き起こすことが分かっている[7,8]。

したがって，皮膚線維芽細胞ファイブロブラストにUVAを直接照射した結果引き起こされるコラゲナーゼ酵素Matrix metalloproteinase-1（MMP-1）やマトリックスタンパクの変動を制御できる物質は，UVAによって生じるたるみやシワ形成を修復および予防する効果が期待できる。

1.2　皮膚細胞内におけるアスタキサンチンの機能

皮膚線維芽細胞に直接UVAを照射すると，活性酸素種（ROS）を生じ，これが引き金となりストレスシグナル分子が活性化し，その結果，遺伝子発現を制御するアクチベータータンパク質1（activator protein-1：AP-1）などの転写因子の増加および活性化により，コラゲナーゼ酵素Matrix metalloproteinase-1（MMP-1）の遺伝子発現が上昇し，酵素タンパクや活性の発現増強によりマトリックスタンパクが分解され，皮膚のシワやたるみ発生の原因となっている[9,10]。そのため，生じた活性酸素種を除去し，その活性酸素種により生じる障害を防ぐ目的で，さまざまな抗酸化剤による光老化抑制効果が検討されている。

なかでも，カロチノイド類であるアスタキサンチンAstaxanthin[11,12]は，ベーターカロテンβ-caroteneとは異なりプロビタミンA作用を示さず[13]，ベーターカロテンの約40倍の抗酸化作用を有することが分かっている。活性酸素には種々あるが，とくに一重項酸素は不対電子を持たず求電子反応を起こしやすく脂質の過酸化作用など皮膚への影響が大きいといわれている[14]が，その一重項酸素を消去する能力においてアスタキサンチンは，ビタミンEの約550倍，コエンザイムQ10の約150倍といわれている[15]。

筆者らは，培養ヒト皮膚線維芽細胞に対して，UVA照射直後にアスタキサンチンを添加するという試験法で実験を行い，アスタキサンチンの機能特性を調べた。それらは，皮膚細胞内でのアスタキサンチンの有効性およびそのメカニズム解明研究として，皮膚培養細胞を用いてアスタキサンチンがUVAによる影響をいかに防御するかについて検証するものである。その結果，UVAの照射直後にアスタキサンチンが添加された場合でも，UVA照射で引き起こされるコラゲナーゼ酵素Matrix metalloproteinase-1（MMP-1）の発現の増加を有意に抑制することが明らかとなった。また，その程度は弱いもののエラスターゼ酵素Neutral Endopepitidase（NEP）の遺伝子，タンパク，酵素活性発現のUVAによる増加を消去する効果を確認することができた[16]（図1～3）。

以下に，筆者らが行ったアスタキサンチンを含むクリーム製剤の外用によるヒト試験と，食品として連続摂取するヒト試験について述べる。

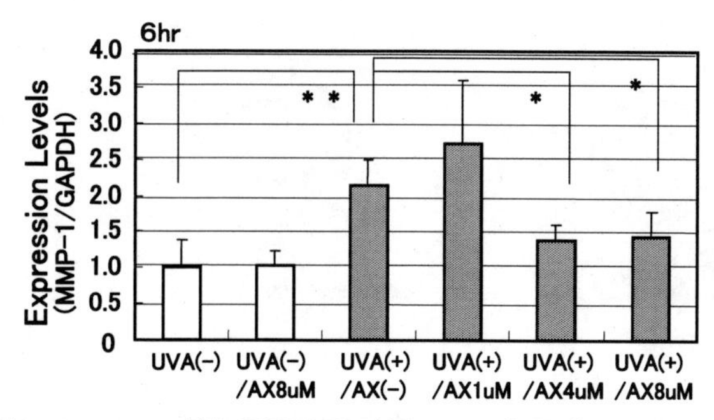

図1　MMP-1の遺伝子発現量に対するAX作用（RT-PCR法）

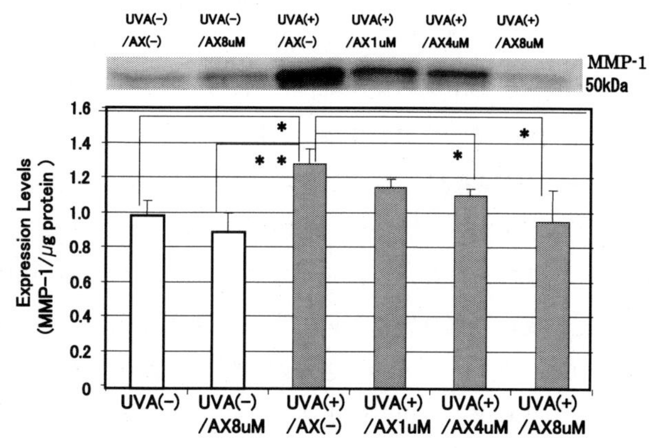

図2　MMP-1のタンパク発現量に対するAX作用（Western Blotting法）

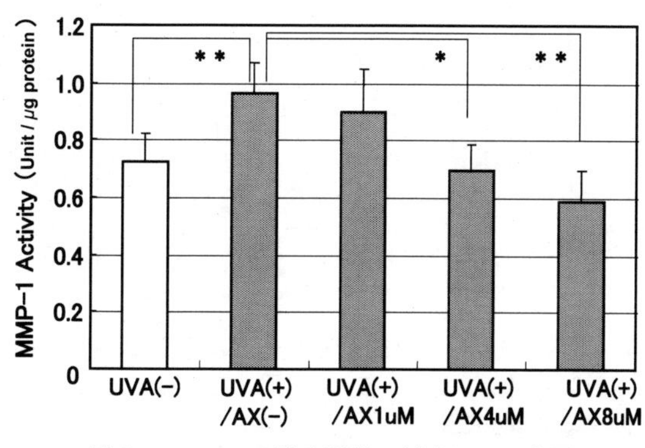

図3　MMP-1の酵素活性に対するＡＸ作用

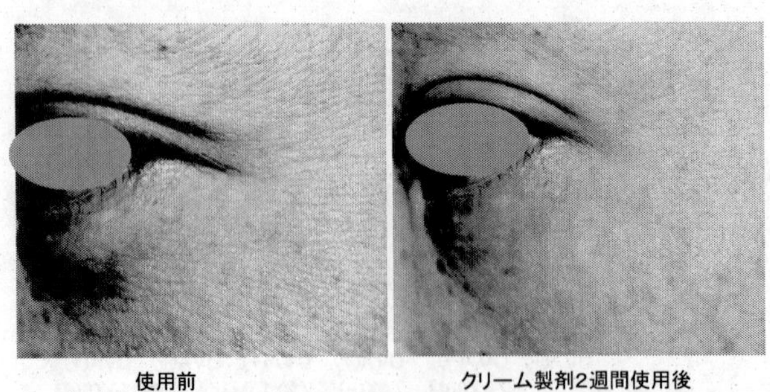

図4　アスタキサンチン含有クリーム製剤外用2週間試験
外用前後の皮膚写真（被験者 M10 46歳女性）

1.3　外用によるアスタキサンチンの効果

アスタキサンチンの美容効果研究として筆者らは，2001～2005年にかけて，アスタキサンチン含有クリーム製剤の2週間および4週間のヒト外用試験を数度行った[17~19]。いずれの試験においても，アスタキサンチンを含む外用剤の使用部位に何らかの美容効果があることが示唆されたが，2004年に行った2週間の外用試験においては，目尻の小ジワが明らかに減少することが確認された（図4）。この試験は，被験者30～40代の健常な女性（平均年齢36歳，普通肌6名，乾燥肌7名，混合肌7名）20名に，ヘマトコッカス藻由来アスタキサンチン（5％含有抽出物）を0.7 mg/g 配合したクリーム製剤を処方し，目元クリームとして2週間使用させた。その結果，皮膚計測専門家による目尻の皮膚写真判定において半数が改善したことが確認できた。判定項目としては，小ジワ，キメの均一性，たるみのなさなどが使用前より有意に改善した。また，問診による皮膚状態では，9割の被験者が改善したと答えた（図5，6）。

さらに，2005年にはテスト品：クリーム基剤＋アスタキサンチン0.0016％，トコトリエノール0.063％を含むクリーム製剤の4週間の外用試験を行った。アスタキサンチンは，前出同様にへ

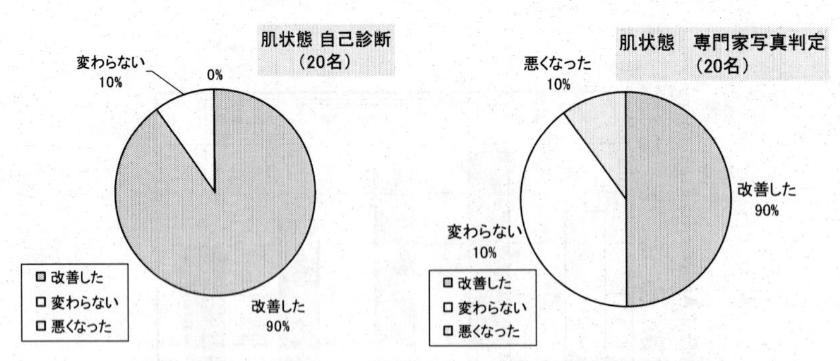

図5　アスタキサンチン含有クリーム製剤外用2週間の変化
平均年齢36歳（ふつう肌6名・乾燥肌7名・混合肌7名）20名
左：問診による状態変化
右：皮膚計測専門家4名による皮膚写真判定

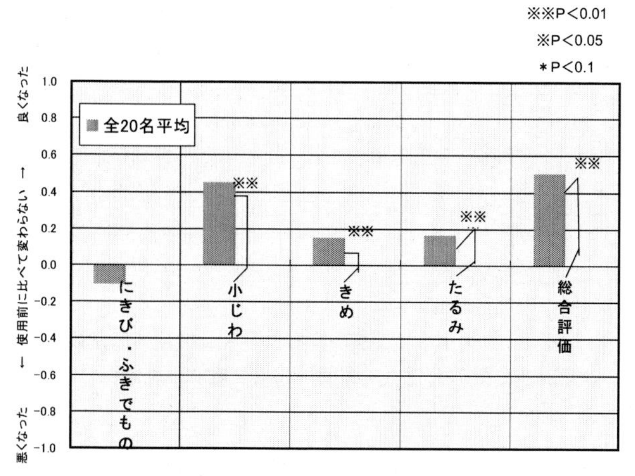

図６　アスタキサンチン含有クリーム製剤外用（２週間）20名
皮膚計測専門家４名による皮膚写真判定

マトコッカス藻由来（５％含有抽出物）アスタキサンチンを使用した。トコトリエノールは麦類，米類，パーム油などに含まれるビタミンＥ近縁化合物で化粧品基剤としても使用されている。試験期間は2005.3.29～4.26（４週間），被験者は乾燥肌で小ジワやシワが気になると自覚する40±２歳健常女性11名，テスト品の使用方法として，１日１回夜，洗顔後指定の化粧水を塗布後，目周，口元の塗布を必須とし，他に顔面の小ジワの気になる部位に使用するよう指示した。皮膚計測項目は，電気伝導度による角層水分量，皮膚画像の二値化による目尻のシワ係数判定，２種類の皮膚画像解析装置による目尻と下眼，鼻唇溝を含む顔面頬部のシワ数，シワ面積変化を評価した。それらの装置により，皮膚色，シミ部位の色や数量，目立つ毛孔の数量なども評価した。

その結果，クリーム製剤使用前に比べ，目尻および頬部の角層水分量が有意に上昇した。また皮膚画像の二値化による目尻のシワ係数判定では，使用前に比べ５％の危険率で有意に減少し，シワが目立たない方へ改善したことが示された。２種類の皮膚画像解析装置によるシワ数とシワ面積では，10％の危険率であるが，１機種のシワ面積変化量が使用前よりも有意に減少した。シワ数では使用前後での有意差が認められなかった。また，計測した顔面頬部においてシワが改善した部位は，下眼と鼻唇溝で，下眼のシワ本数が改善した人数が5/11人，鼻唇溝のシワ最大幅が改善したのは4/11人，鼻唇溝のシワ最大長さが改善したのは6/11人であった（図７，８）。他の機器では，画像の解析特性のためか，個人のばらつきが大きく，平均値で減少傾向はあるものの有意差は認められなかった。同時に撮影した画像から皮膚色，シミ部位の色や数量，毛孔の数量も評価したが，使用前後の有意差はなかった。

これらのクリーム製剤の外用による長期連続使用試験結果より，アスタキサンチンを含むクリーム製剤には，皮膚の保湿を向上させ，皮溝キメの均一性を促し，肌弾力を良好に保ち，シワを軽減するという効果があることが示唆された。

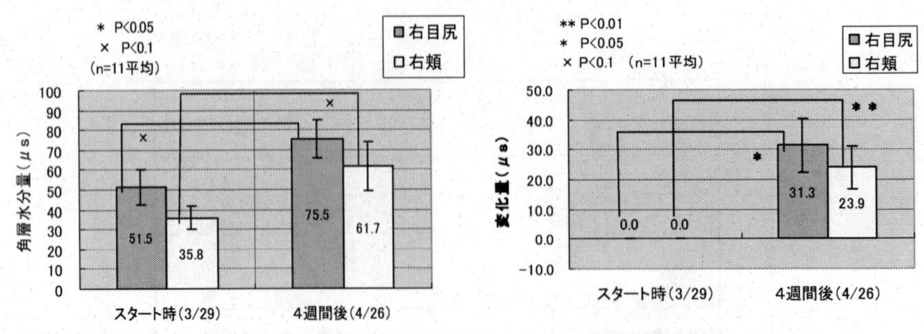

図7　アスタキサンチン含有クリーム製剤外用試験
角層水分量の変化（4週間）40±2歳女性乾燥肌11名

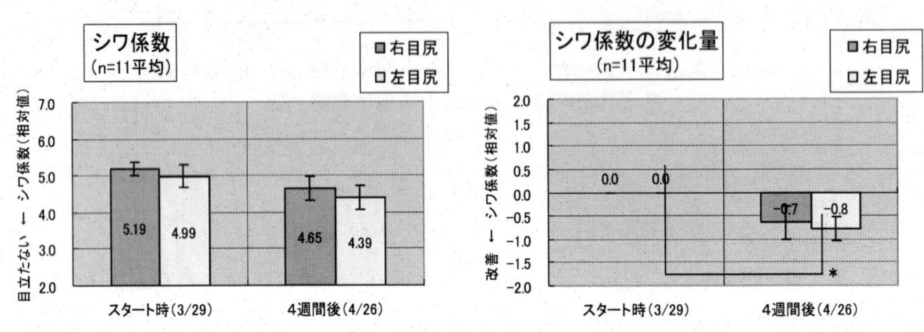

図8　アスタキサンチン含有クリーム製剤外用試験
目尻のシワ係数の変化（4週間）40±2歳女性乾燥肌11名

しかしながら，これらの試験やすでに実施されているヒト試験はいずれも，アスタキサンチン成分を含まない基剤群，または季節変動のみの皮膚計測などの対象となる群がないものが多い。アスタキサンチンの外用での美容効果を確認するのであれば，対象群を設け，群間の統計的な解析を行うなどのさらなる検討が望ましい。

1.4　経口摂取によるアスタキサンチンの効果

機能性食品として皮膚の抗老化や改善効果をみる場合，ヒト試験で確認される必要があるが，注意すべきは有効成分の安全性であり，長期の食経験または生体成分として十分に安全性が確保されていることが求められる。その点アスタキサンチンは，エビ，カニなどの甲殻類，サケ，イクラ，タイ，コイなどの水産物に広く存在する天然色素で，長期の食経験がある成分である。

また，機能性食品の試験では，臨床試験と同様にテスト品摂取群の他に，非摂取群（コントロール）または，対照品群（プラセボなど）を設けることが求められる。さらに，機能性食品における作用は穏やかな変化が考えられるので，皮膚代謝や生理周期から4週間，8週間と4週間単位で同一部位を計測することや，計測は温度・湿度を一定に保つことのできる恒温恒湿室内で同一験者が行うこと，被験者への負担を軽減した非侵襲で計測でき，文献で精度が確認されている皮膚計測機器を使用することなどがあげられた[20]。これらを考慮して，アスタキサンチンの経口摂取によるヒト皮膚試験を行った。

摂取試験は，アスタキサンチン5％ヘマトコッカス藻抽出物とトコトリエノール37.5％含有パーム油抽出物配合健康補助食品（1錠あたりアスタキサンチンが2mg，トコトリエノールが40mgになるように菜種油にて調整したソフトカプセル入り）を用い，二重盲検的に臨床試験を行った。なお，トコトリエノールは麦類，米類，パーム油などに含まれるビタミンE近縁化合物で，アスタキサンチン同様に食経験豊富な天然物であり，食品添加物抗酸化剤として広く使用されている。試験期間は2002年1～3月の4週間，被験者は本試験に同意を得た，乾燥肌で40歳前後の健常な女性16名を対象に行った。また，年齢や体格，肌質，体質などの属性を考慮し，事前の角層水分量などの基本的な皮膚計測値が均等になるように，試験群とプラセボ群の2つの群に分けた。どちらも夕方以降に毎日1錠を摂取させた。

その結果，目尻部位の角層水分量において使用前と摂取4週間目との変化量をプラセボ群と比較解析したところ，アスタキサンチン群が有意に上昇したことが確認できた。皮脂量については，額，頬の測定部位や試験群による変化は認められなかった。皮膚計測専門家による視診触診判定では，触診項目である皮膚表面の「なめらかさ」「しっとりさ」「ハリのよさ」の項目において，アスタキサンチン群が有意に改善していると認められた[21]（図9，10）。

さらに長期で豊富なデータを得るため，アスタキサンチンを含有する飲料を試験品としてプラセボを含む66名3群の20週間のヒト摂取試験を実施し皮膚計測を行った。試験は二重盲検比較対照試験で，被験者は本試験に同意を得た，乾燥・シミ・シワを自覚する健常女性66名（37±2歳平均37.26歳，身体計測値BMIが18以上25未満）を選んだ。試験期間は20週間（2007年1～6月）。年齢や体格，肌質，体質などの属性を考慮し，事前の角層水分量などの基本的な皮膚計測値が均等になるように，各22名の3つの群に分けた。テスト品群としてアスタキサンチンとビタミンCとEを含む飲料を摂取するAX＋VC＋VE群（平均年齢37.24歳）の試料は，アスタキサンチン5％ヘマトコッカス藻抽出物にショ糖脂肪酸エステルなどを加えたものをアスタキサンチンとしてAX 6mgとなるようにし，さらにVC 1000mgとVE 10mgを飲料基剤に溶解し100mlの飲料試料として調整した。対象群の1つはビタミンCとEだけの飲料を摂取するVC＋VE

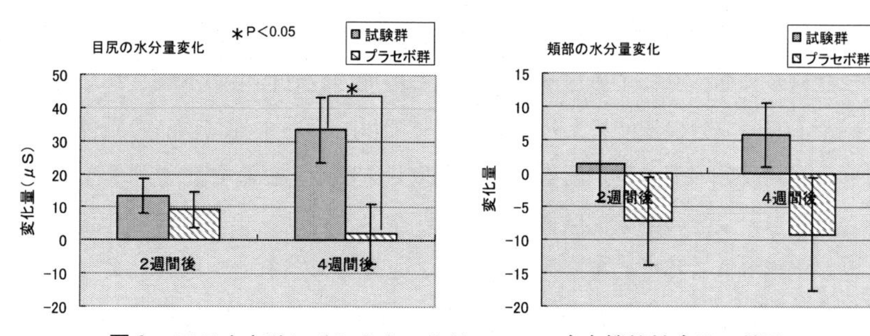

図9　アスタキサンチン＆トコトリエノール含有機能性食品の効果
目尻と頬部の角層水分量の変化
（テスト群8名・プラセボ群8名4週間摂取）

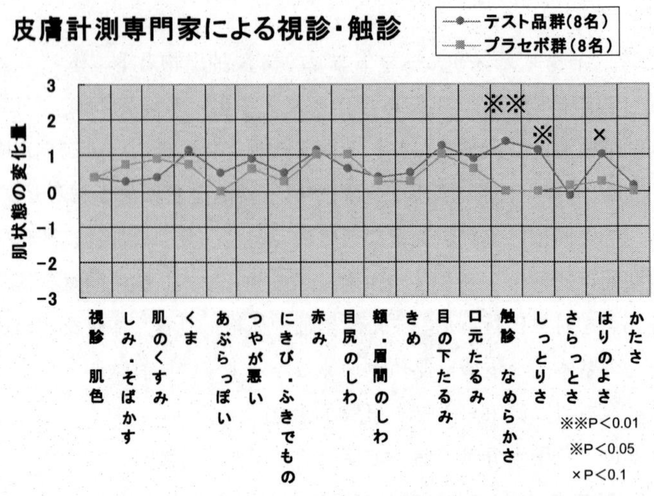

図10　アスタキサンチン＆トコトリエノール含有機能性食品の効果
視診触診結果（テスト群８名・プラセボ群８名４週間摂取）

群（平均年齢37.27歳）で試料は，VC 1000 mg と VE 10 mg を飲料基剤に加えた。コントロール群(平均年齢37.27歳)には，飲料基剤（表示成分）オレンジ果汁，果糖ぶどう糖液糖，酸味料・甘味料（アセスルファムK，ステビア，スクラロース），香料のみを摂取させた。試料は，それぞれ１本100 ml/日（いずれも１本22 kcal）になっており，褐色のガラス容器に入れて外から内容物色がみえないようにした。皮膚の計測項目としては，基本的な皮膚計測項目に加え，目尻の拡大写真撮影，目尻のレプリカを採取しレプリカ画像の三次元解析，皮膚画像による毛孔の形状解析を行った。

その結果，目尻のレプリカ画像によるシワ面積，シワ体積において，AX＋VC＋VE 群ではコントロール群に比べて，有意に改善した。VC＋VE 群は有意な改善は認められなかった。毛孔形状は，AX＋VC＋VE 群，VC＋VE 群のいずれも基剤群より有意に縮小，改善がみられた。被験者の問診では，AX＋VC＋VE 群において，４週目の肌状態「目尻のシワ」「肌色の赤み」，８週目の「肌のツヤ」「毛孔」「キメ」などの項目で有意に改善した。なお，角層水分量，皮膚弾力などに有意差は認められなかった。この二重盲検による高精度のヒト試験において，アスタキサンチンを含む飲料の長期摂取による皮膚の抗老化と機能の改善作用が示唆された[22)]（図11〜13）。

経口摂取による有効成分の皮膚における効果試験では，摂取する試験品の原料素材，由来，製造方法，剤形，有効成分の配合量，配合処方，摂取量，摂取方法などにより異なることも予測される。しかしながら，上記の臨床試験においては，アスタキサンチンを含む食品を経口摂取することで，ヒトが実感できる程度の美容効果があることが示唆された。その効果とは，皮膚保湿力の向上，皮膚弾力の向上，シワの改善，シワ発現の抑制，毛孔形成の正常化，毛孔の軽少化などが考えられる。

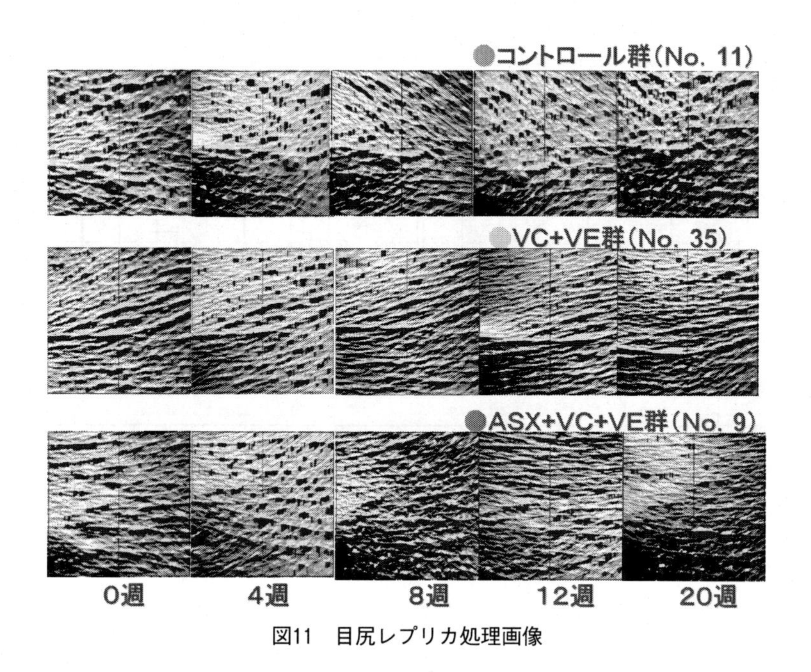

図11　目尻レプリカ処理画像

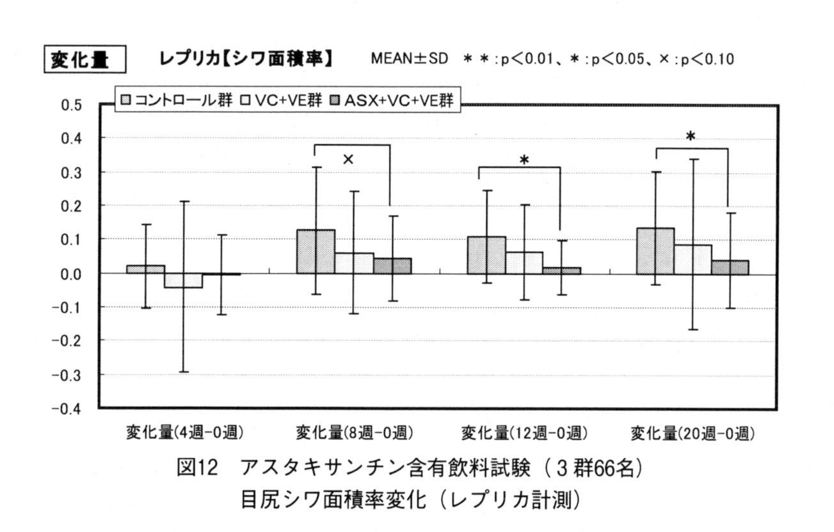

図12　アスタキサンチン含有飲料試験（3群66名）
目尻シワ面積率変化（レプリカ計測）

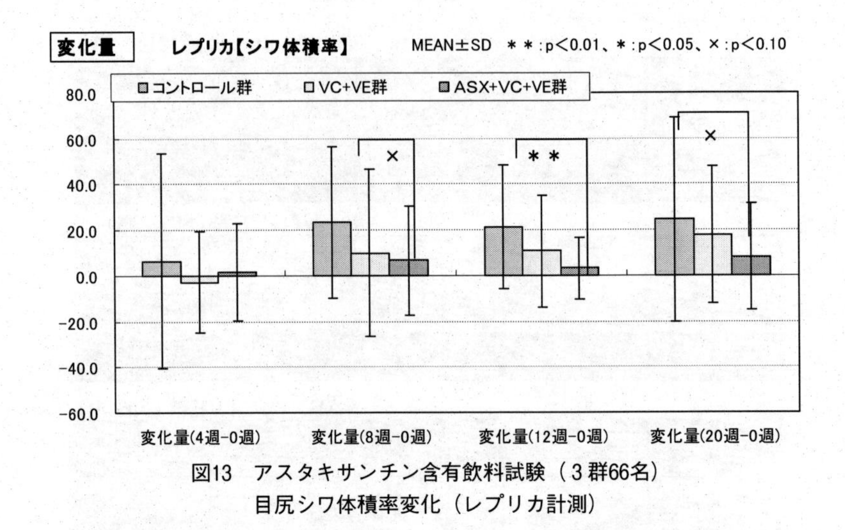

図13　アスタキサンチン含有飲料試験（3群66名）
目尻シワ体積率変化（レプリカ計測）

1.5　まとめ

20代から60代の女性が自覚する肌悩みは，若年層では「ニキビ・吹き出物」「毛穴の目立ち」であるが，加齢とともに増加している項目は「シミ」「シワ・小ジワ」「くすみ」「たるみ」「ハリのなさ」である[23)]。これらを止めることはできないが，少しでも遅らせることができないかと，多くのヒトが望んでいる。皮膚は心身の表れであり，皮膚が生き生きとしていることは意識が高揚していることを表している。意識の高揚は幸せに通じ，この幸せが長く続くように願うのはヒトとして当然のことである。そのためにも抗老化の研究が学際的にも進み，それらを応用した製品が開発され，実感できる効果として人々に貢献できればと願う。

加齢による皮膚機能の変化は，いずれのヒトにも等しくもたらされるはずであるが，現れ方はヒトによって大きく異なる。それは生まれ育った環境の違いもあるが，そのヒトごとに肌質に応じた正しいスキンケアをしているかどうかや食生活などの生活習慣も影響していると思われる。そのため，日常のケアのなかで手軽に対策できる製品開発が望まれる。

アスタキサンチンは，抗酸化作用に加え，メラニン生成抑制[24)]および光加齢抑制[25)]，抗炎症作用[26)]，免疫賦活作用[27)]，ＤＮＡ障害抑制作用[28,29)]なども報告され，他にも多彩なメカニズムで皮膚へ働きかけていると考えられている。多くの研究者が，アスタキサンチンに関する基礎的な研究を行っており，それらを応用してアスタキサンチンを有効成分とした化粧品，食品などの商品化も進められている。今後も，美容分野でのアスタキサンチンの有用性やそのメカニズムが解明されるであろう。自然界にある食用可能な成分で，これほど注目に値する成分は数少ないのではないだろうか。

しかしながら，このアスタキサンチンの優れた有効性は専門家の間では知られているが，一般の認知度はまだ不十分と思われる。その理由は，おそらく化粧品やサプリメントとしての有効性を上手く伝達できていないためではないだろうか。アスタキサンチンに限らないが，配合目的や効果表現に対する食品衛生法や薬事法による制限がある反面，インターネットに多くみられるような化粧品やサプリメントの過激な宣伝表現や膨大な書き込みなどは誤解を与えることもある。有効な情報を広く正しく伝えて，生活に生かしてもらうためにも，アスタキサンチンの基礎と応用，臨床研究からエビデンスを積み重ねて，公平で正確な情報を発信し続ける必要があると思われる。

文　献

1) Bisset, D.L., *et al., Photodematol Photoimmunol Photomed.*, Apr., **7**(2), 56-62 (1990)
2) Carbonare, M.D., *et al., J. Photochem. Photobiol. B.*, Biol., **14**, 105-124 (1992)
3) Kochanek, K.S., *et al., FEBS Lett.*, **331**, 304-306 (1993)
4) Imokawa, G., *J Investig Dermatol Symp Proc.*, **14**(1), 36-43 (2009)
5) Morisaki, N., *et al., J Biol Chem.*, **285**(51), 39819-39827 (2010)
6) Nakajima, H., *et al., Biochem J.* Apr 1, **443**(1), 297-305 (2012)
7) Imokawa, G., *et al., J. Invest. Dermatol.*, **105**, 254-258 (1995)
8) Tsukahara, K., *et al., Br J Dermatol.*, **151**(5), 984-994 (2004)
9) Wlaschek, M., *et al., FEBS Lett.*, **413**, 239-42 (1997)
10) Wenk, J, *et al., J Biol Chem.*, **274**, 25869-76 (1999)
11) Bisset, D.L., *et al., J. Soc. Cosmet. Chem.*, **43**, 85-92 (1992)
12) Miki, W., *et al., Pure & Appl. Chem.*, **63**, 141-146 (1989)
13) Shimizu, N., *et al., Fisheries Science*, **62**, 134-137 (1996)
14) Tomita, Y., *et al., Fragrance J.*, **29**(2), 22-27 (2001)
15) Ryu, A., *et al., Japanese Society for Astaxanthin* (JSA), **11**(1) (2005)
16) Suganuma, K., *et al., Journal of Dermatological Science*, **58**(2), 136-142 (2010)
17) Seki, T., *et al., Fragrance J.*, **29**(12), 98-103 (2001)
18) Yamashita, E., *Fragrance J.*, **34**(3), 21-27 (2006)
19) Shiobara, M., *Japanese Society for Astaxanthin* (JSA), **12**(1) (2006)
20) Suganuma, K., *et al., Functional Food*, 2, **4**, 401-411 (2009)
21) Yamashita, E., FOOD Style 21, **6**(6) (2002)
22) Suganuma, K., *et al., J. J. Dermatology* 118, **4**, 802 (2008)
23) HOW Lab., Sankei Living Newspaper, Data & Report (2010)
24) Arakane, K., *Carotenid Science*, **5**, 21 (2002)
25) Mizutani, Y., *et al., J. Japanese Cosmetics Science Society*, **29**(1), 9-19 (2005)
26) Kurashige, M., *et al., Pysiol. Chem. Phys. Med. NMR.*, **22**(1), 27-38 (1990)
27) Jyonouchi, H., *et al., Nutr.Cancer*, **19**, 269-290 (1990)
28) Ichikawa, H., *Carotenid Science*, **8**, 72 (2005)
29) Azqueta A, *et al., Mutation Research*, **3**, 21 (2012)

2　光老化とアスタキサンチン

市橋正光*

2.1　はじめに

人生40歳を過ぎるとだれも避けることができない，光老化と呼ばれる皮膚の老化症状を意識することとなる。光老化は，長年にわたり太陽紫外線を浴びた皮膚，特に顔面，後頸部や手背に見られる小色素斑（シミ）やシワである。早い人では20歳過ぎには顔にシミが出始める。農業や漁業従事者の後頸部皮膚には，三角形や菱形の深い溝で囲われた軽度黄色調の，触れてごわごわした皮膚が特徴的変化として見られる[1]。顕微鏡による組織学的検査では真皮上層から中層にかけて変性した弾性線維が塊状に沈着している。さらに，加齢に伴い，日光曝露皮膚には良性腫瘍である脂漏性角化症が好発する。70歳頃になると，悪性腫瘍の一歩手前の前がん症である日光角化症が出始める。日本人の悪性腫瘍罹患率は白人に比べ低いが，高齢社会となった現在でも，信頼できる疫学調査はなされていない。筆者らが1990年頃に行った疫学調査による前がん症に罹患率は人口10万人当たり120人であった[2]。

光老化のシミと皮膚の腫瘍はどちらも紫外線による表皮細胞の遺伝子の傷が誤って修復されるために起きる遺伝子変異が原因と考えられる[3]。尚，紫外線による遺伝子の傷には活性酸素が関与しない傷と活性酸素による傷の両者がある。

我が国においても10数年前から予防医学を主とする抗加齢医学の重要性が認識され始め，最近では広く受け入れられている。皮膚が関係する抗加齢医学としては「見た目のアンチエイジング」として注目されている。皮膚の老化および光老化のいずれにも活性酸素が関係していることから，強力な抗酸化作用を持つアスタキサンチンの光老化の発症予防と治療効果に期待が集まっている[4]。本節では，アスタキサンチンの抗光老化作用機序と臨床効果について，*in vitro* とヒト皮膚での最近の臨床成績に私見を交え概説する。

2.2　2012年現在の「老化の機序」の理解

ヒトを含め全ての生物は，生きている間に，組織（臓器），細胞や細胞内外の分子に損傷が蓄積し，そのため細胞や組織の機能が低下し，また構造にも変化が起き，老化に至ると考えられている。ヒトでは加齢に伴ってがん，心・血管性疾患（心筋梗塞，脳梗塞や脳内出血）や神経変性疾患（アルツハイマー，パーキンソン病）などが高発する。

老化研究では多くの研究者により注目され，老化の仕組みを解決するための重要な発見がなされている線虫は体長わずか 1 mm の小動物で，寿命は21日と著しく短い。そのため寿命の延長あるいは短縮に関与する遺伝子や環境要因を見出し，評価するには格好の対象となっている。医学分野では，疾患の機序の解明や薬剤の治療効果判定などによく使われているマウスの平均寿命は２年程である。ヒトを含め，寿命を決めているのは何か？　全ての動物は生誕後，成長し，子孫

＊ Masamitsu Ichihashi　再生未来クリニック神戸　美容皮膚科　院長

を残すための生殖期を経て，成熟期，老年期へと移行する。種により寿命が決まっていることから遺伝子が寿命を決定していると考えられる。ところが，わずか21日で命を失う線虫でも19,000個の遺伝子を持っている。ヒトの遺伝子が23,000個であることを考えると線虫の遺伝子の数には驚くばかりである。生命の基本は共通していることが分かる。老化研究ではやはり線虫やマウスを用いた研究の意義があると考えられる。

例えば，エネルギー代謝に関係がある遺伝子 daf-2や age-1に変異を持つ線虫 Caenorhabditis elegance は変異を持たない普通の線虫（野生型と呼ぶ）に比べ約30%も長生きする[5,6]。さらに，動物が生きるためには細胞は常にミトコンドリアで酸素を使ってエネルギーとなる ATP を作り出さなくてはならない。その際に必ず少量（数パーセント）の活性酸素，O_2^-がミトコンドリア内で生じる。つまり細胞は常に活性酸素にさらされており，それが老化の原因との考えが広く受け入れられている。この考えを支持する研究として，ミトコンドリアの電子伝達系の複合体Ⅱの構成分子であるチトクロームｂに変異を持つ線虫は，野生の線虫に比べ，著しく早く死ぬことが見出された。その線虫の変異遺伝子は Mev-1と呼ばれている[7]。つまり，従来，老化の発症メカニズムとして主張されてきたミトコンドリア説と活性酸素説が同一の機序で起きていると考えることができる。

しかし，2009年，Perez らは[8]最近の研究論文の分析から，マウスで抗酸化酵素を過剰発現させても寿命は伸びないこと，さらに同年 Van Raamsdonk ら[9]は線虫ではミトコンドリアの SOD 活性を抑えると寿命が延びたとの報告もあり，ミトコンドリアと活性酸素が寿命や老化に与える影響に関しては依然として多くの矛盾と疑問点が残されている。

一方，老化は細胞分裂回数に関係するテロメアが最も重要であるとの考えがある。最近，細胞核遺伝子テロメアの短縮や損傷が引き金となり，SOS 反応で p53遺伝子の活性化が起き，細胞増殖が止まり，さらに一方では PGC-1の発現が低下するためミトコンドリアの機能が障害され活性酸素生成が高まる結果 mtDNA の変異が増加，さらにミトコンドリアの活性が低下し細胞死や老化に繋がると考えられている[10,11]（図１）。今後のさらなる検証が必要ではあるが，現時点で，光老化は特に紫外線の影響でテロメアの損傷が常に起きることからテロメアを介した皮膚の老化がミトコンドリアで増加する活性酸素を介して進行すると考えられる。

2.3　太陽光線による光老化の発症機序

小児期から毎日浴びる太陽光線により，表皮と真皮の表層から中層の細胞遺伝子には紫外線特有の DNA 損傷であるシクロブタン型ピリミジン２量体（cyclobutane pyrimidine dimers: CPD）と（6-4）光産物［6-4photoproduct:(6-4)pp］が生じる[12]。これらの損傷のうち（6-4）pp は約６時間で全てが除去修復機構されるが，CPD は24時間後にも約半数は未修復で残存する。尚，除去修復機構には GGR: Global Genome Repair，全ゲノム修復と TCR: Transcription Coupled Repair，転写共役修復の２種の修復機構が知られている[13]。DNA 損傷が残存した状態で DNA 合成が始まると「A のルール」つまり，CPD の cytosine（シトシン：C）対側に adenine(A)が

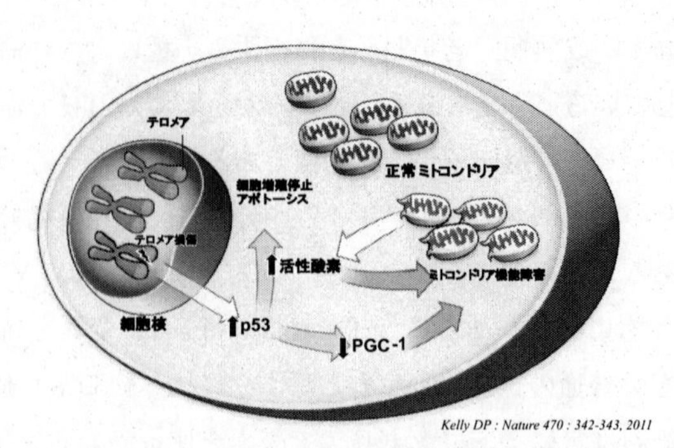

Kelly DP : Nature 470 : 342-343, 2011

図1　最新の老化説

老化の原因説は多数の研究者から提起されている。最近，ミトコンドリア説，活性酸素説とテロメア説が統合された新しい考えが提起された。テロメアが細胞分裂を繰り返す毎に短くなり，約5,000塩基対ほどに短くなると細胞は分裂能を失い組織が老化するといわれている。新しい説では，テロメアが短くなるだけでなく，テロメアに損傷が生じると，p53が活性化され，細胞内でDNA複製は止まり，細胞は分裂を止めアポトーシスに陥る。あるいは，ミトコンドリアの活性化に必要なPGC1-α（peroxisome proliferator-activated receptor coactivator 1-α）の活性が低下するため，ミトコンドリアのATP合成活性が低下し，同時にミトコンドリア内での活性酸素量が増加する。そのためミトコンドリアの機能がさらに低下，活性酸素の生成量が増加する悪循環が生じ，細胞は老化すると説明されている。テロメア説，活性酸素説とミトコンドリア説が一体化したことになる。

塩基として取り込まれるために塩基配列が元通りではなくなる可能性があり，突然変異が生じることとなる[14)]。小児期は細胞分裂が盛んであり，多数の傷が生じると傷は残存し，その一部は誤って修復される可能性が高くなり，時には細胞機能に影響する突然変異が生じる。小児期の紫外線曝露が危惧される理由が存在するのである[15)]。表皮細胞の突然変異で生じると考えられる疾患は，光老化のシミであり，また，皮膚の良性腫瘍である脂漏性角化症（年寄りのイボ）や前がん症の日光角化症および皮膚がんである。太陽紫外線が原因で発症する光老化の初期症状の日光性黒子（シミ）は表皮角化細胞のSCF（stem cell factor）やED-1（Endothelin-1）遺伝子に変異が生じるか，あるいはこれらの遺伝子の発現に関与するプロモーターの働きが高まっている可能性が考えられる。さらにこれら遺伝子が結合する色素細胞の受容体（c-kitやET-Bなど）に変異が起きているためメラニン生成の情報が長く伝わる可能性も否定できない。シミに関係する変異遺伝子は同定されていないが，紫外線によるDNA損傷を正しく修復できない色素性乾皮症患者では生後数回の日光曝露後，生後数ヶ月齢でシミが発生することから，メラニン生成に関与するいずれかの遺伝子に変異が起きた結果，シミになると考えられる。健常人では，早ければ20歳頃に顔や手背にシミが現れる。一方，遺伝子変異とは関係なく生じると思われるシワは30歳頃から出始める。良性腫瘍である脂漏性角化症も早ければ30～40歳頃には出てくる。長寿の日本人では，1990年以降，皮膚がんや皮膚前がん症（日光角化症）の発症例は増加傾向にあり，日本人の前がん症の罹患率は，人口10万人当たり約120人である[2)]。

職業上，毎日大量の紫外線を浴び続ける農業従事者や漁業従事者の顔や頚部の皮膚は深いシワと，触れてゴワゴワした，やや硬く，弾力性はなく，強い色素沈着を伴った局面となる。頚部で

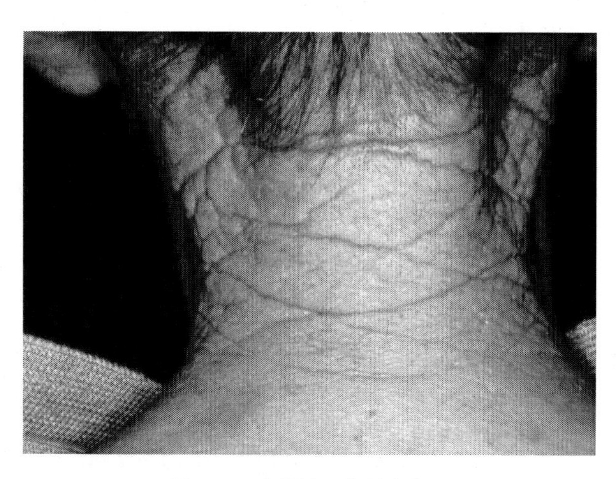

図2　64歳男性の菱形皮膚

長年農業に従事していた，太陽紫外線を浴び続けた頸部皮膚には，深いシワで作られた三角形と菱形の皮野がはっきりと観察できる。組織学的には同部位の真皮上層から中層にかけて大量の変性した弾性線維物質が沈着しており，日光性弾性線維変性（solar elastosis）と呼ばれている。やや黄色調を帯び，触れるとごわごわした感じがする。

は特徴的な菱形皮膚と呼ばれる形態を呈する。三角形～菱形の深いシワによる皮野（図2）が形作られて，色調も少し黄色調を帯びている[16]。また，40歳を過ぎたヒトの顔や頚部の皮膚の顕微鏡組織観察では，真皮上層～中層にかけて変性した弾力線維が沈着し，日光性弾性線維変性（solar elastosis）と呼ばれている。原因波長は紫外線AとBの両領域にあると考えられる[17]。

紫外線Bを浴びた角化細胞はサイトカインIL-1α，IL-6，IL-8やTNFα，さらには炎症性化学伝達物質であるプロスタグランジンE_2（PGE_2）を生成する。IL-6やIL-1αは角化細胞および真皮線維芽細胞（パラクライン様式）に働き，MMPs（matrix metalloproteinase）を生成，放出し，その結果，真皮のコラーゲンと弾性線維が切断され減少する（図3）。さらに紫外線Bは線維芽細胞のコラーゲンの合成を抑制するためシワ形成に繋がる。一方，波長の長い紫外線Aは真皮に達し，直接線維芽細胞に吸収され，MMPsを生成・放出させ，コラーゲンや弾性線維を切断させ，シワの原因となる[18~20]。また，紫外線BとAのMMPs生成の引き金は紫外線で生じる活性酸素であることも明らかにされている。日光曝露皮膚の真皮に見られる日光性弾性線維変性部には，糖化ストレスにより生成されるCML（carboxy methyl lysine）が弾性線維に共沈着していることが明らかになっている[21]。40歳頃を過ぎると日光曝露皮膚にはCMLの沈着が見られる。さらに，同部位には糖化ストレスに加えUVAにより線維芽細胞で生成されるエラフィン（elafin）と呼ばれる物質が沈着している[22]。エラフィンは酵素による古くなった変性弾性線維の切断を阻止するので，変性弾性線維が沈着すると考えられる。糖化ストレスとなるAGEs（advanced glycation end products）は真皮のコラーゲンなど寿命が長い蛋白質を糖化し，その機能を傷害するため，AGEsが沈着した皮膚は弾力性を失う。しかし，AGEsがシワの形成にどのように関与しているか現時点では明らかな科学的根拠はない。

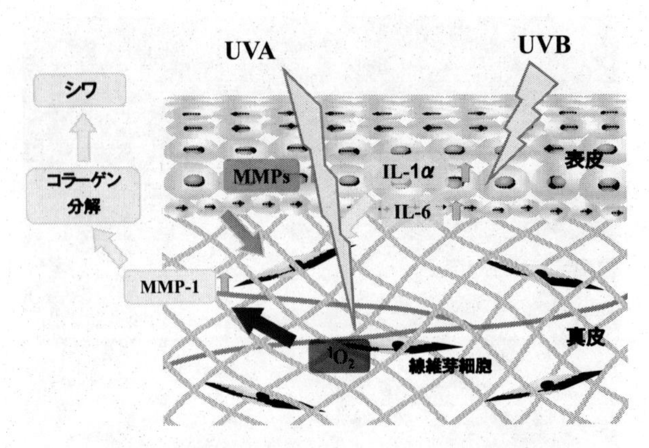

図3　紫外線Aと紫外線Bによるシワ形成機序

紫外線Aは紫外線Bに比べ波長が長いため真皮中層まで届き，真皮線維芽細胞に直接働き，活性酸素を介してコラーゲンを分解するMMP1（matrix metalloproteinase1）のmRNAとタンパク質の発現を高め，活性も高める。その結果真皮のコラーゲンや，弾性線維が減少し，シワになる。一方，紫外線Bは角化細胞の成分に吸収され，やはり活性酸素を介して多種のサイトカインや起炎物質を生成放出する。IL-6はパラクライン様式で真皮の線維芽細胞に働き，MMPsの発現を高めるため真皮のコラーゲンと弾性線維が減少し，シワになると考えられる。

近年可視光線より波長が長い赤外線A（760～1,400 nm）にMMPs活性化作用があり，シワの原因となることも明らかにされている[23)]。

2.4　アスタキサンチンの抗酸化作用の特色

アスタキサンチンは一般によく知られているβ-カロチン（β-carotene）と同じカロテノイドの一種で，エビ，カニなどの甲殻類やサケ，タイなどの魚類に豊富に含まれる赤燈色の色素である。カロテノイドは強い抗酸化作用を持っており，健康促進に有用な機能性食品として広く用いられている。アスタキサンチンはカロテノイドの中でも特に強い抗酸化能と同時にアスタキサンチン自体は酸化されにくい特性を持っている。強い抗酸化力の理由として，アスタキサンチンが細胞膜を貫通した状態で細胞内に存在するので，水溶性の細胞膜表面と脂溶性の細胞膜内の活性酸素を効率よく捉えることができるためと考えられている。もう一つの特性はアスタキサンチン自身が酸化されにくいこと，つまり，ビタミンCなどとは異なりプロオキシダントになりにくい性質を持っていることである。その理由として，抗酸化作用時の励起状態から基底状態に戻る時間が短いためと考えられている[24)]。

アスタキサンチンは特に紫外線Aにより発生する一重項酸素を消去する能力が高く，ビタミンCの6,000倍，ビタミンEやカテキンの約500倍も高い[25)]（表1）。従って，β-caroteneの特性から，紫外線Aによる皮膚への影響を軽減する効果を期待できる[26)]。β-カロチンやリコペンは細胞膜内に存在するため，細胞膜表面のラジカルには無効である。

培養ヒト線維芽細胞に紫外線A（UVA：320-400 nm）を10 J/cm^2（45分間）照射すると，細

表1　一重項酸素消去反応速度定数

Compound	k_T ($10^9 M^{-1} s^{-1}$)
	DMF/$CDCl_3$ (9:1)
Astaxanthin	5.4
Canthaxanthin	2.0
α-Carotene	0.93
β-Carotene	1.1
β-Cryptoxanthin	1.7
Fucoxanthin	0.97
Lycopene	3.4
Lutein	2.1
Zeaxanthin	3.4
L-Ascorbic acid	0.00089
α-Tocopherol	0.049
α-Lipoic acid	0.072
Ubiquinone-10	0.0068
BHT	0.0040
Caffeic acid	0.0023
Curcumin I	0.0036
(-)-Epigallocatechin gallate	0.0096
Gallic acid	0.0023
Pyrocatechol	0.0055
Pyrogallol	0.0055
Quercetin	0.0018
Resveratrol	0.0018
Sesamin	0.0012
Capsaicin	0.0021
Probucol	0.00044
Edaravon	0.0067
Trolox	0.011

胞にはアポトーシス，活性酸素の増強，脂質酸化物質の増加，細胞の持つ抗酸素酵素の低下とヘムオキシゲナーゼ-1［hemeoxygenase-1(HO-1)］発現亢進が観察される[27]が，UVA照射（10 J/cm^2）24時間前にアスタキサンチン（5，10 μM）処理すると，上記の全ての変化が有意に抑制される。しかし，他のカロテノイドのβ-カロチンはカタラーゼやスーパーオキシドジスムターゼ活性の低下をわずかに抑えるだけで，膜損傷やHO-1の増加に対しては無効である。β-カロチンは紫外線Aによるアポトーシスを増加させると報告されている。カンタザンチン(canthaxantin: CX) はHO-1発現を増加させる以外には酸化損傷に対して無効であった。つま

り，カロテノイド群でもアスタキサンチンだけが特異的に紫外線Aによる細胞損傷反応を抑えることが明らかである[28)]。これらの *in vitro* 結果から示唆されるように，アスタキサンチンの光老化抑制効果はかなり強いものと期待される。

さらに，アスタキサンチンはリポポリサッカライド（LPS）誘発の炎症反応つまり，iNOS発現亢進，TNF-α やIL-1β の発現亢進，COX2発現などを抑え，細胞のNF-κB活性化を阻止することが知られている[29)]。これらのサイトカイン発現抑制メカニズムにも活性酸素抑制効果が生きている。また，これらの炎症反応抑制効果は培養細胞だけではなく，マウスの血液中の炎症性サイトカインの上昇を抑えることでも確認されている。

紫外線AやBおよび赤外線Aを浴びた皮膚では，活性酸素が生成される。また，紫外線に近いブルーライトでも活性酸素が生じる。そのため，無防備に強い太陽光線を浴びることはヒト皮膚や目にとっては好ましくない反応が生じる可能性が高いと考えられる。活性酸素を介した遺伝子発現による炎症反応はもちろんのこと，遺伝子損傷に起因する炎症や老化反応促進に繋がると考えられる。また，さきに述べた老化を促進させるAGEsの生成をも活性酸素は一層強めることから，年間を通して大量に浴びる紫外線Aの活性酸素の生成を抑える目的にアスタキサンチンは合致している。また，表皮ではメラニンを持つ角化細胞や色素細胞では紫外線Aにより発生する活性酸素により，メラニンモノマーがポリマーとなり皮膚が黒化する[30)]。さらに，最近筆者らはアスタキサンチンが紫外線BによるPOMCのmRNAと蛋白発現を抑制することを見出している（未発表データー）。

近年，紫外線Aによる皮膚線維芽細胞のMMP-1発現の亢進をアスタキサンチンが抑制することにより，紫外線による光老化としてのシワ形成を予防する可能性が示されている[31)]。恐らくアスタキサンチンがUVAにより生じた活性酸素$^1O_2$の働きを抑制するためと考えられるが，UVAによる多様な遺伝子発現に与えるアスタキサンチンの影響に関する研究がさらにアスタキサンチンの健康に与える影響の詳しい機序を明らかにしてくれると期待される。

2.5　アスタキサンチンの抗光老化の実際：*in vitro* と *in vivo* 効果

アスタキサンチンの光老化の抑制あるいは改善効果を評価する指標として，ヒト皮膚臨床試験ではメラニン生成抑制効果やシワ改善効果が報告されている[32,33)]。本項ではアスタキサンチンが紫外線によるメラニン生成亢進に伴う皮膚の色素沈着に与える影響を，次いで，光線によるシワ形成の誘因と考えられている皮膚真皮線維芽細胞の紫外線によるMMPsの発現に対するアスタキサンチンの作用および臨床試験結果についての筆者らの知見および他の研究者らの報告をまとめ，アスタキサンチンの持つ抗光老化効果を評価した。

アスタキサンチンによる露光部皮膚のシワの改善は，真皮層の線維芽細胞をUVAによって励起される一重項酸素が引き金となり生じるサイトカインIL-6の発現亢進を抑制することで，線維芽細胞のMMPs発現亢進を抑え，真皮の線維成分であるコラーゲンと弾性線維を破壊から防御すること，および表皮層，特に表皮角化細胞でUVBによって引き起こされる活性酸素を引き

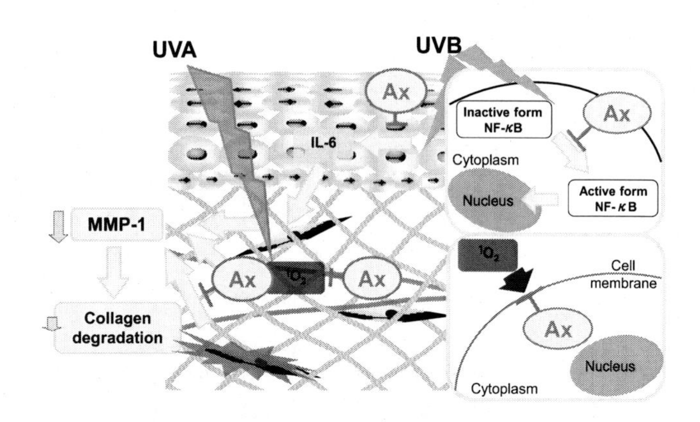

図4　アスタキサンチンの抗シワ効果―*in vitro* 作用に基づく―
紫外線Bを照射された角化細胞は紫外線吸収物質から電子をもらった酸素分子が活性酸素となり，細胞内のシグナルを介してIL-6などのサイトカインを生成放出する。IL-6は真皮の線維が細胞に働き，AP-1を活性化しMMPsを生成するが，アスタキサンチンはその初期段階での活性酸素の働きを抑える。紫外線Aは真皮線維芽細胞に吸収され，やはり活性酸素を介してMMPs生成と活性を高めるが，アスタキサンチンは活性酸素の働きを阻止するのでMMPs生成が抑えられる。さらに，アスタキサンチンは細胞内で活性化される転写因子NFκBの更新を抑え炎症を阻止する働きがある。これら複数作用点で効果を発揮し，MMPs生成を制御し，シワ形成を抑制する。

金とした炎症性サイトカインの発現を抑え，その結果パラクライン様式による角化細胞と真皮線維芽細胞によるMMPsの発現を抑えることにより真皮コラーゲンと弾性線維の減少を防ぐためと考えられる（図4）。

皮膚の黒化やシミ形成に関わるメラニン産生抑制については，アスタキサンチンがメラノサイトにダイレクトに作用してメラニン生成の後半過程である酸化重合の抑制と，表皮角化細胞に作用して抗酸化作用および抗炎症作用によりメラニン生成を刺激するサイトカインやニューロペプチドの生成を抑える結果，間接的にメラニン産生を抑制したためと考えられる。特に，メラニン生成で重要な役割を担っている表皮角化細胞由来のα-MSHが切り出される前段階のproopiomelanocortin（POMC）の紫外線による発現亢進は抗酸化剤N-acetylcysteine（NAC）やビタミンEで抑制されるが，アスタキサンチンも紫外線によるメラニン生成を高めるサイトカインや先に述べた通りペプチドPOMCの発現亢進を抑える（図5）。尚，メラニンの重合抑制に関する詳細な作用機序はまだ分かっていないが活性酸素H_2O_2が角化細胞内のメラニン重合を促進し黒化を強めるとの報告があるのでアスタキサンチンを含め抗酸化剤がH_2O_2の働きを抑制できれば，即時型や持続型の皮膚黒化を制御できると期待される。

アスタキサンチンの摂取・塗布によるキメ改善および角層細胞面積増加については，肌表面のトラブルである肌荒れが改善したことを示しており，ニキビ，脂浮き，月経前の肌トラブルの改善も期待できる。作用機序としては，軽微な炎症が起きているため表皮基底層で分裂後の角化細胞の分化過程で，アスタキサンチンの抗酸化作用および抗炎症作用によって局所的なターンオー

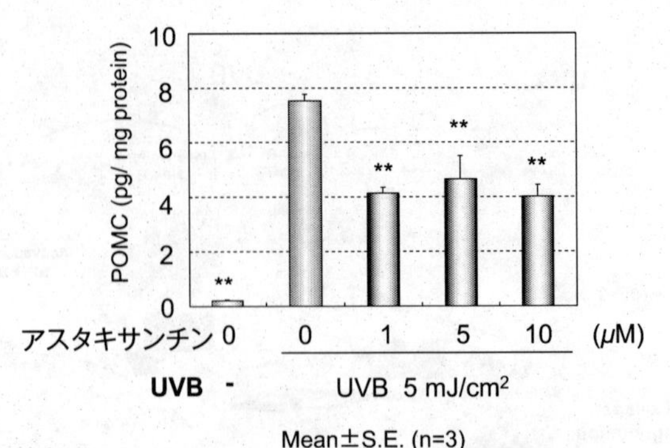

図5　アスタキサンチンは紫外線による角化細胞のPOMC生成を抑制

ヒト角化細胞を各種濃度のアスタキサンチン含有培地で4時間培養後，紫外線Bを5 mJ/cm^{2}照射し，さらにアスタキサンチン含有培地で24時間後培養上清を回収した。上清中に放出されたproopiomelanocortin（POMC）をELISA法で定量した。アスタキサンチン1，5，10 μM添加でPOMC量は優位に抑制された。尚，角化細胞で生じたPOMCはさらに代謝され，α-MSHとなりメラニン合成を促進する。従って，アスタキサンチンは紫外線により亢進するPOMC発現を抑制し，メラニン生成を阻害し，シミが濃くなるのを抑えると期待される。

バーの乱れが改善し，成熟した角層が構成される結果ではないかと考えられる。また，アスタキサンチンの長期使用により炎症のない状態が持続すれば，活性酸素の生成は減少し，ミトコンドリアの機能も改善され表皮のターンオーバーが早くなり，逆に小さな面積の若々しい表皮角化細胞が増加すると考えられ，表皮の若返りが期待される。

アスタキサンチンの皮膚塗布効果を紹介する。アスタキサンチン0.035 mg/g含有クリームをヒト皮膚に塗布すると，3週間後には皮膚水分量（SKIKONで測定）は増加した。また，アスタキサンチン2 mgとトコトリエノール含有のソフトカプセルを1粒／日，を4週間内服した臨床試験では，皮膚科医師による臨床写真評価でシワの改善が認められた[34)]。また，同様にアスタキサンチン2 mg含有カプセル2粒／日の内服6週間で，視診では明らかにシワの深さに改善が見られた[35)]。

これらは，塗布あるいは内服であるが，次に両者を併用したデーターを紹介する[33)]。アスタキサンチン3 mg含有カプセル2粒／日とアスタキサンチン0.0047 mg/g含有美容液を8週間併用し，レプリカ法で前後のシワの度合いを調べたところ，内服開始2ヶ月後には4つのパラメータ（シワ面積率，総シワ平均深さ，最大シワ平均深さ，最大シワ最大深さ）の有意な減少が見られた。さらに，皮膚弾力性（角層の影響を受けることなく真皮の力学特性を計測できるスキングリップメーターで測定）の有意な増加も認められた。一方，画像解析によるシミ面積評価ではシミが有意に減少し，客観評価においても59％の被験者がシミ改善効果を認められた。さらに，レプリカ法でキメ平均深さの有意な増加が認められ，テープストリッピングにより角層細胞面積の有意な増加も認められた。別の臨床試験では，経口摂取アスタキサンチン量をさらに増やし，アスタキ

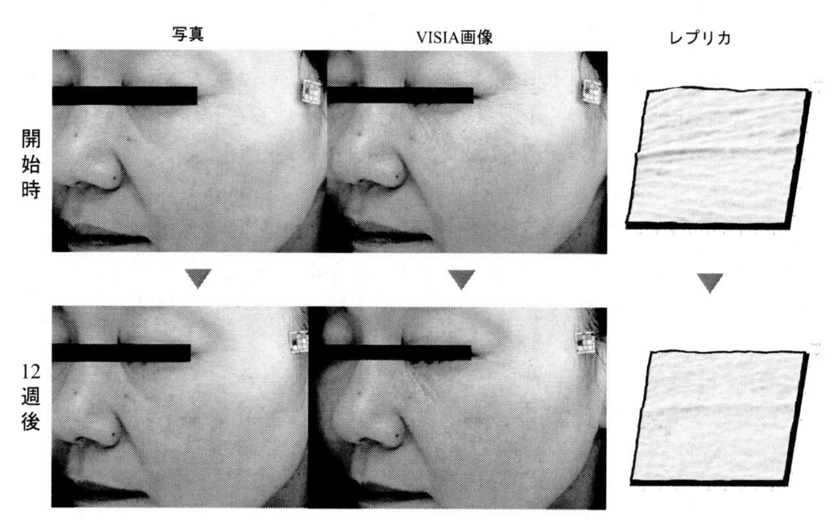

図6　アスタキサンチンのヒト皮膚シワ改善効果
47歳女性。数年来眼瞼周辺のシワ部をターゲットとしアスタキサンチン12 mg 含有カプセルを毎日1回内服し，さらにアスタキサンチン0.0047 mg/g 含有美容液を1日1回塗布する治療を12週間連続して行った。シワの数と深さの軽減を自覚できたのみならず，レプリカ法で明らかなシワ改善効果を認めた。

サンチン6 mg 含有カプセル2粒／日の内服と0.0047 mg/g 含有の美容液を併用したところ，12週間後にはレプリカ法で明らかなシワの改善が見られた（図6）。これら経口摂取と皮膚塗布を併用すれば光老化改善効果が一層増すことを示しているが，併用時の皮膚塗布剤の濃度がクリーム単独使用時に比べ低いことを考慮すると，アスタキサンチン6～12 mg/日の経口摂取は皮膚のアンチエイジングに有効と考えられる。

以上の基礎的ならびに臨床ヒト試験の結果から，アスタキサンチンは，表皮，真皮の細胞および細胞間物質など様々な部分で抗酸化および抗炎症作用により皮膚の老化や光老化の予防効果を発揮する非常に優れた天然美容成分であると考えられる。また，他の抗酸化剤にはない特徴的側面を持っているので，アスタキサンチンを従来成分に加えて皮膚の健康と美容目的に併用することでさらなる抗光老化効果が期待できると思われる。

文　献

1） 市橋正光，MB Derma, **158**, 121-128（2009）
2） Araki K, Nagano T, Ueda M, Washio F, Watanabe S, Yamaguchi N, Ichihashi M., *J Epidemiol*, **9**（6 Suppl）, S14-S21（1999）
3） Ichihashi M, Ando H, Yoshida M, Niki Y, Matsui M., *Anti-Aging Medicine*, **6**（6）, 46-59

(2009)
4) 山下栄次，市橋正光，Functional Food, **2**, 416–424 (2009)
5) Kimura KD, Tissenbaum HA, Liu Y, Ruvkun G., *Science*, **277**, 942–946 (1997)
6) Johnson TE, *Science*, **249**, 908–912 (1990)
7) Ishii N, Fujii M, Hartman PS, Tsuda M,Yasuda K, Senoo-Matsuda M, Yanase S, Ayusawa D, Suzuki K., *Nature*, **394**, 694–697 (1999)
8) Peretz VI, Van Remmen H, Bokov A, Epstein CJ, Vijg J., *Aging Cell*, **8**, 73–75 (2009)
9) Van Raamsdonk JM, Hekimi S., *PLos Genet*, **5**, e1000361 (1–13) (2009)
10) Sahin E, DePinho RA, *Nature*, **464**, 520–528 (2010)
11) Sahin E, Colla S, Liesa M, Moslehi J, Müller FL, Guo M, Cooper M, Kotton D, Fabian AJ, Walkey C, Maser RS, Tonon G, Foerster F, Xiong R, Wang YA, Shukla SA, Jaskelioff M, Martin ES, Heffernan TP, Protopopov A, Ivanova E, Mahoney JE, Kost-Alimova M, Perry SR, Bronson R, Liao R, Mulligan R, Shirihai OS, Chin L, DePinho RA, *Nature*, **470**, 359–365 (2011)
12) Ueda M, Matsunaga T, Bito T, Nikaido O, Ichihashi M., *Photodermatol Photoimmunol Photomed*, **12**, 22–26 (1996)
13) Nouspikel T, *DNA Repair* (Amst), **7**, 1155–1167 (2008)
14) Taylor JS, *Mutat Res*, **510**, 55–70 (2002)
15) Armstrong BK, Kricker A., *Proceedings on environmental UV radiation and health effects*, eds Schopka HJ., Steinmetz M. Bundesamt fur Strahlenschutz, Germany, pp 105–113 (1993)
16) 市橋正光，「動物性皮膚症　環境因子による皮膚障害」最新皮膚医科学体系　16巻，中山書店，pp258–269 (2003)
17) Kligman LH, Sayre RM., *Photochem Photobiol*, **53**, 237–242 (1991)
18) Fisher GJ, Datta SC, Talwar HS, Wang ZQ, Varani J, Kang S, Voorhees JJ., *Nature*, **379**, 335–339 (1996)
19) Rabe JH, Mamelak AJ, McElgunn PJS, Morison WL, Sauder DN, *J Am Acad Dermatol*, **55**, 1–19 (2006)
20) Hermann G, Walschek M, Lange TS, Prenzel K, Goertz G, Scharffetter- Kochanek K., *Exp Dermatol*, **2**, 92–97 (1993)
21) Mizutari K, Ono T, Ikeda K, Kayashima K, Horiuchi S., *J Invest Dermatol*, **108**, 797–802 (1997)
22) Muto J, Kuroda K, Wachi H, Hirose S, Tajima S., *J Invest Dermatol*, **127**, 1358–1366 (2007)
23) Schroeder P, Lademann J, Davin ME, Stege H, Marks C, BruhukeS, Krutmann J, *J Invest Dermatol*, **128**, 2491–2497 (2008)
24) 市橋正光，Functional Food, **18** (in press)
25) Perricone N, “The Perricone promise:look younger, live longer in three easy steps”, Warner Books, New York Boston, pp45–47 (2004)
26) Di Mascio P, Kaiser S, Sies H., *Arch Biochem Biophys*, **274**, 532–538 (1989)
27) Camera E, Mastrofrancesco A, Fabbri C, Daubrawa F, Picardo M, Sies H, Stahl W., *Exp Dermatol*, **18**, 222–231 (2009)
28) Woodall AA, Lee SW, Weesie RJ, Jackson MJ, Britton G. *Biochem Biophys Acta*, **1336**, 33–42

(1997)
29) Lee SJ, Bai SK, Lee KS, Namkoong S, Na HJ, Ha KS, Han JA, Yim SV, Chang K, Kwon YG, Lee SK, Kim YM., *Mol Cells*, **16**, 97-105 (2003)
30) Maeda K, Hatao M., *J Invest Dermatol*, **122**, 503-509 (2005)
31) Suganuma K, Nakajima H, Otsuki M, Imokawa G., *J Dermatol Sci*, **58**, 136-142 (2010)
32) 山下栄次，FOOD style 21, **11**, 1-4 (2007)
33) 富永久美，本江信子，柄戸万理子，山下栄次，FOOD style 21, **13**, 1-5 (2009)
34) 山下栄次，FOOD Style 21, **6**, 112-117 (2002)
35) 山下栄次，FOOD Style 21, **9**, 72-75 (2005)

3　酸化ストレス負荷高度の閉経後女性に対するアスタキサンチンの効果

米井嘉一[*1]，八木雅之[*2]

3.1　はじめに

高血圧，糖尿病，脂質異常症などの生活習慣病は脳心臓血管障害の発症リスク要因であることから，生活習慣病予防はわが国のみならず欧米諸国の重要研究課題となっている。生活習慣の中でも食育は健康増進のための重要因子であり，古来の「医食同源」の思想から近年における「機能性食品科学」に至る大きな概念を包括している。日本としても世界に先駆けて，食育を科学的に捉え，より確かな医学的根拠を積み上げることが責務となる。

著者らはこれまでに抗酸化物質を含む様々な機能成分の臨床試験に関与してきた[1~4]。これらは機能成分の効能，効果や安全性を検証することが目的であるが，医療目的の医薬品とは異なるため，疾病罹患者ではなく健常者が対象となる。健常者といっても個人差があり，理想的な健康状態であるオプティマルヘルスを保っている者から，メタボリックシンドローム，２型糖尿病予備群，境界型高血圧症など疾病との境界領域に位置する者も少なくない。後者は東洋医学の概念で未病と称される。

また健康状態の個人差は，加齢に伴い広がる傾向にある。すなわち20歳代では個人差は少ないが，40歳代ではその差が広がり，60歳代ともなるとオプティマルヘルス保持者と未病者の差が顕著となる。健常者を対象に臨床試験を実施する場合は，個人差を考慮に入れないと，成分の効能が抽出できないばかりか，誤った結論が導かれる場合があるので，注意を要する。

本来サプリメントは不足した成分を補うことに意義があるが，十分足りている成分を上乗せしても健康指標の改善は望めない。むしろ過剰による健康障害を引き起こすリスクについても考慮する必要があるだろう。

今回紹介するアスタキサンチン臨床試験[5]は，試験を実施するにあたり，酸化ストレス負荷の大きさを指標にスクリーニングをかけ，負荷の強い閉経後女性を対象としたことが特徴である。また特定の臓器・器官に的をしぼるのではなく，無対照パイロット試験としてアスタキサンチンの効能を抗加齢医学（アンチエイジング医学）[6]の観点から全人的に捉えることを目標としている。

3.2　スクリーニングによる対象者の選定

スクリーニング検査はFree Radical Analytical System 4（FRAS4）[7,8]を用いて，diacron-reactive oxygen metabolites（d-ROM）を酸化ストレス負荷強度の指標とした。d-ROMは血液

＊1　Yoshikazu Yonei　同志社大学　大学院生命医科学研究科　アンチエイジングリサーチセンター・糖化ストレスリサーチセンター　教授

＊2　Masayuki Yagi　同志社大学　大学院生命医科学研究科　アンチエイジングリサーチセンター・糖化ストレスリサーチセンター　講師

中の酸化生成物（ヒドロペルオキシド）量を反映する[7,8]。抗酸化能の指標としてBAP（Biological Anti-oxidant Potential）テストにより塩化第2鉄（ferric chloride）を還元する能力を評価した。これらの方法が酸化ストレス強度を評価する標準検査となるか否かについては議論の余地が残る。

スクリーニング前35例（d-ROM値362.3±51.4 CARR U）より，d-ROM値の低い14例（324.6±52.5 CARR U）を除外した結果，スクリーニングされた21例のd-ROM値は387.4±32.4 CARR Uとなり，酸化ストレス負荷の高い集団となった。被検者の身体計測値は，身長152.89±6.33 cm，体重51.8±10.2 kg，体脂肪29.7±7.2％であった。

3.3　アスタキサンチン含有食品の性状，服用方法

試験参加者はアスタキサンチン6 mg含有ソフトカプセルを1日2カプセル，8週間連続，1日2回（朝1カプセル，夕1カプセル）を摂取した[5]。摂取時間は，朝食後および夕食後30分以内に摂取とした。脂溶性なので食前より吸収率がよい。朝食，夕食を摂取しない場合も，試験食のみ摂取した。試験薬摂取の際は，水またはお茶を併用した。

試験品は富士化学工業より市販品「アスタリールACT[R]」と同等品とした。試験品2カプセル（0.94 g）の熱量は6.1 kcal，含有成分は蛋白質0.27 g，脂質0.53 g，炭水化物0.05 g，Na 0.1 mgであった。原材料はオリーブ油，ゼラチン，ヘマトコッカス藻色素（アスタキサンチンとして1日摂取量12 mg），トコトリエノール，グリセリン，グリセリンエステル，ミツロウ，L-アスコルビン酸2-グルコシドであった。

試験開始前，8週間後に自覚症状の確認，身体計測，尿・血液生化学検査，酸化ストレス検査，血管機能検査を施行した。

3.4　自覚症状の改善

自覚症状の評価は，「身体の症状」と「心の症状」に分け，既報の如く抗加齢QOL共通問診票（Anti-Aging QOL Common Questionnaire: AAQol）を用いてポイント1～5の5段階に分けて評価した[1～5]。本問診票の特徴として，20代から60代の健常労働者の症状をよく反映すること，心の症状に関する質問も充実していることが挙げられる。身体全体について質問されるため，試験参加者が「試験品にはどのような効果があるのか」予想がつかないため，無対照パイロット試験においても試験品の効能スペクトルが推察できる利点がある。なお本問診票は日本抗加齢医学会ホームページ（http://www.anti-aging.gr.jp/anti/clinical.html）よりダウンロードして入手できる。

身体症状34項目中，8週後に有意に改善した項目は「目が疲れる」「肩がこる」「太りやすい」「肌の不調」「便秘」「抜け毛」「白髪」「冷え性」の8項目であった（表1）。心の症状21項目中，8週後に有意に改善した項目は「寝つきが悪い」であった。生活習慣には有意差はなかった。

自覚症状については，塚原らの報告でもアスタキサンチンにより「眼が疲れる」「肩がこる」「冷

表1　抗加齢QOL共通問診票における症状スコア

	前	8週間後
（身体の症状）		
目が疲れる	3.1±0.8	2.4±0.8**
肩がこる	3.4±1.0	2.9±1.1**
太りやすい	2.9±1.4	2.5±1.4*
肌の不調	2.5±0.8	2.1±0.8**
便秘	2.4±1.2	2.0±1.0*
抜け毛	2.3±0.9	1.9±0.8*
白髪	3.6±0.9	3.1±0.9*
冷え性	2.8±1.0	2.3±1.1**
（心の症状）		
寝つきが悪い	2.1±0.89	1.8±0.8*

症状スコア：1全くなし，2ほとんどなし，3少しあり，4中等度あり，
5高度にあり。
*$p < 0.05$，**$p < 0.01$ vs. 前値。

え性（手足の冷え）」の改善が示されており[9]，本試験と合致している。

「目が疲れる」の改善を裏付ける所見として，眼科領域では眼精疲労の改善[10〜12]，網膜毛細血管血流量の増加[13]，近点計による調節力の改善[14]，調節機能の回復促進[15]作用が報告されている。

「肩がこる」は疲労症状の一つであり，疲労回復効果[16]の成績と矛盾しない。

「便秘」改善はアスタキサンチンの吸収率と関連がある。腸管吸収率は2〜3％以下と低く，大部分は腸管内で作用する。腸内細菌叢の中でウェルチ菌などいわゆる悪玉菌が優勢になると，産生された毒素や毒素由来フリーラジカルが増加する。アスタキサンチンは抗酸化作用を発揮してフリーラジカルを除去し，腸内環境を改善させ，結果として腸管運動を活発化したものと考えられる。

「肌の不調」については，シミおよび弾力性の改善作用[17]の報告と合致する。上述の「便秘」の改善も皮膚へ好影響を及ぼす。

「冷え症」については，血液流動性の改善作用が示されていることから[18]，末梢循環が改善した結果，症状緩和に貢献した可能性が考えられる。

このようにアスタキサンチンは体内に摂取された後に，一部は吸収されて臓器・器官に分布し，残りは腸管内で抗酸化作用を発揮することにより多彩な作用を示す。

3.5　血管への作用　～血管抵抗の軽減と降圧効果～

動脈硬化の指標として，VaSeraVS-100（フクダ電子）を用いてCardio Ankle Vascular Index（CAVI；心臓足首血管指数）[19,20]とAnkle Brachial Pressure Index（ABI；足関節上腕血圧比）[21]

表2 血圧および血管機能

		前	8週間後
血圧			
収縮期	mmHg	118.0±16.4	112.5±16.6*
拡張期	mmHg	74.1±11.7	69.0±11.8**
CAVI			
右		7.52±0.91	7.43±0.82
左		7.47±0.86	7.40±0.78
ABI			
右		1.06±0.10	1.10±0.06*
左		1.09±0.08	1.11±0.07
指尖加速度脈波	歳	61.1±7.8	63.0±8.7
血管内皮機能（FMD）			
内皮依存性血管拡張率	%	5.69±2.85	6.01±1.86

*$p<0.05$，**$p<0.01$ vs. 前値。

を，また加速度脈波計（ダイナパルスSDP-100，フクダ電子）を用いて血管年齢[22~24]を算出した。CAVIは血管固有の硬さ・緊張度を示し，ABIは下肢動脈の狭窄・閉塞を評価する。血管内皮機能については，右上腕動脈における駆血解除後の反応性充血時の血管拡張反応（FMD：flow-mediated dilation）[25~28]を高解像度超音波法（ユネクス）で測定した。

身体計測値のうち体重，体脂肪率，体脂肪量，除脂肪量，筋肉量，体水分量，基礎代謝量，BMIは変化がなかったが，収縮期血圧（−4.6%，$p=0.021$），拡張期血圧（−6.9%，$p<0.001$）が有意に低下した（表2）。血管機能検査でCAVI，血管年齢，FMD検査では有意な変化はなかったが，右側ABIは+3.7%有意に増加し（$p=0.030$），下肢血管抵抗の改善が示唆された。

血管内皮を構成する血管内皮細胞からは，血管拡張因子として一酸化窒素（nitric oxide; NO），PGI2，また，血管収縮因子としてエンドテリン（endothelin），アンジオテンシンⅡ，PGH2，などといった様々な生理活性物質が産生・分泌されている。これらの物質が，血管の拡張・収縮を担う血管平滑筋細胞を制御している。

高血圧，脂質異状症，糖尿病では，血管内皮機能が低下し血管機能不全状態となるが，その一因が酸化ストレスである[29]。最近，レニン・アンジオテンシン系で産生されるアンジオテンシンⅡによる酸化ストレスと血管内皮機能低下が注目されている。アンジオテンシンⅡはNADH/NADPHoxidaseの重要な活性化因子であり，アンジオテンシンⅡ持続投与群の高血圧モデルラットではNADH/NADPHoxidaseの遺伝子発現が亢進し，酸化ストレスを増大させ，産生された活性酸素はNOを不活化する[30,31]。すなわち，高血圧による血管障害にはNADH/NADPHoxidaseを介した活性酸素の増加が関与しているのである。

アスタキサンチンを投与することにより，自然発症高血圧モデルのSHRラットでは血圧の有意な降下およびアンジオテンシンⅡの有意な低下がみられる[30]。さらに，アンジオテンシンⅡ低下による活性酸素種（reactive oxygen species; ROS）の間接的低下作用，ROSに対する直接的な低下作用により，血管内皮でのNO産生を促進，血管拡張を促し血圧を低下させる[31]。結果としてNO_2-/NO_3-値が減少することになる[32]。このように血管の緊張あるいは収縮拡張調節にはNO由来フリーラジカルが関与しており，一般的に抗酸化物質は拡張性に作用する。本試験で示されたアスタキサンチンの血圧降下作用は，抗酸化作用が緊張緩和の方向に作用した結果と考えられる。

アスタキサンチン臨床試験のうち血流を指標としたものではこれまでにレーザードップラー血流画像測定法による肩血流量の改善[10]，網膜血管血流量の改善[13]，血液流動性の改善[18]の報告があり，本試験ABI上昇など本試験成績と合致する。

以上の結果を総括すると，アスタキサンチンの作用機序として，血管緊張の緩和，血管抵抗の改善，末梢循環の改善が想定され，愁訴の一つ「冷え症」の改善に貢献したものと考えられる。

3.6 ホルモン分泌への影響

アンチエイジングドックではホルモン年齢の評価に，成長ホルモンのセカンドメッセンジャーであるIGF-I（insulin-like growth factor-I）と副腎皮質由来のDHEA-s（dehydroepiandrosterone-sulfate）を用いている。今回の成績では，血清IGF-Iは試験前後で変化なかったが，DHEA-sは8週後に有意に低下した（−15.0%，$p<0.001$）（表3）。これらのことからアスタキサンチンによる自覚症状の改善効果はこれらのホルモンを介したものではないものと考えられる。

3.7 酸化ストレス　～抗酸化能の増強～

FRAS 4検査では抗酸化力の指標であるBAPは8週後+4.6%有意に上昇した（表3）。酸化ストレスの指標であるd-ROMは変化なかった。

BAP増加の原因として，アスタキサンチン摂取により血清中抗酸化物質の総量が増加し，塩化第2鉄を還元する能力が高まったと考えられる。d-ROMに有意変動がなかった原因としては，d-ROM標準偏差（測定値の15%）がBAP標準偏差（測定値の9%）に比べて大きいため同一例数で有意差がなかった可能性がある。これらの所見はアスタキサンチンにより抗酸化能が増強することを示しており，血管壁の緊張緩和，血管抵抗の減少，末梢循環の改善に貢献したものと考えられる。

3.8 心身ストレスへの作用　～ストレスホルモンバランスの改善～

心身ストレスの評価にはストレスホルモンのコルチゾルと抗ストレスホルモンのDHEA-sを測定した。

コルチゾルは8週後（−22.8%，$p=0.002$）に有意に低下し，DHEA-sも低下したが（−

表３　血清ホルモン濃度および酸化ストレス

		前	８週間後
ホルモン			
IGF-I	ng/ml	138.1±43.9	131.2±33.6
DHEA-s	μg/dl	84.1±43.2	71.4±34.6**
コルチゾル	μg/dl	9.22±3.28	7.12±2.48**
DHEA-s/コルチゾル比		10.87±7.80	12.04±9.69
酸化ストレス（FRAS4）			
BAP	μM	2,276±202	2,380±266*
d-ROM	CARR U	379±55	370±55

*p <0.05, **p <0.01 vs. 前値。

15.1%，p<0.001)，DHEA-s／コルチゾル比は保たれていた（表３）。

DHEA-s 分泌制御についてはまだ不明な点が多いが，分泌刺激因子にはコルチコトロピン，インスリン，プロラクチンなどがある[33,34)]。一般的に，ストレス負荷時にはコルチゾル上昇，DHEA-s／コルチゾル比は低下する。また，ストレス軽減時にはコルチゾルは減少，DHEA-s／コルチゾル比は上昇する[35,36)]。ストレスバランスの評価にはDHEA-s／コルチゾル比が有用である。

今回の成績ではDHEA-sとともにコルチゾル値も減少したが，DHEA-s／コルチゾル比は前値10.9→８週後12.0とDHEA-sの割合が増加傾向であった（片側検定でp<0.05)。これらの変動はアスタキサンチン投与により身体へのストレス負荷が減ったことを示しており，心の症状「寝つきが悪い」の改善に関係していると思われる。DHEA-sが減少した理由として，これまでストレス負荷が強いため代償性に増加していたDHEA-sがもとのレベルに戻ったものと解釈した。

3.9　おわりに

閉経後女性35名の中からスクリーニングにより酸化ストレス負荷が強い20名を対象とし，アスタキサンチン12 mg／日，８週間内服投与した際の心身作用および安全性について無対照オープン試験として検討した。酸化ストレスが強い女性へのアスタキサンチン投与が抗酸化能を増強（BAP 増加）させ，下肢血管抵抗の軽減（ABI 増加），血圧下降作用を発揮し，更年期愁訴を改善することが示唆された。

文　献

1) Yonei Y, Takahashi Y, Watanabe M, Yoshioka T., *Anti-Aging Medicine*, **4**, 19-27 (2007)
2) 日比野佐和子，米井嘉一，高橋洋子，高橋穂澄，市橋正光，望月俊男，矢澤一良，水野正一，渡邊 昌，*Therapeutic Research*, **29**, 1947-1961 (2008)
3) Hori M, Kishimoto S, Tezuka Y, Nishigori H, Nomoto K, Hamada U, Yonei Y., *Anti-Aging Medicine*, **7**, 129-142 (2010)
4) Yonei Y, Miyazaki R, Takahashi Y, Takahashi H, Nomoto K, Yagi M, Kawai H, Kubo M, Matsuura N., *Anti-Aging Medicine*, **7**, 26-35 (2010)
5) Iwabayashi M, Fujioka N, Nomoto K, Miyazaki R, Takahashi H, Hibino S, Takahashi Y, Nishikawa K, Nishida M, Yonei Y., *Anti-Aging Medicine*, **6**, 15-21 (2009)
6) 米井嘉一，抗加齢医学入門，第2版，慶應義塾大学出版会，東京 (2011)
7) Sakane N, Fujiwara S, Sano Y, Domichi M, Tsuzaki K, Matsuoka Y, Hamada T, Saiga K, Kotani K., *Endocr, J.*, **55**, 485-488 (2008)
8) Tamaki N, Tomofuji T, Maruyama T, Ekuni D, Yamanaka R, Takeuchi N, Yamamoto T., *J Periodontol*, **79**, 2136-2142 (2008)
9) 塚原寛樹，小池田崇史，新井隆成，林 浩孝，大野 智，鈴木信孝，日本補完代替医療学会誌，**5**, 49-56 (2008)
10) 新田卓也，大神一浩，白取謙治，新明康弘，陳 進輝，吉田和彦，塚原寛樹，大野重昭，臨床医薬，**21**, 543-556 (2005)
11) 岩崎常人，田原昭彦，あたらしい眼科，**23**, 829-834 (2006)
12) 小池田崇史，齋藤正実，八木勇三，原 高明，診療と新薬，**42**, 368-377 (2005)
13) 長木康典，三原美晴，高橋二郎，北村晃利，堀田良晴，杉浦友梨，塚原寛樹，臨床医薬，**21**, 537-542 (2005)
14) 長木康典，三原美晴，塚原寛樹，大野重昭，臨床医薬，**22**, 41-54 (2006)
15) 高橋奈々子，梶田雅義，臨床医薬，**21**, 431-436 (2005)
16) 永田 晟，田島多恵子，浜松ほづみ，疲労と休養の科学，**18**, 35-46 (2003)
17) 小池田崇史，斎藤安弘，八木勇三，原 高明，新薬と臨床，**54**, 357-364 (2005)
18) 宮脇寛海，高橋二郎，塚原寛樹，竹原 功，臨床医薬，**21**, 421-429 (2005)
19) Shirai K, Utino J, Otsuka K, Takata M., *J Atherosclerosis and Thrombosis*, **13**, 101-107 (2006)
20) Kubozono T, Miyata M, Ueyama K, Nagaki A, Otsuji Y, Kusano K, Kubozono O, Tei C., *Circulation Journal*, **71**, 89-94 (2006)
21) Ankle Brachial Index Collaboration Group. Fowkes FG, Murray GD, Butcher I, Heald CL, Lee RJ, Chambless LE, Folsom AR, Hirsch AT, Dramaix M, deBacker G, Wautrecht JC, Kornitzer M, Newman AB, Cushman M, Sutton-Tyrrell K, Fowkes FG, Lee AJ, Price JF, d'Agostino RB, Murabito JM, Norman PE, Jamrozik K, Curb JD, Masaki KH, Rodríguez BL, Dekker JM, Bouter LM, Heine RJ, Nijpels G, Stehouwer CD, Ferrucci L, McDermott MM, Stoffers HE, Hooi JD, Knottnerus JA, Ogren M, Hedblad B, Witteman JC, Breteler MM, Hunink MG, Hofman A, Criqui MH, Langer RD, Fronek A, Hiatt WR, Hamman R, Resnick

HE, Guralnik J, McDermott MM., *JAMA*, **300**, 197-208 (2008)
22) Takada H, Okino K, Niwa Y., *Health Evaluation & Promotion* (Sogokenshin), **31**, 547-551 (2004)
23) Ushiroyama T, Kajimoto Y, Sakuma K, Ueki M., *Bulletin of the Osaka Medical College*, **51**, 76-84 (2005)
24) Takazawa K, Kobayashi H, Shindo N, Tanaka N, Yamashina A., *Hypertens Res.*, **30**, 219-228 (2007)
25) Celermajer DS, Sorensen KE, Gooch VM, Spiegelhalter DJ, Miller OI, Sullivan ID, Lloyd JK, Deanfield JE., *Lancet*, **340**, 1111-1115 (1992)
26) Hashimoto M, Akishita M, Eto M, Ishikawa M, Kozaki K, Toba K, Sagara Y, Taketani Y, Orimo H, Ouchi Y., *Circulation*, **92**, 3431-3435 (1995)
27) Motoyama T, Kawano H, Kugiyama K, Hirashima O, Ohgushi M, Tsunoda R, Moriyama Y, Miyao Y, Yoshimura M, Ogawa H, Yasue H., *J Am Coll Cardiol*, **32**, 1672-1679 (1998)
28) Yoshida T, Kawano H, Miyamoto S, Motoyama T, Fukushima H, Hirai N, Ogawa H., *Internal Medicine*, **45**, 575-579 (2006)
29) Matsuoka H., *Res Clin Practice*, **54** (Suppl), S65-72 (2001)
30) Hussein G, Nakamura M, Zhao Q, Iguchi T, Goto H, Sankawa U, Watanabe H., *Biol Pharm Bull*, **28**, 47-52 (2005)
31) Hussein G, Goto H, Oda S, Iguchi T, Sankawa U, Matsumoto K, Watanabe H., *Biol Pharm Bull*, **28**, 967-971 (2005)
32) Hussein G, Goto H, Oda S, Sankawa U, Matsumoto K, Watanabe H., *Biol Pharm Bull*, **29**, 684-688 (2006)
33) Alesci S, Bornstein SR., *Exp Clin Endocrinol Diabetes*, **109**, 75-82 (2001)
34) Nawata H, Yanase T, Goto K, Okabe T, Nomura M, Ashida K, Watanabe T., *Horm Res.*, **62** (Suppl 3), 110-114 (2004)
35) Wolkowitz OM, Epel ES, Reus VI., *World J Biol Psychiatry*, **2**, 115-143 (2001)
36) Bauer ME, Jeckel CM, Luz C., *Ann N Y Acad Sci.*, **1153**, 139-152 (2009)

4　皮膚の光老化とアスタキサンチンのシワ抑制メカニズム

笠　明美*

4.1　はじめに

高齢化社会が進む今日，アンチエイジングの取り組みは医療，食品，化粧品と広範囲に及んでいる。化粧品開発においてアンチエイジングは美白と並んで大きなテーマであり，シワ・タルミなどに代表される肌の老化のメカニズムを解明し，少しでも老化を遅らせ若々しい肌を維持することができるよう研究が進められている。

これまで化粧品に用いられてきたアンチエイジング素材の多くは，「医食同源」といわれるように，伝承的に民間療法として用いられてきたハーブや経験的に健康維持に良いとされる食材などをヒントに開発されてきた。特に，活性酸素やフリーラジカルによる酸化が有力なエイジング説の一つであることから，もともと生体中に備わっている抗酸化機能を助ける目的で摂取する抗酸化成分は，有望なアンチエイジング素材となる。様々な植物油脂中に含まれるトコフェロールなどのフェノール系抗酸化成分，古くから食品の品質保持に使われてきた香辛料に含まれる成分，そして，過酷な自然環境に生育する植物の成分などの抗酸化効果が古くから研究され，化粧品原料として開発されてきた[1)]。ブドウのポリフェノール，茶のカテキン，ゴマのリグナンなどがその代表的なものであるが，近年注目されているアスタキサンチンも，高い抗酸化能を持つ有力なアンチエイジング素材となりうる。

皮膚の老化は明らかになっているだけでも多くの要因がからみあって引き起こされるため，アンチエイジングのアプローチも様々である（表1）。加齢や季節変化による水分保持能低下による乾燥が原因で生じる初期のシワ予防には主に保湿剤が用いられてきた。しかし，この乾燥による一時的なシワも紫外線の長期曝露により真皮の変性を伴った永久的な深いシワになりうることが指摘されていることから，シワの生成には乾燥に加え紫外線の影響が大きい[2)]。そこでここでは，紫外線による皮膚の光老化とアスタキサンチンのシワ抑制メカニズムについて述べる。

表1　アンチエイジングのアプローチ

・保湿
・抗酸化
・ターンオーバー調整
・バリア機能回復
・細胞賦活
・コラーゲン合成促進
・コラゲナーゼ抑制
・血行促進
・エラスターゼ抑制
・ビタミンA
・女性ホルモン

4.2　皮膚の光老化

4.2.1　光老化と活性酸素の関与

皮膚に作用する紫外線には，290～320 nmの中波長紫外線UVBと320～400 nmの長波長紫外線UVAがある。UVBは毒性が強くDNAの障害を起こしたり，日焼けによる急性の炎症反応

＊　Akemi Ryu　㈱コーセー　研究所　開発研究室　薬剤開発グループ　主任研究員

やその後の色素沈着を引き起こす。一方UVAは，太陽光紫外線の9割以上を占めるにもかかわらず，その皮膚への害はUVBほど重要視されてこなかった。しかし，活性酸素を発生させ遺伝子の誘導や組織の酸化障害を引き起こすことや，真皮の奥まで到達することから日常的に曝露した時の慢性的な変化，すなわちシワやタルミなどの皮膚の老化を引き起こす可能性があるとして注目されるようになった[3~7)]。

紫外線を浴びた結果起こる老化は“光老化”と呼ばれ，加齢による内的因子の変化により起こる“自然老化”と区別される（表2）。Kligmanらは，自然老化では皮膚は薄くなり真皮の結合組織が減少するのに対し，光老化では逆に皮膚は厚く硬くなり真皮の結合組織が増加することを示している[8)]。また，皮膚表面の形状も全く異なり，非露光部である腹部などの皮膚にはちりめん状の細かなシワが形成されるのに対し，露光部である首筋などの皮膚には菱形状の深いシワが形成される。

Bissettらは，ヘアレスマウスにUVBを長期間暴露させて背部にシワを形成させ，光老化モデルとして用いた。そして，紫外線吸収剤，ビタミンEなどの抗酸化剤，そして抗炎症剤にシワ抑制効果を見出したことから，光老化の原因として紫外線により発生する活性酸素の関与が示唆されてきた[9)]。また，長期間紫外線が暴露された部位の皮膚には鉄が多く沈着してくることを見出し，鉄が触媒するフェントン反応により生成したヒドロキシラジカルがシワ形成の原因となることを示した[10)]。さらに，2,2’-ジピリジルアミンやフリルジオキシムなどのキレート剤が紫外線によるシワ形成を抑制できることも示している[10,11)]。一方，PUVA療法をしている患者では，シワやシミなどの皮膚の老兆が見られるというが，PUVA療法に用いる8-メトキシソラレンはUVA照射により一重項酸素を発生することから，一重項酸素がシワの形成に関わっている可能性がある。

表2　自然老化と光老化の違い

		光老化	自然老化
表皮	厚さ	↑厚い	↓薄い
真皮	コラーゲン	損傷，一定方向に配列	ランダムに配列
	エラスチン	ソーラーエラストーシス　↑↑	正常　↑
	グリコサミノグリカン	↑↑	↓
	線維芽細胞	↑	↓
外観		菱形状 深いしわ 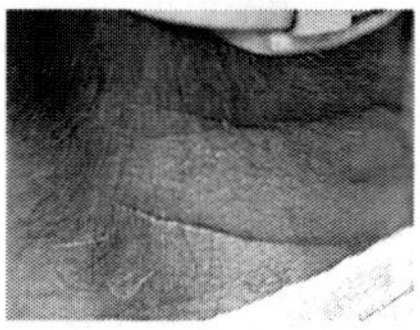	ちりめん状 細かいしわ 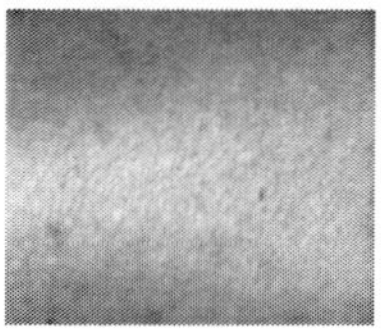

これらのことから，紫外線による光老化の原因には，紫外線の直接的作用だけでなく紫外線により発生する一重項酸素やヒドロキシラジカルなどの活性酸素が関わっている可能性があると考えられる。

4.2.2　コラーゲンの構造変化と一重項酸素の関与

光老化皮膚における真皮結合組織の代表的な変化の一つにコラーゲンの架橋が挙げられる。コラーゲンは，真皮細胞外マトリックスを構成する主要なタンパク質であり，皮膚の柔軟性や水分保持に関わっている。コラーゲンは，分子量約100 kDaの鎖状タンパク質3本がらせん構造を形成する高分子量タンパク質であり酸性条件下で溶解する。しかし，コラーゲンの成熟および老化が進行するにつれ，酸不溶性コラーゲンが増大することが知られている。そして，その原因は，コラーゲンの分子内あるいは分子間さらには周囲の組織タンパク質と架橋を形成してさらに高分子量化するためであるといわれている。

Kligmanらは，UVAとUVBとでは真皮の構造変化に及ぼす影響が異なり，UVAを照射した皮膚ではUVBでは見られない不溶性コラーゲンの増加を認めている[3]。UVAを15週照射した皮膚では未照射と比較して，総コラーゲン量および不溶性コラーゲンすなわち架橋の進んだコラーゲン量がいずれも増加した。また，総コラーゲン量の増大分は，不溶性コラーゲン量の増大分とほぼ等しかった（図1）[12]。UVAは活性酸素を介して結合組織の酸化障害を引き起こす可能性が考えられるため，コラーゲンに活性酸素を暴露させて架橋形成を観察した。ヘマトポルフィリンにUVAを照射して光増感反応により発生させた一重項酸素をコラーゲンに曝露した時，ヘマトポルフィリンの濃度すなわち一重項酸素発生量に依存して一本鎖のα鎖が減少し三本鎖のγ鎖が増大した（図2）。これは，一重項酸素によりコラーゲンに架橋が形成し高分子量化することを示している。またこの反応は，一重項酸素の消去剤であるNaN_3により抑制された[13]。一方，スーパーオキサイド，過酸化水素，ヒドロキシラジカルではコラーゲンの架橋形成は認められなかった。このことから，UVAによる不溶性コラーゲンの増大のメカニズムの一つとして，UVA

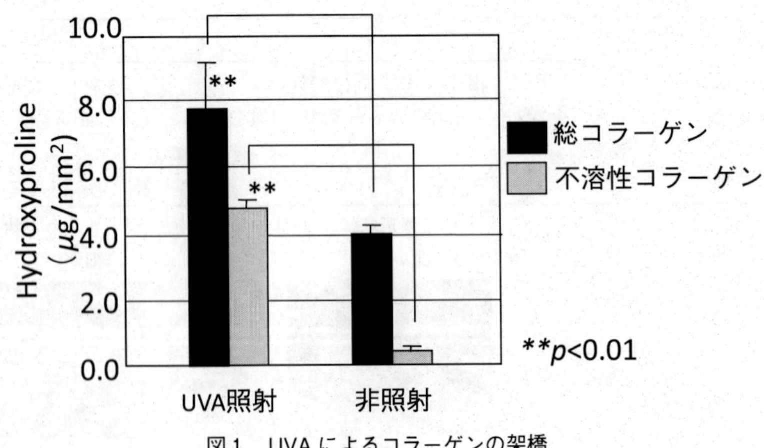

図1　UVAによるコラーゲンの架橋

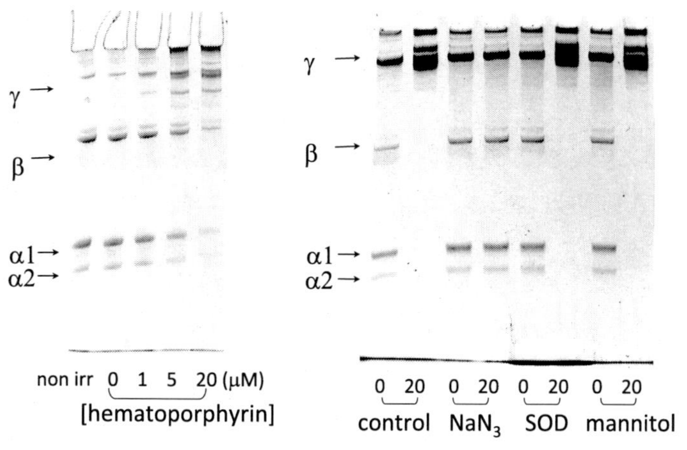

図2　一重項酸素によるコラーゲンの架橋

曝露皮膚中で発生した一重項酸素がコラーゲンの架橋形成に関わっている可能性がある。

老化に伴うコラーゲンの構造変化はこのような活性酸素による直接的酸化ダメージに加え，コラーゲンの分解酵素マトリクスメタロプロテイナーゼ-1（MMP-1）によっても調整される。一重項酸素曝露した線維芽細胞ではMMP-1が誘導されるという[5]。さらに，連続的にUVAを照射して老化を促進させた線維芽細胞においてもMMP-1のmRNA発現が増大した[14]。光老化皮膚においてMMP-1が誘導されるということは，結合組織の破壊が促進されることを意味するが，実際には先に述べたように不溶性コラーゲンの増大も同時に認められる。このことから，架橋したコラーゲンはMMP-1により分解されずに蓄積し，高分子量の異常なコラーゲンが特に増大することがマトリックス成分の質的変化をもたらしているのではないかと考えられる。

このように，光老化皮膚におけるコラーゲンの構造変化には，直接的なコラーゲンの酸化障害に加え，細胞の機能変化によりコラーゲンの構造を破壊する酵素MMP-1が誘導されることが関わっており，その原因の一つに一重項酸素が関与している可能性がある。

4.3　アスタキサンチンのシワ抑制メカニズム

4.3.1　アスタキサンチンの一重項酸素消去によるコラーゲンの架橋抑制

アスタキサンチンに代表されるカロテノイドは，動植物界に650種以上が知られており，生体の酸化防御機構としての役割を担っている。抗酸化効果をはじめ，がん予防や免疫機能の活性化など様々な機能が見出され食品分野で応用されてきた[15,16]。しかし，カロテノイドは光に対する安定性が非常に悪いために化粧品の主成分としては最近までほとんど用いられてこなかった。アスタキサンチンは，βカロテンのように生体内で分解してビタミンA活性を示すいわゆるプロビタミンA作用を持たないため，アスタキサンチンのシワ抑制メカニズムの解明には都合が良い。

アスタキサンチンの一重項酸素消去能を，他のカロテノイドや汎用されている抗酸化剤と比較したところ，アスタキサンチンはカロテノイドの中でも特に一重項酸素消去能力が高かった（表3）。先に述べたように，光老化皮膚に見られるコラーゲンの構造変化には一重項酸素が関わっていることから，一重項酸素消去能の高いアスタキサンチンは光老化によるコラーゲンの変化を抑制することができる。実際に，先に述べたような一重項酸素曝露により観察されたコラーゲンの架橋形成は，UVA 照射時にアスタキサンチンをあらかじめ加えておくことで抑制することができた（図3）。アスタキサンチンは紫外部領域には極大吸収を持たないことから，この作用は紫外線防御（サンカット）による効果ではなく一重項酸素消去作用によるものである。

4.3.2 アスタキサンチンの MMP-1に対する作用による細胞外マトリックス崩壊の抑制

紫外線を長期曝露した皮膚に見られるシワの生成が，アスタキサンチンの塗布により抑制されることが報告されている[17]（図4）。それと同時に，紫外線によるコラーゲン線維束構造の崩壊がアスタキサンチンにより抑制されることが電子顕微鏡観察により確認されている。この時，皮膚中の MMP-1活性を測定したところ，紫外線により増大する MMP-1の活性がアスタキサンチンを塗布した皮膚では抑制されていた（図5）。これらのことから，アスタキサンチンは紫外線による MMP-1活性の上昇による真皮構造崩壊を抑制することによりシワの生成を抑制していると

表3　アスタキサンチンの一重項酸素消去能

薬剤	消去速度定数（$M^{-1}s^{-1}$）
アスタキサンチン	4.1×10^{10}
カンタキサンチン	2.4×10^{10}
βカロチン	1.5×10^{10}
ゼアキサンチン	5.1×10^{9}
ヒスチジン	2.7×10^{9}
αトコフェロール	5.5×10^{8}
アジ化ナトリウム	3.8×10^{8}
コエンザイム Q10	2.7×10^{8}

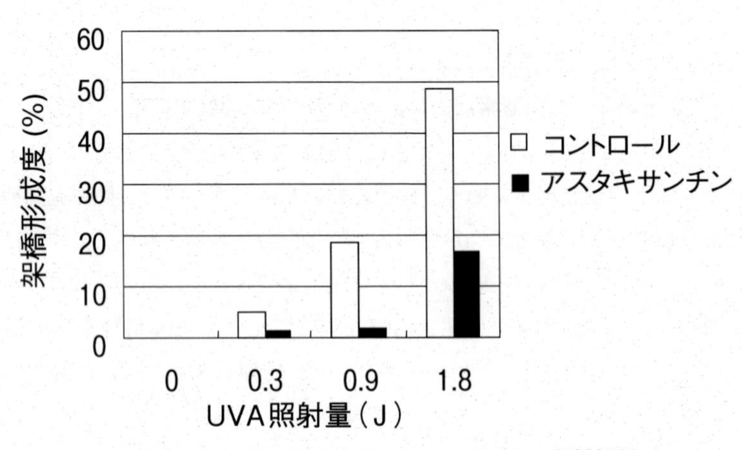

図3　アスタキサンチンによるコラーゲンの架橋抑制

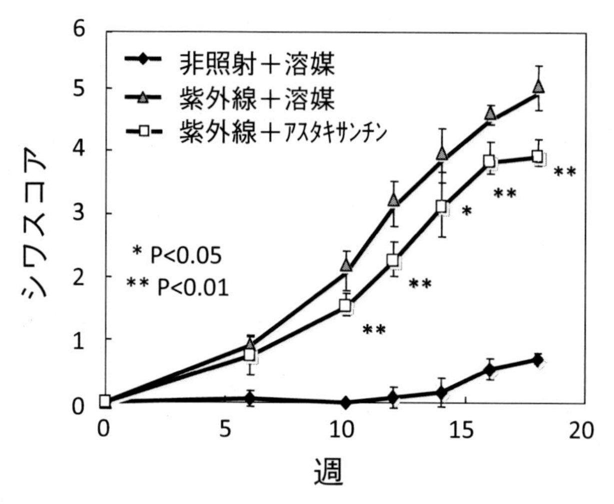

図4　アスタキサンチンのシワ抑制効果

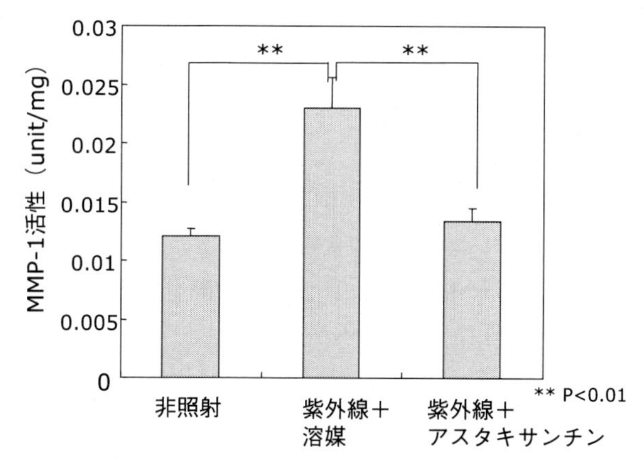

図5　アスタキサンチンの MMP-1活性抑制

考えられる。また，一重項酸素により誘導される MMP-1の mRNA 発現もアスタキサンチンの一重項酸素消去作用により抑制できると考えられる。

一方，*in vitro* で MMP 類に対するアスタキサンチンの活性阻害効果を調べた報告がある[18]。アスタキサンチンは，MMP-1をはじめ9種の MMP に対する活性を直接阻害する効果を示すという。さらに，UVA 照射した直後にアスタキサンチンを作用させた線維芽細胞においても MMP-1の発現亢進が抑制されたとの報告がある[19]。UVA 照射により発生する活性酸素の寿命が短いことを考えると，この時のアスタキサンチンの MMP-1発現抑制は活性酸素消去以外のメカニズムによるものと考えられる。

4.3.3　アスタキサンチンのその他の作用によるシワ抑制メカニズム

先に述べたように，光老化には一重項酸素だけでなくヒドロキシラジカルなどの活性酸素も関わっている。ヒドロキシラジカルがトロポエラスチンを特異的部位で切断することも報告されている[20]。アスタキサンチンには一重項酸素消去作用以外にもヒドロキシラジカル消去作用やフリーラジカル反応遮断作用があることから[21]，これらの抗酸化作用によるシワ抑制メカニズムも考えられる。

また，アスタキサンチンにはサイトカインやPGE_2などの炎症性メディエーターの産生を抑制する効果が報告されている。紫外線を照射した皮膚では様々な炎症反応が進行するが，慢性的な炎症反応の蓄積は老化の一因になると考えられる。たとえば，UVA を長期曝露した皮膚ではシワの形成とともに好中球の浸潤が認められるが，好中球は活性酸素を産生すると同時に，コラゲナーゼ，エラスターゼなどのタンパク分解酵素による働きも加わり真皮の結合組織を破壊する作用を示す。また，UVB 照射した皮膚では表皮が肥厚するとともに，IL-1，IL-6，TNF-αなどのサイトカインやPGE_2の産生が亢進する。そして，IL-1やIL-6は線維芽細胞の MMP-1の発現亢進に関わるという。アスタキサンチンには TNF-α低下や IL-4，6，8の分泌抑制効果が報告されている上に，炎症に関わる NF-κB シグナル伝達を遮断する効果があるという[22]。これらのことから，アスタキサンチンによる炎症性メディエーターの抑制とシグナル伝達遮断作用もシワ抑制につながると考えられる。

4.4 おわりに

アスタキサンチンのシワ抑制効果は，一重項酸素消去によるコラーゲンの架橋抑制や MMP-1発現亢進抑制，MMP-1活性阻害による真皮結合組織の崩壊の抑制に加え，抗炎症効果など様々な作用により発揮されると考えられる。実際に，25名の被験者にアスタキサンチン配合クリームを1日2回，12週間使用させ，使用前後で目尻のシワを計測した。その結果，アスタキサンチン配合クリームの使用により，シワの深さと皮膚表面の粗さが改善した。慢性的な紫外線曝露により起こる光老化の予防には，継続的日常的な対策が重要である。したがって，シワの予防いわゆるアンチエイジングは日常的に使用する化粧品に求められている大きな役割といえる。皮膚の老化メカニズムはまだまだ解明されていないことが多く残されている。今後，さらに皮膚の老化メカニズムが解明されると同時にアスタキサンチンの皮膚に対する新たな作用が見出されることにより，アスタキサンチンの化粧品における有用性が一層高まることが期待される。

文　　献

1) 大澤俊彦，食品機能化学，p. 53，三共出版（1990）
2) 辻　卓夫，*Fragrance Journal* 別冊，p. 3 (1989)
3) P. Zheng *et al., J Invest Dermatol.,* **100**, 194 (1993)
4) L. O. Klotz *et al., Curr Probl Dermatol.,* **29**, 95 (2001)
5) R. M. Tyrrell *et al., Bioessays,* **18**, 139 (1996)
6) J. Krutmann *et al., J Dermatol Sci.,* **23 Suppl 1**, S22 (2000)
7) Y. Takema *et al., J Dermatol Sci.,* **12**, 56 (1996)
8) A. M. Kligman, 加齢と皮膚，p. 33，清至書院 (1986)
9) B. A. Jurkiewicz *et al., J Invest Dermatol.,* **104**, 484 (1995)
10) D. L. Bissett *et al., Photochem P-hotobiol.,* **54**, 215 (1991)
11) D. L. Bissett *et al., J Am Acad Dermatol.,* **31**, 572 (1994)
12) H. Mitani *et al., Photodermatol Photoimmunol Photomed.,* **23**(2-3), 86 (2007)
13) A. Ryu *et al., Chem Pharm Bull (Tokyo).,* **45**, 1243 (1997)
14) E. Naru *et al., Br J Dermatol.,* **153 Suppl 2**, 6 (2005)
15) 西野輔翼，日本農芸化学会誌，**67**, 39 (1993)
16) 富田純史，*Fragrance J.,* **29**(2), 22 (2001)
17) Y. Mizutani *et al., J Jpn Cosmet Sci Soc.,* **29**, 9 (2005)
18) 岡田裕実春，特開2006-8714号公報
19) K. Suganuma *et al., J Dermatol Sci.,* **58**(2), 136 (2010)
20) A. Hayashi *et al., Arch Dermatol Res.,* **290**(9), 497 (1998)
21) 幹　渉，海洋生物のカロテノイド-代謝と生物活性，p. 80，恒星社厚生閣 (1993)
22) K. Suzuki *et al., Experimental Eye Research,* **82**, 275 (2006)

第8章　運動器作用

1　脂質代謝とアスタキサンチン

青井　渉*

1.1　天然のカロテノイド アスタキサンチン

アスタキサンチンは蟹，海老，イクラなど海産物に含有される赤色色素で，カロテノイドキサントフィルに属する成分である（図1）。脂溶性の抗酸化成分であるが，ビタミンEやその他のカロテノイドと比較して抗酸化能力が高く，循環器系疾患，炎症性障害，眼精疲労など様々な病態を予防，改善することが知られている[1~3]。鮭やマスの魚肉中に高濃度に含有され，それらの豊富な活動量を支えていると考えられているが，哺乳類においても経口摂取することで骨格筋や肝臓など代謝臓器に蓄積することがわかっている[4]。そのため，アスタキサンチンの摂取がエネルギー代謝におよぼす影響について注目され，近年代謝障害や運動機能の調節に関連する興味深い知見が明らかになってきた。

1.2　エネルギー代謝と健康問題

食生活の欧米化や生活の簡便化にともない，エネルギー出納のバランスが破綻し，体脂肪の蓄積にともなう健康障害が問題となっている。特に内臓脂肪の過剰蓄積は，インスリン抵抗性を基盤として糖尿病，高脂血症，高血圧症を併発し，メタボリック症候群を惹起する。健康長寿を実現するためには，まず循環器および代謝疾患を予防することがあげられ，肥満・メタボリック症候群を防ぐための生活習慣が検証されている。一般に，内臓脂肪の蓄積は運動不足や過食に代表される生活習慣の悪化，さらに加齢による骨格筋や脂肪組織の機能的変化によるものと考えられる。肥満を予防・改善するには，過食を防ぎ，身体活動を高めてエネルギー出納を負にすること

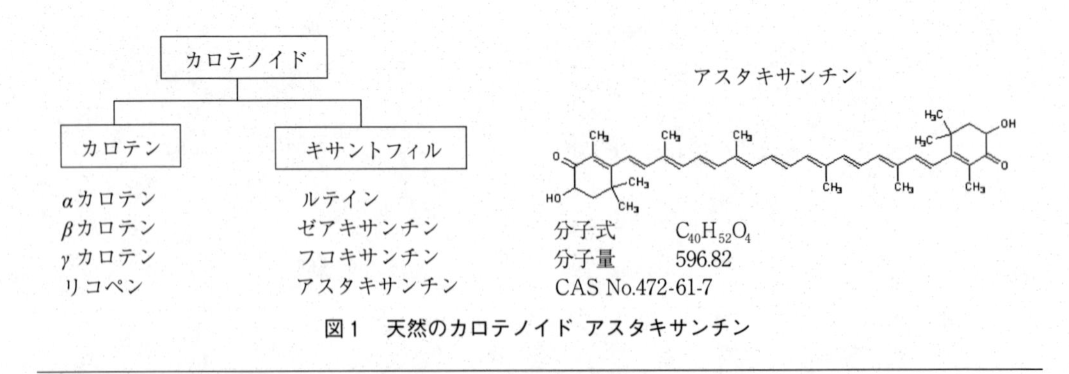

図1　天然のカロテノイド アスタキサンチン

* Wataru Aoi　京都府立大学大学院　生命環境科学研究科　健康科学研究室　助教

がまずは重要であるが，摂取量は同じでもエネルギー基質である糖質と脂質の食べ方によって体内の代謝動態は異なることを理解する必要がある。すなわち，糖質と脂質の種類や食べ合わせ，摂取タイミングによって栄養効果，健康作用におよぼす影響は異なる。たとえば，食後上昇する血糖は骨格筋などで利用できないものは体脂肪に蓄積されることから，血糖値を上昇させるような糖質（高グリセミック指数食）は体脂肪蓄積を促進する食べ物といえる。また，糖質と脂質の食べ合わせは，それぞれ単独に摂取したときと比較して脂肪蓄積を促すことがわかっている。さらに，朝や昼に摂取した高エネルギー食は身体活動のエネルギー源になるが，就寝前に摂取すると体脂肪源になりやすい。したがって，個々の生活リズムを踏まえた上で，何をどれくらい，どのように食べるか考えることが重要である。さらに，このような主要栄養素だけでなく，食品中に含まれる微量成分がエネルギー代謝に影響をおよぼすことが明らかになってきた。多くは，直接あるいは間接的に交感神経活動を高めたり，骨格筋や脂肪組織におけるエネルギー代謝系に作用したりすることによるものである。また，臓器の代謝障害に酸化ストレスが関与することが知られるようになり，抗酸化成分の摂取が代謝性疾患の予防・改善に効果的であることもわかってきた。

1.3　エネルギー代謝におよぼすアスタキサンチンの有用性

アスタキサンチンがエネルギー代謝におよぼす影響については，肥満・糖尿病モデルマウスを用いた検討がなされている（表1）。高脂肪食を摂取させたKK/Taマウスやddyマウス，db/dbマウスにおいて，8～10週間のアスタキサンチン摂取は空腹時血糖，血中脂質の低下とともに内臓脂肪量を減少させることが観察されている[5~8]。また，ヒトにおいても，アスタキサン

表1　アスタキサンチンの代謝改善作用に関する報告

研究グループ	対象	主な試験結果	引用文献
Hussein *et al.*	ラット（SHR）	空腹時血糖低下， 血圧低下，脂肪細胞サイズの低下	5)
Uchiyama *et al.*	マウス（db/db）	空腹時および糖負荷後の 血糖低下，腎障害抑制	6)
Akagiri *et al.*	マウス（KK/Ta）	空腹時血糖低下 脂肪細胞サイズの低下	7)
Ikeuchi *et al.*	マウス（ddY）	脂肪重量の低下 肝臓内脂肪の低下	8)
Yoshida *et al.*	ヒト（健常・25～60歳・ 空腹時TG 120～200 mg/dl）	HDLコレステロール・ アディポネクチンの上昇	9)
Ishikura *et al.*	ヒト（メタボ予備軍・22～65歳）	HbA1c・TNFαの低下 アディポネクチンの上昇	10)
Inoue *et al.*	細胞（3T3L1）	PPARγアンタゴニスト作用	11)
Arunkumar *et al.*	マウス（Swiss albino）	血糖，血中脂質の低下 骨格筋インスリンシグナル系の改善	12)

チンの摂取によってインスリンやTNFαの低下，HDLコレステロールやアディポネクチンの上昇など血中代謝関連因子を改善させることが示されている[9,10]。このような代謝性疾患におけるアスタキサンチンの効果に関して，脂肪組織や骨格筋における代謝関連遺伝子発現におよぼす影響が示唆されている。脂肪細胞においては，核内レセプター型転写因子PPARγのアンタゴニストとして作用することで中性脂肪の蓄積を阻害することが報告されている[11]。またArunkumarらは，肥満マウスの骨格筋においてインスリンシグナル経路を活性化し，グルコース輸送体（GLUT4）の細胞膜への移行を増加させることを報告している[12]。

アスタキサンチンは肝臓のエネルギー代謝についても改善することがわかってきた。肝臓中に取り込まれた脂肪酸はミトコンドリアやペルオキシゾームで酸化されてエネルギーとして利用されたり，中性脂肪やコレステロールに合成されてリポタンパク質として血液中に放出されたりする。肝臓での脂質合成が亢進すると，血中への中性脂肪やコレステロールの放出が増大するとともに，肝臓自体に中性脂肪が蓄積し，いわゆる脂肪肝の状態となる。そのような肝臓へ脂肪が沈着した状態では，ミトコンドリア機能不全，活性酸素種の増加，炎症サイトカインの増加などを引き起こして肝組織を障害し，ひいては肝炎や肝硬変につながる恐れがある。非アルコール性脂肪性肝疾患（NAFLD）は，非飲酒者であるにもかかわらず肝臓の脂肪化を特徴とする肝障害であり，先進国における有病率は人口の20～30%にも上るといわれており[13]，これを予防，改善する意義は大きい。脂肪肝はNAFLDにおける初期段階に位置するため，肝臓への脂肪蓄積を防ぐことがNAFLD予防において重要となる。内臓脂肪蓄積にともなうインスリン抵抗性の生じた状態では，肝臓自体の脂質代謝能が減弱してしまい，脂肪肝を助長する。池内らは，高脂肪食を摂取させた肥満マウスにおいて，アスタキサンチンは摂取量依存的に肝臓中性脂肪の蓄積を抑制することを報告している[8]。現在，肝障害モデルマウスを用いたアスタキサンチンの効果についても検討が進められており，NAFLDの進展抑制剤としても期待されている。

1.4　有酸素運動時のエネルギー代謝におよぼすアスタキサンチンの有用性

筆者らは，アスタキサンチンをマウスに4週間摂取させた後，ランニング運動時のエネルギー代謝を測定したところ，普通食群と比較して呼吸交換比が低く，運動中のエネルギー基質として，より多くの脂質が利用されたことを観察した[14]（図2）。この時，ランニング後に筋肉中に含まれるグリコーゲン量を測定したところ，アスタキサンチン摂取群において運動による減少抑制がみられた。これは運動時のエネルギー源として，より多くの脂肪が利用された結果，代償的に糖の利用が節約されたためであると考えられる。グリコーゲンはエネルギー供給源であるため，運動後半にみられるエネルギー基質不足による筋疲労を遅延させることが示唆された。すなわち，アスタキサンチンはエネルギー基質の枯渇を抑制することで筋疲労の軽減に効果を発揮すると考えられる。池内らは，このような筋グリコーゲンの節約効果はアスタキサンチン摂取量に依存して認められることを示しており[15]（図3），筋組織のアスタキサンチン含有量が増えるにしたがって効率よくエネルギー代謝を調節することが推察される。このアスタキサンチンによる脂肪燃焼効果は，ヒトを対象としたプラセボ対照比較試験においても確認されている。6週間アスタキサンチン12 mgを摂取することで，週4回40分間のウォーキングによる体脂肪減少効果を有意に促進した[16)]。

このような脂肪燃焼を効率化するメカニズムとして，アスタキサンチンは筋細胞内の脂肪分解律速酵素のひとつcarnitin parmitoyl transferase I（CPT-I）の活性を高め，ミトコンドリアにおける脂肪酸の分解を円滑にしたことがあげられる。ミトコンドリアは酸素を利用して大量のエネルギーを産生する場であるが，同時に活性酸素の発生源でもある。エネルギー産生の増加ととも

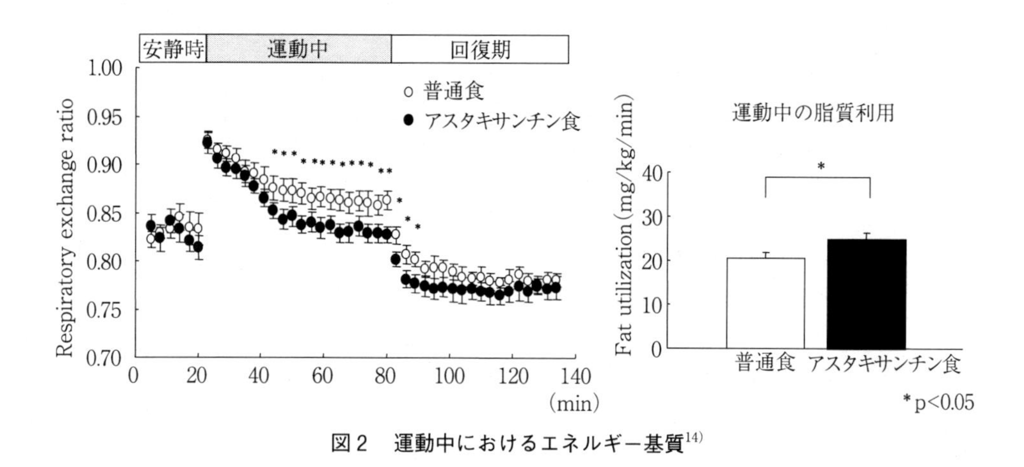

図2　運動中におけるエネルギー基質[14)]

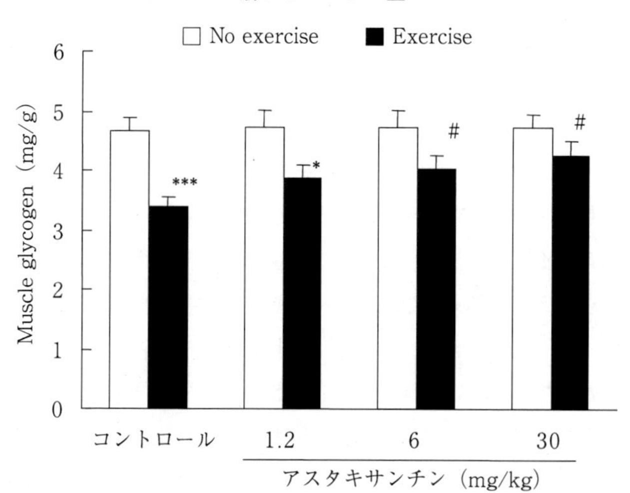

*p<0.05，***p<0.005 vs. No exercise
#p<0.05 vs. コントロール

図3　運動による筋グリコーゲンの消費[15)]

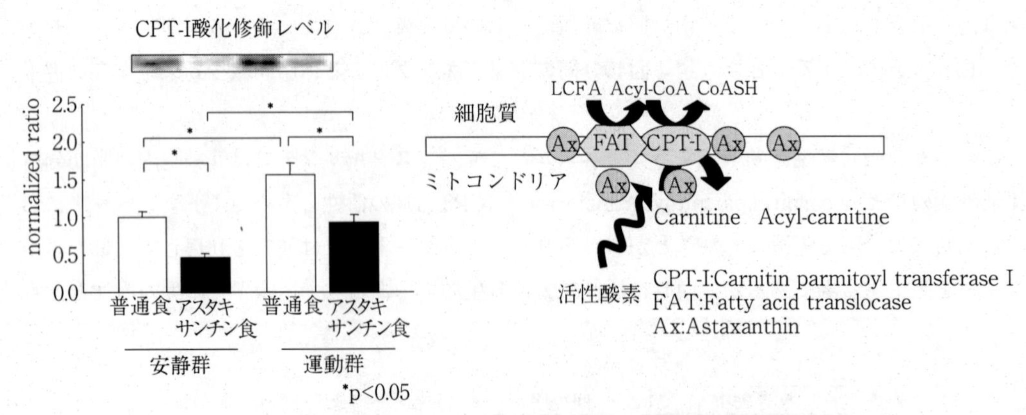

図4　アスタキサンチンによる骨格筋 CPT-I の酸化修飾抑制[14]
ミトコンドリア膜タンパク質 CPT-I は運動によって酸化修飾（Hexanoyl-lysin 修飾）を受けるが，アスタキサンチン摂取はこれを抑制した。このことが，CPT-I 活性の向上につながると推察される。

にミトコンドリアで生じる活性酸素も増えるため，ミトコンドリアに局在する蛋白質は酸化ストレスの標的となりやすい。そのため，運動により生じた活性酸素によりミトコンドリア蛋白である CPT-I が酸化傷害され，機能を損なうことが考えられる。アスタキサンチンの代表的な作用標的はミトコンドリアであることが報告されており[17]，筋細胞内に蓄積したアスタキサンチンが運動によりミトコンドリアで生じた活性酸素を効率よく消去した結果 CPT-I の酸化障害を抑制したことにつながったものと考えられる（図4）。このような効果は，同じ脂溶性の抗酸化物質であるビタミン E においては認められなかったことから，アスタキサンチンの優れた抗酸化能力や局在性によってもたらされた結果であると考えることができる。

1.5　中・高強度運動時のエネルギー代謝におよぼすアスタキサンチンの有用性

乳酸性作業閾値（LT）あるいはそれ以下の強度の運動時には糖質と脂質はほぼ同等の比率でエネルギー基質として利用される。しかし，LT を超えるとその割合は急激に糖質優位になり，最大運動強度の80％を超える運動ではほとんどを糖質からエネルギーを得る。そのため，運動を持続するためには解糖系を介して糖質から円滑にエネルギーを獲得する必要がある。陸上競技における短距離アスリートでは解糖系によるエネルギー獲得システムが発達していることがパフォーマンス向上につながる。Malmsten らは6カ月のレジスタンストレーニングにおいてアスタキサンチンを摂取した群では，プラセボ摂取群と比較して挙上回数（スクワット運動）が有意に増大したことを報告している[18]。また Earnest らは，自転車競技選手を対象にしたパフォーマンス試験において，プラセボ摂取群と比較してアスタキサンチン摂取群で走行時間が短縮したことを報告した[19]。これらは，アスタキサンチンが解糖系による無酸素性エネルギー代謝を活性化することにより運動パフォーマンスの維持につながったことを示唆している。このようなアスタキサンチンが無酸素性代謝能におよぼす影響についてのメカニズムは不明であるが，グリコーゲン蓄積効果が1つの可能性として考えられる。先に述べたとおり，アスタキサンチンは安静時および低強度運動時においては脂質代謝を高めることでグリコーゲンの消費を節約する。また，インスリン感受性を高めるために，筋肉への糖取り込みを促進し，グリコーゲン蓄積はさらに効率化することが考えられる。その他，クレアチンリン酸系や酸の緩衝作用などに影響をおよぼす可能性も考えられ，今後アスタキサンチンの無酸素性代謝系への作用について検証していく必要がある。

1.6　おわりに

最近，抗酸化ビタミンの摂取が運動による代謝改善作用を阻害することが示され，運動時における抗酸化食品の摂取の可否について議論されている。しかし一方で，アスタキサンチンは高い抗酸化能を有するが，様々な臓器における代謝を促進する。さらに，ある種のポリフェノールやαリポ酸なども同様に運動による代謝改善作用を促進することが報告されている。すなわち，抗酸化成分を全てひとくくりに論じることはできず，絶対的な抗酸化能力だけでなくそれぞれ固有の特性を持つことを考慮する必要がある。すなわち，抗酸化効果のみならずbeyond antioxidant効果によって成分特異的な機能が関与していることも考えられる。抗酸化成分とエネルギー代謝については未解明の部分も多く，今後さらに検証していく必要がある。

文　献

1) I. Nishigaki *et al., J. Clin Biochem. Nutr.*, **16**, 161 (1994)
2) G. Hussein *et al., Biol. Pharm. Bull.*, **28**, 967 (2005)
3) 白取謙治ほか，臨床医薬，**21**(6)，637 (2005)
4) W. Aoi *et al., Antiox. Redox Signal.*, **5**, 139 (2003)
5) G. Hussein *et al., Life Sci.*, **80**, 522 (2007)
6) K. Uchiyama *et al., Redox Rep.*, **7**, 290 (2002)
7) S. Akagiri *et al., J. Clin. Biochem. Nutr.*, **43** Suppl 1, 390 (2008)
8) M. Ikeuchi *et al., Biosci. Biotechnol. Biochem.*, **71**, 893 (2007)
9) A. Uchiyama *et al., J. Clin Biochem. Nutr.*, **43** Suppl 1, 28 (2008)
10) H. Yoshida *et al., Atherosclerosis*, **209**, 520 (2010)
11) M. Inoue *et al., Carotenoid Sci.*, **12**, 7 (2008)
12) E. Arunkumar *et al., Food Funct.*, (2011) Nov 17 Epub ahead of print
13) S. Jimba *et al., Diabet. Med.*, **22**, 1141 (2005)
14) W. Aoi *et al., Biochem. Biophys. Res. Commun.*, **366**, 892 (2008)
15) M. Ikeuchi *et al., Biol. Pharm. Bull.*, **29**, 2106 (2006)
16) 深間内誠ほか，FOOD Style21，**11**(10)，1 (2007)

17) A. M. Wolf *et al., J. Nutr. Biochem.*, **21**, 381 (2010)
18) C. L. Malmsten *et al., Cart. Sci.*, **13**, 20 (2008)
19) C. P. Earnest *et al., Int. J. Sports Med.*, **32**, 882 (2011)

2　スポーツトレーニングからみたアスタキサンチンの優位性

川本和久*

2.1　はじめに

近代トレーニングにおける成功のカギは，トレーニング量の拡大である。ただ，トレーニング量を拡大すると疲労が蓄積する。疲労を回復させるためには十分な回復期間が必要である。この回復期間は，トレーニング量と比例する。つまり，トレーニング量を増やすとそれに伴って，回復期間も長くなり，トレーニング量の減少という結果を招く。ある意味では，トレーニング量の拡大と疲労によるトレーニング量の減少というジレンマに陥った。この疲労の原因の一つに活性酸素が挙げられる。そこで抗酸化剤としてアスタキサンチンの摂取を2005年の冬から始めた。実施に摂取した競技者たちからは「練習ができるようになった」「疲れにくくなった」などの感想が寄せられた。そこで，スポーツ競技において，アスタキサンチン摂取の有効性を探ってみた。

2.2　アスタキサンチン摂取はミドルパワーを向上させるのか

アスタキサンチン摂取の身体的な運動能力の向上・改善効果として，酸化系の運動（有酸素性運動）においては，膝屈伸運動における筋持久力の向上が報告されている[1)]。また，1200 m 走直後の血中乳酸濃度が有意に低下した事例[2)]などが知られている。しかし，これらは２分以上の持久的な運動，すなわち有酸素性運動であり，ATP-PCr 系や解糖系によって生じるエネルギーによる急激な無酸素性運動であるミドルパワーの運動に対してアスタキサンチンが改善効果を有することは，知られてはいなかった。瞬発的で急激な運動は，最初の30秒までは主に ATP-PCr 系を，その後の２分までは主に解糖系によるエネルギーを生産して行う運動であり，筋肉中の ATP，PCr，グリコーゲンが消費される２分程度しか継続できなくなる。これらは，一般的に呼吸による酸素の消費を行わないと考えられているため，無酸素性運動と言われる。

無酸素性運動のなかでも継続時間が長いものはミドルパワーと呼ばれ，運動のエネルギー獲得機構のうち最初の10秒程度は ATP-PCr 系，その後は解糖系が最大限に動員され，30秒～２分程度で疲労困憊に至る運動である。例えば，陸上競技の400 m・800 m，水泳競技の100 m・200 m，スキー競技のモーグル，スケート競技の500～1500 m などがこれに含まれる。また，無酸素性運動を短い休息や軽運動を挟みながら断続的に行う運動が，間欠的無酸素性運動である。例えば，バスケットボールやサッカーなどの球技や格闘技などである。

ミドルパワーの運動や間欠的無酸素性運動は，「無酸素性」として定義されているが，実際には運動中は呼吸をしており，当然酸素も多量に摂取している。400 m 走の終盤は，必要なエネルギーの７～８割は，疾走中に摂取した酸素を使ったエネルギーによって，走っている[3)]。このようにミドルパワー発揮などにおける「無酸素性」とは実際の状態を指しているのではなく，運動強度の分類上，便宜的に使われていると考えた方がよい。

---

*　Kazuhisa Kawamoto　福島大学　人間発達文化学類　教授

ミドルパワー運動のように，ATP-PCr系・解糖系を最大限動員する運動では，運動中は，必要なエネルギー産生のため筋線維の動員が増え，運動後には酸素負債が生じる。例えば，400 m走においては，疾走中に必要な酸素需要量は5.0ℓであるが，そのうち無酸素でエネルギーをまかなえるのが酸素2.9ℓ相当で，不足分の2.1ℓは疾走中に摂取している[4]。疾走終了後，酸素負債という形で10ℓもの多量の酸素を取り込む。このようにミドルパワーの運動では，運動中だけではなく，運動後も多くの酸素が必要とされる。摂取した酸素のうち，数%は活性酸素に変化することから，エネルギー産生過程において影響を及ぼすことが考えられる。

そこで，抗酸化力の強いアスタキサンチンを摂取することで，ミドルパワーが向上するかについて検討した。日常的にスポーツを実施している男子大学生22名を対象とし，1日12 mg アスタキサンチンを4週間摂取させ，ミドルパワーを測定した。ミドルパワーの測定は，自転車エルゴメータを用い，漕ぎ始めから全力で40秒間ペダリング（負荷＝体重×0.075 kp）を10分の休息を挟み，2回行わせた。

1回目のミドルパワーはアスタキサンチン摂取群で体重あたり pre8.72±0.50 W/kg から post8.91±0.45 W/kg と0.19 W/kg 増加した（$p<0.05$ 図1参照）。アスタキサンチン摂取2週間後も同様のテストを行ったが，有意な向上はみられなかった。また，アスタキサンチン非摂取群には，2週後，4週後も違いは見られなかった。

駆動中の回転数を比較すると，駆動開始から15秒後からアスタキサンチン摂取群の回転数が高い（$p<0.05$ 図2参照）。ミドルパワーの発揮時には，開始から10秒を過ぎると無酸素性のエネルギーであるクレアチンリン酸がなくなって，グリコーゲンからのエネルギー産生に依存してくる。また，この段階では，ミトコンドリアでも酸素が使われ始め，エネルギーを産生している。駆動中の回転数変化の全体的な傾向として，駆動開始15秒から回転数が減少してくる。これは，筋活動のエネルギーであるアデノシン三リン酸（ATP）の再合成が追いつかなくなり，ATP そのものが枯渇していくことと，ATP の分解で生じたリン酸やカリウム，活性酸素などが原因で疲労が生じたことが考えられる。この疲労を生み出す活性酸素にアスタキサンチンが働きかけ，後半の回転数の低下軽減につながるものと推察される。

運動のエネルギーである ATP は，ミトコンドリアが酸素を使って産み出す。ただ，ATP を

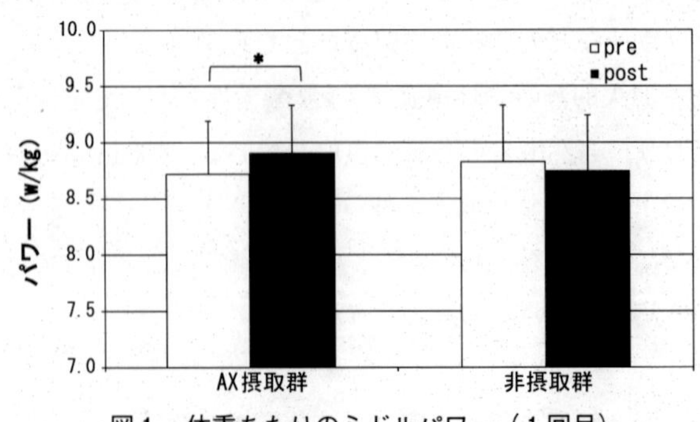

図1　体重あたりのミドルパワー（1回目）

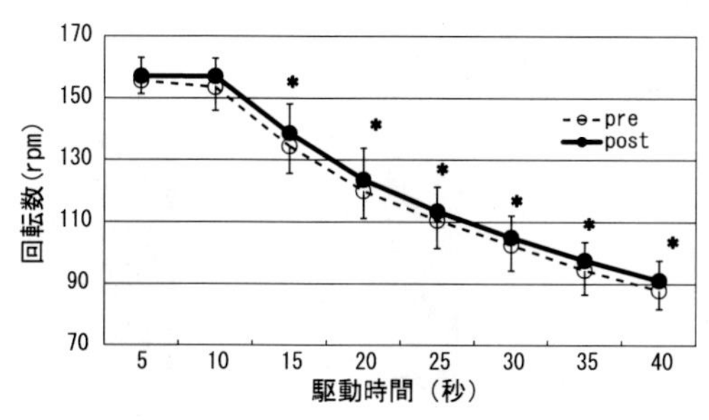

図２　自転車エルゴメータ駆動中の回転数（１回目）

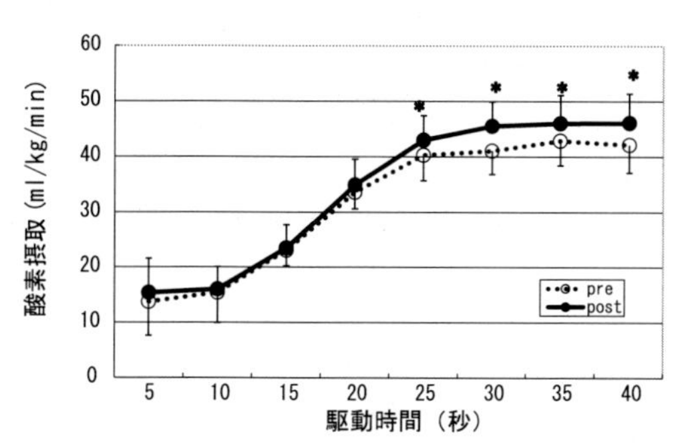

図３　自転車エルゴメータ駆動中の酸素摂取動態

測定するのは困難である。肺で酸素を摂取した量は，呼気ガスを測定することで比較的容易に測定できる。そこで，運動のエネルギーは，酸素摂取量を測定して求めることになる。酸素摂取量は言い換えれば，エネルギー消費量である。エネルギー消費量は，体重の影響を大きく受ける。体重が重ければそれだけ多くのエネルギーが必要となる。そのために体重の影響なしにエネルギー消費量を考えるために，体重あたりの値（mℓ /kg/min）にして比較している。この自転車エルゴメータ駆動中，40秒間の酸素摂取量は pre31.50 ± 1.97 mℓ /kg/min から post33.79 ± 2.71 mℓ /kg/min と増えている。酸素摂取動態を５秒ごとに見ると自転車エルゴメータの回転数とは逆に駆動15秒後から酸素摂取量が増えていく。酸素摂取量の増加は仕事量の増加を示し，この15秒間の酸素摂取量と駆動回転数には，正の相関が見られる。つまり駆動に必要なエネルギーを摂取した酸素によって産生したことが伺える。アスタキサンチン摂取の違いは，駆動開始25秒から40秒までの後半15秒間に酸素摂取量が増加している（$p < 0.05$ 図３参照）ことでその効果が分かる。アスタキサンチン摂取前より多くの酸素を取り込むことにより，駆動数を上げることが可能となり，より大きなパワーを発揮できた。これは，アスタキサンチンの摂取が，１回のミドルパワー発揮に有効であることを示している。

40秒間の全力駆動後に10分の休息をとらせ，再び40秒間の全力駆動を行わせた。２回目のミドルパワーはアスタキサンチン摂取群で体重あたり pre8.11 ± 0.50 W/kg から post8.32 ± 0.45 W/kg と0.21 W/kg 増加した（$p < 0.05$ 図４参照）。アスタキサンチン摂取２週間後も同様のテストを行ったが，有意な向上はみられなかった。また，アスタキサンチン非摂取群には，２週間

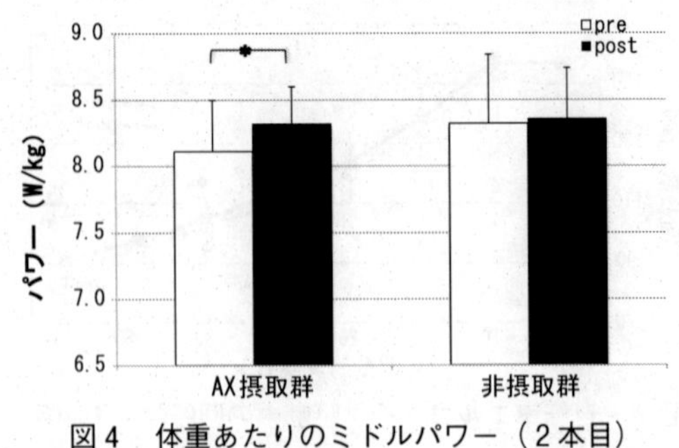

図4　体重あたりのミドルパワー（2本目）

後，4週間後も違いは見られなかった。駆動中の回転数は，アスタキサンチン摂取後は上がっているが，有意な差は見られなかった。40秒間の5秒ごとの酸素摂取量は，アスタキサンチン摂取後に違いはなかった。当然ではあるが，40秒間の総酸素摂取量もpre36.50±3.51 mℓ /kg/min，post36.18±3.45 mℓ /kg/minとほとんど変わらない。酸素摂取量が同じにも関わらず，アスタキサンチン摂取後のミドルパワー値が高かったのは，ミトコンドリアの活性が考えられる。

また，運動中の心拍数・運動後の血中乳酸濃度・クレアチンキナーゼにおいては，アスタキサンチン摂取後とも違いが見られなかった。

これらのことより，10分の休息後の2回目のミドルパワーの発揮においては，アスタキサンチン摂取は，有効であると考えられる。ただし，その原因となる事象については推測の域を出ない。また，休息を挟み2本目のパワー値が向上したことは，ラウンドを重ねる競技会においても有効であることが示唆される。

2.3　アスタキサンチン摂取は間欠的無酸素性運動の持続に効果があるのか

数秒間のダッシュは，無酸素性エネルギー代謝の貢献度が高い無酸素性運動である。この無酸素性運動を短い休息や軽運動を挟みながら断続的に行う運動を，間欠的無酸素性運動と呼ぶ。ただ，間欠的無酸素性運動の持続には，有酸素性エネルギー産生能力がパワー発揮に影響を及ぼすとされ，運動中に多くの酸素が必要になると考えられる。そのため活性酸素発生の増加を引き起こし，酸化ダメージが生じる。そこで強力な抗酸化作用を持つアスタキサンチンの摂取が，間欠的無酸素性運動のパワー発揮の持続性に及ぼす影響を検討した。

被験者は日常的にスポーツを実施している男子大学生22名を対象とした。朝晩6 mgずつ計12 mgのアスタキサンチンを4週間摂取させた。実験試技は，自転車エルゴメータを用い，7秒間の全力駆動（負荷＝体重×0.075 kp）を23秒間の休息を挟んで20回実施した。

図5にテスト中の心拍数の変化を示した。運動強度と心拍数は，ほぼ直線関係にある。そのため心拍数から運動強度を推察することができる。ここで言う運動強度とは，最大酸素摂取量に対する割合である。最大心拍数の時が最大酸素摂取量である。最大心拍数は（220－年齢）で求められる。そのため運動中の心拍数を測定すると最大心拍数からの割合で，大まかな運動強度が求

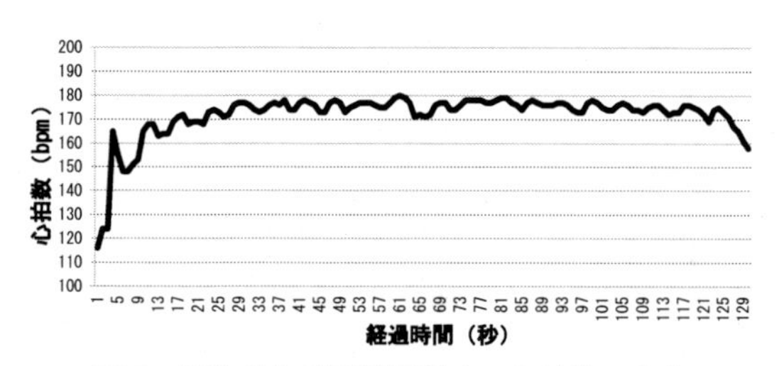

図５　間欠的無酸素性運動中の心拍数の変化

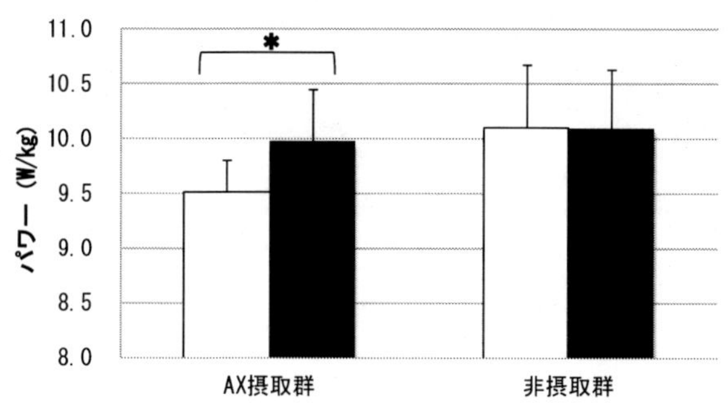

図６　間欠的無酸素性運動中の総パワー

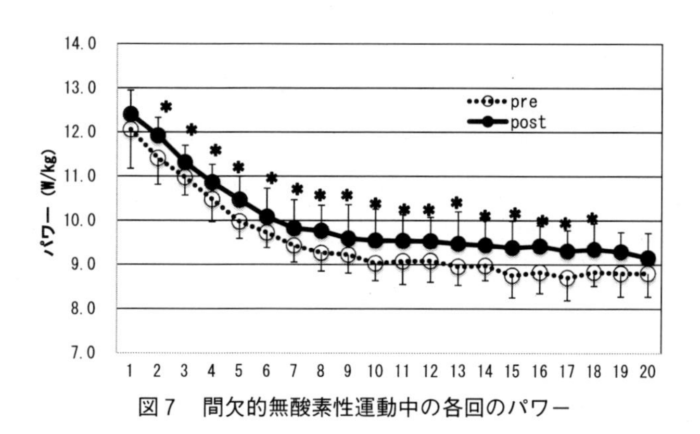

図７　間欠的無酸素性運動中の各回のパワー

められる。

体重あたりの平均パワー値は，アスタキサンチン摂取群でpre9.52±0.29 W/kgからpost 9.98±0.47 W/kgと0.46 W/kg増加した（p <0.01 図６参照）。各回のパワーをみていくと（図７参照），いずれの回もpostがpreを上回っていた。ただ７秒間の全力駆動時の酸素摂取量はpostとpreで有意な差がなかった。また，主観的運動強度も後半にいくに従ってpreよりpostが低い値（比較的楽）を示しており，被験者は体感的にも効果を実感できている。

無酸素性運動中（全力駆動中）の運動エネルギーは，酸素摂取量と酸素借で構成される。実験では，全力駆動中の酸素摂取量は変わらなかったが，休息中の酸素摂取量（酸素負債量）は低下した。酸素借は，酸素負債の半分程度であるため，全力駆動中の酸素借が少なかったことを意味

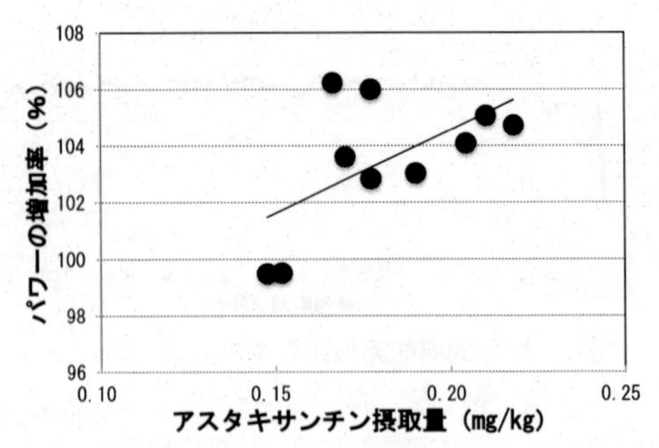

図8　アスタキサンチン摂取量とパワーの増加率

する。ただ，後半に酸素借が少なくなったにも関わらず，パワーそのものは増加するという現象が現れた。ここでは，解糖系のエネルギー獲得機構が優位に働いていると推察できるが，パワー増加に伴って産生されるべき乳酸の血中濃度の上昇は見られなかった。理由としては，アスタキサンチン摂取によりTCAサイクルが効率的に働いたことと，乳酸の処理能力が向上したことが考えられる。

4週間のアスタキサンチン摂取により，間欠的無酸素性運動におけるパワーの発揮能力と持続能力が向上したことは，ダッシュなどを繰り返す球技系の運動にも効果が期待できると言えよう。

図8は，間欠的無酸素性運動におけるパワーの増加率と体重あたりのアスタキサンチン摂取量の関係を示したものである。体重あたり0.15 mg/kgの2名の被験者については，効果が認められなかった。効果が認められなかった被験者の体重はそれぞれ79 kg，81 kgであり，図に示すように体重あたりの摂取量が多ければ，パワーの増加率が高い傾向が認められた（r＝0.60）。アスタキサンチン摂取に際して，十分な効果を実感するためには，体重あたりの摂取量を考慮する必要があろう。

2.4　アスタキサンチン摂取はコンディショニングにどう関わるか

日本トップレベルの女子短距離競技者7名と大学陸上競技者7名（短距離系4名，中長距離系3名）を対象に5日間のトレーニング合宿前後の酸化ストレス（d-ROMsテスト：血漿中ヒドロペルオキシド濃度を測定）を測定した。日本トップレベルの女子短距離競技者は，日常的にアスタキサンチンを18～24 mg/day摂取している。一方，学生競技者はアスタキサンチンを摂取していない。また，学生競技者は，合宿前1週間程度は（定期試験のため）トレーニングを中断していた。

d-ROMsテストは，活性酸素代謝産物（Reactive Oxygen Metabolites：ROMs）に属する化学オキシダント種であるヒドロペルオキシド（ROOH）の血中濃度を測定するものである。ヒドロペルオキシドは，生理的に重要で多様な有機分子（例：グルコシド，脂質，アミノ酸，ペプチド，タンパク質，ヌクレオチドなど）が酸化されることで産生される比較的安定した化学物質である。

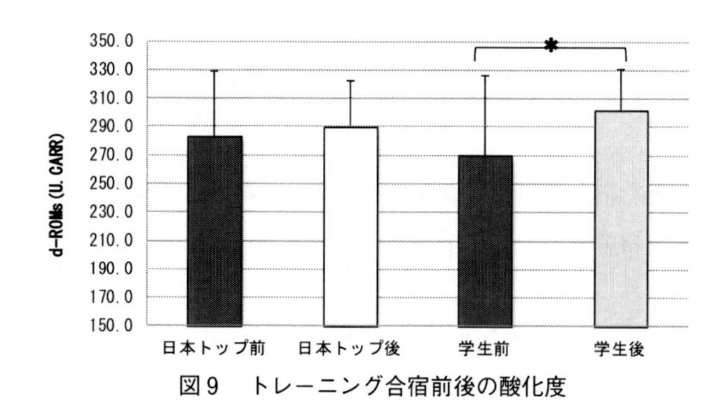

図9　トレーニング合宿前後の酸化度

ヒドロペルオキシドは，特別な条件下（例，鉄イオンが存在する）で，フリーラジカルを産生する。このような特性があるため，ヒドロペルオキシドは，酸化的損傷が存在することの“証”と見なすことができるだけでなく，さらに酸化的損傷の特異的“マーカー”としても，組織損傷の“増幅因子”（この物質がさらにフリーラジカルを産生できるため）としてもみなすことができる[5)]。

トレーニング合宿前後で学生競技者は酸化ストレスが269.3±57.1 U.CARR から302.6±28.5 U.CARR に増加した（$p < 0.05$ 図9参照）。酸化ストレスは300 U.CARR 以下が適正値とされており，トレーニング合宿により，強い酸化ストレスがかかったことが伺える。一方，学生競技者と同じ強度のトレーニングを実施した日本トップレベルの女子短距離競技者の d-ROMs 値は，ほとんど変化しなかった。ただ，日本トップレベルの競技者たちも決して酸化ストレスが低いわけではない。これは，日常的に激しいトレーニングを実施しているためと考えることができる。ただ，300 U.CARR 以上の酸化ストレスに曝された状態にならないのは，日常的なアスタキサンチンの摂取が理由の一つに挙げられよう。このようにアスリートの日常的なコンディション維持についても非常に高い効果を示した。

文　　献

1)　Malmsten, C.L., *et al.*, *Carot. Science*, **13**, 20 (2008)
2)　澤木啓祐ほか，臨床医薬，**18**(9)，pp. 1085-1100 (2002)
3)　吉田真希子ほか，陸上競技紀要，**16**，pp. 19-26 (2002)
4)　Kawamoto, K., *Carot. Science*, **12**, 12 (2008)
5)　Iorio, E.L., *WISMERLL NEWS*, Vol. 16 (2007)

3　アスタキサンチンによる競走馬の「こずみ」防止効果

佐藤文夫*

3.1　はじめに

競走馬として走ることを宿命に生れてきたサラブレッドには，運動器に関わる疾患の発生が多い。その多くは，骨や腱靭帯の物理的な損傷（骨折や腱炎）によるもので，時には致命的となることもある。一方で，これらの重篤な疾患が発生する前には，往々にして過度な調教や無理な出走計画による疲労の蓄積やコンディショニングの不備などが見受けられるものである。激しいレースに向けて強い調教が求められる競走馬にとって，如何にコンディションを上手に維持していくかは重要なポイントである。

ここでは，調教中のサラブレッドにおけるコンディション維持へのアスタキサンチンの応用性について検討し，若干の知見を得たので紹介する。

3.2　競走馬の「こずみ」とは

古くから我が国の競馬サークルにおいては，肩，背，腰あるいは四肢の筋肉に痛みが生じ，歩様がぎくしゃくして，のびのびした感じがなくなった状態のことを「こずみ」や「すくみ」などと呼んでいる。海外でも同様の状態のことは，調教後に馬房に戻った馬が動けなくなる様子から「タイイング・アップ症候群（Tying-up syndrome）」とか，休み明け初めての調教後に発症することが多いことから「月曜朝病（Monday morning disease）」などと呼ばれている。これらの症状が示す疾患とは，主に過度の運動や新奇環境刺激などが誘因となって発症する「労作性横紋筋融解症（Exertional Rhabdomyolysis）」のことである。発症原因としては，炭水化物の過給や電解質平衡異常，代謝性の素因が存在する上に，激しい運動や恐怖などにより骨格筋が収縮を繰返した際に発生する多量の活性酸素種（Reactive Oxygen Species：ROS）が横紋筋の細胞膜のリン脂質を酸化してしまうことで，細胞膜に微細な損傷を与え，横紋筋の損傷，融解や壊死が起こるためと考えられる[1)]。さらに，その修復過程においてはマクロファージなどの白血球が放出するROSが炎症反応を惹起し，疼痛や発熱などの症状を増大させることになる[2)]。その症状は，横紋筋の損傷程度により，歩様違和程度の軽症から強直歩様や歩行困難を呈する中等度の症例，さらには筋色素尿症や筋痙攣を起こして起立不能を呈する重度の症例まで幅広く様々である。重症例では，稀にミオグロビン血症から急性腎不全となり，さらに多臓器不全を併発して死に至ることもあるため軽視することのできない疾患である。一方，軽度から中等度の「こずみ」の発症は多くの競走馬に頻繁に認められる疾患である。特に新しい環境に慣れていない新入厩馬には高率に発症が認められる。発症馬においては，これまで継続してきた調教を続けることができなくなるため，調教メニューの変更を強いられたり，症状が改善されるまで休養させざるを得なくなることが多い。これは目標のレースに向けて調教を進めている競走馬にとっては，生涯の競走成

---

*　Fumio Sato　日本中央競馬会　日高育成牧場　生産育成研究室　研究役

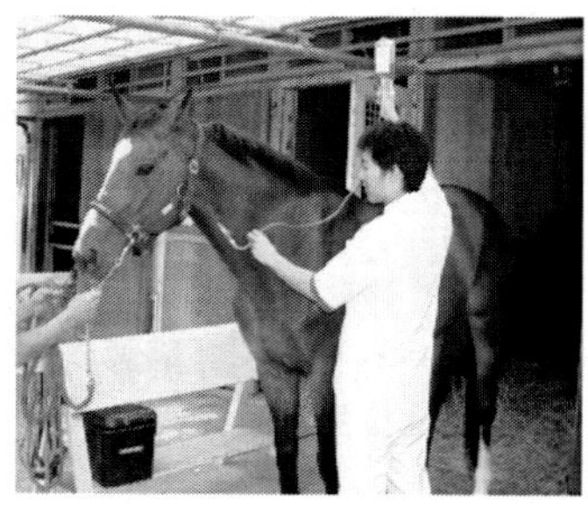

写真1　左：JRA 宮崎育成牧場にて調教中の育成馬の様子　右：ビタミン剤と電解質の静脈投与
レースや調教において強い運動負荷が加わるサラブレッドには筋肉疲労による「こずみ」症状が認められることが多いが，有効な予防法は確立していなかった。

績に関わる重大な問題であるとともに，経済的な損失も被ることになる大問題である。この「こずみ」の予防方法として，一般には炭水化物の過給を改め，代わりのエネルギー源として脂質を添加するなどの飼料改善を行った上で，電解質の補給やビタミンなどのサプリメントの投与が主に行われているが[3)]，有効な予防方法は未だ確立されていないのが現状である（写真1）。

3.3　アスタキサンチンの抗酸化機能

カロテノイドの一種であるアスタキサンチンは，生体内に発生したROSを効率的に除去することができる物質である。試験管内における一重項酸素消去能力は，ビタミンCの6,000倍，コエンザイムQ10の800倍，カテキンの560倍，αリポ酸の75倍に値する[4)]。また，ビタミンCなどの抗酸化物質が条件によっては酸化促進剤としても作用するのに対して，アスタキサンチンは抗酸化作用のみを発揮する点で他の抗酸化物質よりも優れている[5,6)]。アスタキサンチンは生体に吸収されると主に細胞膜に分布し，細胞膜の主要成分であるリン脂質の脂質過酸化の抑制に働くことが知られている[7)]。宮脇らはアスタキサンチン6 mgを10日間連続摂取することにより中高年者の血液流動性が高まることから，アスタキサンチンが赤血球細胞膜の脂質過酸化を防止し，細胞膜の正常性や柔軟性を向上させることを報告している[8)]。さらに，マウスを用いた実験では，アスタキサンチンの継続摂取による運動時の骨格筋や心筋に発生したROSによる横紋筋や平滑筋細胞の細胞膜の脂質過酸化を防止することが報告されている[9,10)]。また，当初，魚を養殖する際の色揚げ剤として使用されてきたアスタキサンチンの代謝メカニズムや安全性はすでに確立されている[11,12)]。そこで我々は，これらのアスタキサンチンの優れた抗酸化作用に注目し，競走馬のコンディション維持を目的とした筋肉疲労防止への応用性について以下の試験1と試験2を行った。

3.4　試験1：筋損傷防止に効果的なアスタキサンチン投与量の検討

一般に，ヒトにおける抗酸化効果を期待したアスタキサンチンの摂取量としては，ヘマトコッカス藻由来の天然型アスタキサンチン（アスタリール®富士化学工業）の場合，アスタキサンチン・フリー体換算値として6～12 mg/dayの継続的な摂取が推奨されている。競走馬の体重はヒトの約10倍程度であることから，概ねアスタキサンチンの投与量も10倍の60～120 mg/day程度と考えられる。しかし，天然型アスタキサンチンの原料価格は比較的高価であるため，競走馬への応用を計るにあたって，まず始めに効果的な投与量について検討することにした。

供試馬はJRA宮崎育成牧場にて育成調教過程のサラブレッド2歳馬，24頭（雌12頭，雄12頭，平均月齢22ヶ月，平均体重484 kg）を用いた。無作為にコントロール群，アスタキサンチン75 mg/day投与群，アスタキサンチン750 mg/day投与群の3群に分け（各群雌雄4頭ずつ合計8頭），2ヶ月間（投与期間2月14日～4月8日）混餌投与を行った。アスタキサンチンの投与に際しては，天然型アスタキサンチン抽出物（AstaREAL 75F，富士化学工業）を植物油70 mlに混和し，濃度調整したものを飼料に1日1回混ぜて投与した（写真2）。コントロール群には植物油70 mlのみを混餌投与した。投与期間中の主な調教メニューは，投与開始時には平坦なダートコースにて1,000 mを40 km/h程度のスピードで行っていたものを2ヶ月後の投与期間終了時には54 km/hにまで段階的に増加させた。運動刺激による筋損傷指標として，調教終了3時間後の血清中クレアチニンキナーゼ（CK）を投与開始前（2月），投与開始1ヶ月後（3月）および2ヶ月後（4月）の3ポイントで測定し，各群内および群間の変動を比較した（two-way ANOVA）。

その結果，調教強度の増した4月の最終的な時点で，コントロール群の血清中CK値が有意に上昇していたのに対して，アスタキサンチンを投与していた両群では血清中CK値の変化は認めなかった（図1）。このことから，アスタキサンチンの継続投与はサラブレッドの運動負荷による筋損傷を抑制し，その投与量は75 mg/dayでも有効なことが明らかになった。

3.5　試験2：アスタキサンチンの「こずみ」発症予防効果の検討

運動時の筋肉細胞内におけるROSの発生源一つはミトコンドリアである。アスタキサンチンは，そのエネルギー源となる遊離脂肪酸のミトコンドリア内への輸送に関わるCPT1（Carnitine

写真2　濃度調整したアスタキサンチン含有植物油の飼葉への分配
アスタキサンチンは油に溶けやすく腸管での吸収性も向上すると考えられる。嗜好性にも問題は認められなかった。しかし，赤い色素が容器や馬の口の周りに付着するなどの使用上の不便さを感じた。

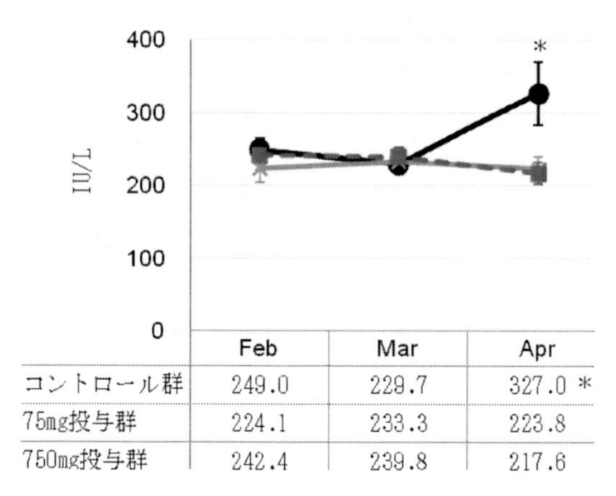

	Feb	Mar	Apr
コントロール群	249.0	229.7	327.0 *
75mg投与群	224.1	233.3	223.8
750mg投与群	242.4	239.8	217.6

図1　血清中クレアチニンキナーゼ（CK）値の変化

運動強度が増加した4月の時点で，コントロール照群のCK値が上昇しているのに対して，両投与群ではCK値の上昇が認められなかった。筋損傷の抑制効果によるものと思われ，75 mg/day投与でも「こずみ」予防への応用が期待された。

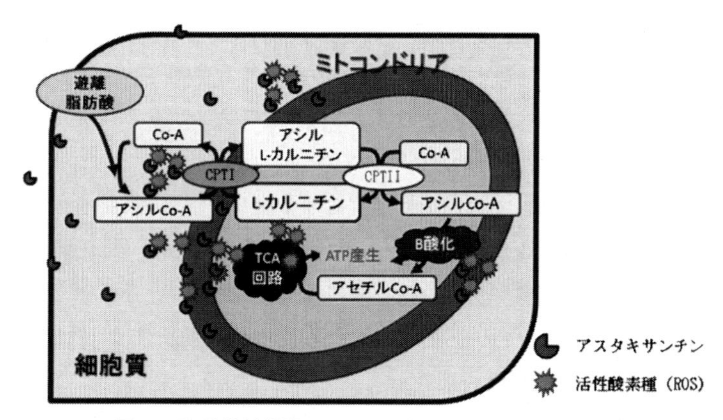

図2　脂肪燃焼過程におけるカルニチンシャトル

脂肪酸はミトコンドリア内のカルニチンシャトルにより輸送される。脂肪酸がアシルCo-Aとなり，CPT1を介してミトコンドリア内へ輸送されβ酸化されるためには，L-カルニチンと結合することが必須である。アスタキサンチンはミトコンドリア内で発生したROSによるCPT1の酸化を抑制し，エネルギー産生効率を向上させる。

Parmitoyl Transferase I）という膜タンパク質の酸化抑制にも有効に働き，エネルギー産生効率を向上させるとの報告がある[13]。このCPT1を介した遊離脂肪酸のミトコンドリア膜の通過は，遊離脂肪酸がCoA（コエンザイムA）と結合してアシルCoAとなり，さらに酵素反応的にL-カルニチンにアシル基を転移してアシルL-カルニチンとなることで可能となる（図2）。この反応には「L-カルニチン」が必須物質であり，L-カルニチンの不足はミトコンドリア内におけるエネルギー産生の律速要因となる。そこで，試験2では，アスタキサンチン投与時の利便性（試験1ではアスタキサンチン抽出物を植物油に混ぜて使用していたため使い勝手が悪かった）と運動時のエネルギー産生効率の向上を考えて，高濃度アスタキサンチン含有乾燥ヘマトコッカス藻

写真3　馬用アスタキサンチン含有サプリメント「アスカル」の投与
嗜好性は良好であった。植物油に混ぜた試験1に比較して投与が簡便となり，飼葉桶や馬体への色素の付着も少なく使用しやすくなった。

1,500 mg（アスタキサンチン・フリー体換算値として37.5 mg 含有，富士化学工業）および L-カルニチン750 mg（カルニキング®，ロンザジャパン）を，基材として使用した乾燥脱脂米ぬか30 g に均一に混合した競走馬用アスタキサンチン含有サプリメント「アスカルTM」㈱岩崎清七商店）を開発し，試験に用いた。この「アスカル™」を1日2回，各1袋（合計2袋）を飼葉に混餌して投与することで，アスタキサンチン75 mg/day と L-カルニチン1,500 mg/day を摂取させることが可能となる（写真3）。試験2では，この「アスカル™」の継続投与によるサラブレッドの「こずみ」臨床症状の発生予防効果について検討した。

供試馬は JRA 日高育成牧場にて育成調教過程のサラブレッド2歳馬，58頭（雌26頭，雄37頭，平均月齢22ヶ月，平均体重473 kg）を用いた。無作為に投与群29頭（雄19頭，雌10頭）と非投与群29頭（雄16頭，雌13頭）の2群に分け，投与群には「アスカルTM」を1日2回混餌投与した（投与期間2月1日から3月29日までの8週間）。投与期間中の運動調教は，総延長1 km の坂路コース（平均斜度15.75%，㈶軽種馬育成調教センター）を1日2本駆け上ることを基本メニューとして，その走速度は36 Km/h から40 Km/h へと調教が進むにつれて次第に増加させた（写真4）。血液サンプルは投与前（Pre）と投与終了後（Post）の2回，調教終了4時間後に採取し，血清中の筋損傷指標として CK 活性を測定し，Pre-Post 間および投与群―非投与群間の値を比較した（Kruskal-Wallis の検定）。さらに，「こずみ」の発症率を比較するため，試験開始から14日目

写真4　JRA 日高育成牧場にて坂路調教中の育成馬の様子

表1　CK値（IU/l）

	Pre	Post
投与群	314.2±31.8	657.8±148.0[b]
非投与群	395.5±51.2[a]	1251.4±433.9[a,b]

（同文字間に有意差あり，$p<0.05$）

以降の調教後に筋肉痛の臨床症状を呈したウマの発症率を比較した（X^2検定）。

その結果，CK値は，「アスカル™」投与群においてPre-Post間に有意差を認めなかったのに対して，非投与群においてはPre-Post間で有意な上昇が認められ，さらに，Postの非投与群は投与群に比較して有意に高値であった（表1）。さらに，投与試験中の「こずみ」症状を呈したウマは，投与群では3/29頭（10.34%）であったのに対して非投与群では11/29頭（37.93%）となり，非投与群の「こずみ」発症率は有意に高かった（図3）。また，非投与群の「こずみ」発症馬11頭の内8頭（72.7%）のウマが試験期間中に複数回の筋肉痛症状を再発したのに対して，投与群の3頭は1度だけの発症であった。以上より，アスタキサンチン含有サプリメント「アスカル™」の継続投与はサラブレッドの運動誘発性の「こずみ」発症予防に有効であると考えられた。

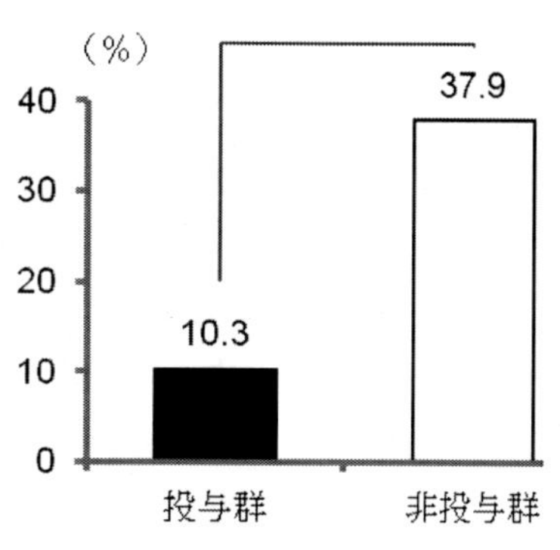

図3　アスタキサンチン投与による臨床症状（筋痛・こずみ）発症率
Bar = $p < 0.05$，X^2検定

3.6　考察

走ることを宿命に生れてきた競走馬にとって調教やレースによる労作性横紋筋症（いわゆる「こずみ」）の発症は職業病のようなもので，比較的軽度な代謝性の運動器疾患と捉えられている。しかし実際には，「こずみ」によって調教進度が遅れて目的のレースに出走できなくなったり，レースに出走しても十分に能力を発揮できなかったり，さらには出走後に疲労の回復が遅れて次のレースまでにより多くの時間を費やしてしまう要因ともなることから，多くの厩舎関係者が頭を痛めている問題である。

今回，我々が開発したアスタキサンチン含有サプリメント「アスカル™」は，その継続的な摂取により，血中の筋損傷指標を有意に減少させるとともに，「こずみ」と呼ばれる筋肉痛症状の発症する割合を有意に減少させることが明らかになった。これは，アスタキサンチンの強力な抗酸化作用により骨格筋の細胞膜やミトコンドリア膜のROSによる酸化や損傷を防止したためと考えられた。また「アスカル™」には，運動に必要なエネルギー産生の効率化を目的に，脂質からのエネルギー産生に必須であるL-カルニチンも配合した。L-カルニチンは主に筋肉に分布し，細胞内のミトコンドリアにおける脂質代謝によるエネルギー産生過程の一部を担っている物質である。生体内では，肝臓にてL-リジンとL-メチオニンから必要量が生合成されるが，激しい運動を行うスポーツ選手の場合にはL-カルニチンの損耗により不足することがあるため，L-カルニチンを豊富に含む肉などを摂取することで外部から補う必要がある[14)]。激しい運動を行うサラブレッドは草食動物であるためL-カルニチンを豊富に含む肉を摂取することはないが，サプリメントから効率良く摂取することで，代謝効率が向上しエネルギー産生が効率的に起こる結果，ROSの過剰な発生も防止され，筋損傷の防止や持久力の向上に貢献すると考えられる[15)]。アスタキサンチンはこの時，脂質代謝過程におけるミトコンドリア機能の酸化，損傷による機能低下を防止することでL-カルニチンの効果を相乗的に発揮させるものと考えられる。

競走馬の飼料やサプリメントなどは日本中央競馬会競馬施行規程の定める禁止薬物が含まれていないことを指定の検査機関にて検査し陰性であることが保障されないと使用することができないが，「アスカル™」はこの検査を受けることで，広く競馬サークルで販売，使用されている。アスタキサンチンのような優れた抗酸化能を有するサプリメントを効果的に活用することにより，サラブレッドの職業病ともいえる筋肉のダメージを防止し，トレーニングの効果を向上させることが可能になると考えられる。今後も競走馬のパフォーマンスを最大限に引き出すことを目的に，さらなるアスタキサンチンの応用性について考えていきたい。

文　献

1） Kinnunen, S., *et al.*, *Eur J Appl Physiol*, **93**, 496 (2005)
2） Duarte, J. A., *et al.*, *Eur J Appl Physiol Occup Physiol*, **68**, 48 (1994)
3） McKenzie, E. C., *et al.*, *Vet Clin North Am Equine Pract*, **25**, 121 (2009)
4） Nishida Y., *et al.*, *Carotenoid Science*, **11**, 16 (2007)
5） H. D. Martin, C. R., M. Schmidt, S. Sell, S. Beutner, B. Mayer and R. Walsh, *Pure and Applied Chemistry*, **71**, 2253 (1999)
6） Herbert, V., *J Nutr*, **126**, 1197 (1996)
7） Miki, W., *Pure and Applied Chemistry*, **63**, 144 (1991)
8） Miyawaki, H., *et al.*, *J Clin Biochem Nutr*, **43**, 69 (2008)
9） Aoi, W., *et al.*, *Antioxid Redox Signal*, **5**, 139 (2003)
10） Ikeuchi, M., *et al.*, *Biol Pharm Bull*, **29**, 2106 (2006)
11） Maoka, T., *Mar Drugs*, **9**, 278 (2011)
12） Stewart, J. S., *et al.*, *Food Chem Toxicol*, **46**, 3030 (2008)
13） Aoi, W., *et al.*, *Biochem Biophys Res Commun*, **366**, 892 (2008)
14） Brass, E. P., *Am J Clin Nutr*, **72**, 618S (2000)
15） Brass, E. P., *et al.*, *J Am Coll Nutr*, **17**, 207 (1998)

第9章　抽出，製造と応用製品

1　ヘマトコッカス藻からの亜臨界水によるアスタキサンチンの抽出

衛藤英男*

1.1　はじめに

アスタキサンチンは，サケ，マス，甲殻類などの海産動物やファフィア酵母，ヘマトコッカス藻などに多く含まれている赤色色素である。表1にこれらの生物に含まれるアスタキサンチン含量を示した。日本ではアスタキサンチンの商業的な利用は養殖マダイの色揚げから始まった。1980年後半にはオキアミ抽出物が主として使われた。しかし，多量に利用するには含量が少なく，また，抽出残渣の処理の問題があった。続いて，ファフィア酵母が利用されたが固い細胞壁に覆われているため抽出には細胞壁の破砕処理が必要であった。2000年代になるとサプリメントや化粧品にアスタキサンチンが利用されるようになった。これには緑藻のヘマトコッカス（*Haematococcus pluvialis*）抽出物が専ら用いられている。ヘマトコッカスは，表1に示したように他の生物に比べ圧倒的にアスタキサンチン含量が高く培養もし易い。ヘマトコッカスからのアスタキサンチン抽出は，藻体の細胞を破壊した後エタノールによる抽出が行われている。しかし，抽出方法は工程数が長く，抽出溶媒の価格などが問題点になっている。

1.2　超臨界炭酸ガス抽出および亜臨界水抽出について

ヘマトコッカス藻からアスタキサンチンの超臨界二酸化炭素による抽出が行われているが，装置のメンテナンスの大変さや炭酸ガスの価格などでこれに代わる方法が望まれている[1,2)]。一般的に，天然物からの有機化合物の抽出には有機溶媒や水蒸気蒸留を用いて行われてきた。これらの方法は，有害な溶媒を多量に使うことや非常に長い抽出時間がかかることから，さらなる抽出法の開発が望まれた。そこで，この10年の間により効率的に天然物から有機化合物を抽出する方法として超臨界二酸化炭素抽出法が考え出された。この方法は，低極性の化合物を短時間で抽出することができた。しかし，抽出費用や装置の劣化が激しいことなどの欠点があった。そこで，超臨界水よりも穏やかな条件，つまり臨界点以下の温度圧力領域の水を用いた亜臨界水抽出法が開発された。水は374℃，22 MPaで臨界点に達する（図1）。この点以上の温度圧力の領域にある水を超臨界水と呼び，この領域よりも温度圧力の低い

表1　各種生物のアスタキサンチン含量

天然素材	含量（mg/100 g）
サケ	1～2
オキアミ	3～4
ファファア酵母	200～300
ヘマトコッカス	1500～6000

＊　Hideo Etoh　静岡大学　農学部　応用生物化学科　教授

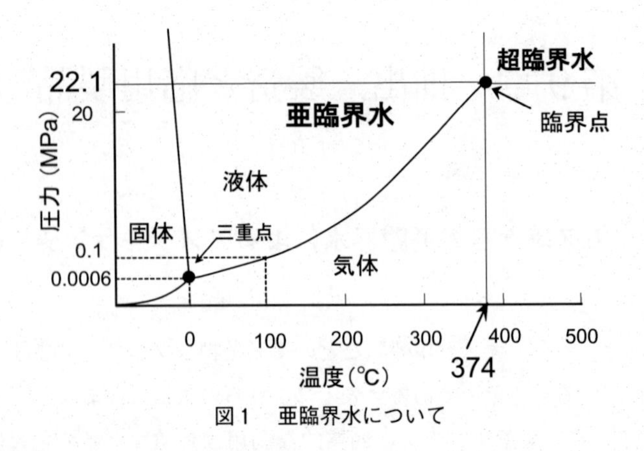

図1　亜臨界水について

領域にある水を亜臨界水と呼ぶ。水は温度を変化させることでその誘電率を変化させることができる。常温（25℃）での水の誘電率が約78であるのに対して200℃においては約36となり，250℃においては約27となる。この誘電率の値はメタノールの33，エタノールの24の中間程度の値である。誘電率は温度を上昇させると徐々に低下していき，臨界点では約2まで低下する。これを図2に示した。これはヘキサンと同程度の値である。従って水には溶解することのできなかった比較的極性の低い化合物も抽出可能となる。亜臨界水の特徴として，激しい加水分解能がある。常温での水のイオン積は 1×10^{-14}[mol/L] であるのに対して250℃付近ではそのイオン積は 1×10^{-11}[mol/L] 程度になる。従って，この温度付近で化合物は瞬時に加水分解される。300℃付近ではそのイオン積は低下していき，臨界点付近ではその値は急激に低下し 1×10^{-20}[mol/L] 程度になる。こうした特性を用いた利用法の一つとして廃棄物の再資源化がある。近年では環境保全，資源の有効利用，循環型社会の実現の観点から，前述した食品廃棄物，廃木材，廃プラスチックなどの廃棄物の活用が注目されている。主な例としては，廃木材の主成分の一つであるセルロースから糖類の生成や，魚のアラやチキン廃棄物などの様々な食品廃棄物を構成するタンパク

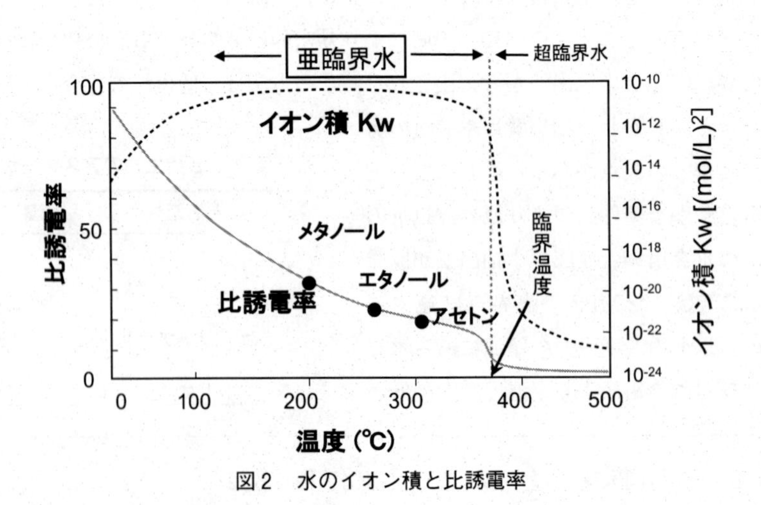

図2　水のイオン積と比誘電率

質からのアミノ酸の生成，各種プラスチック類の再資源化などである。亜臨界水は，通常の水とは異なる特性を有することから，これまでにない反応場を提供できる溶媒としてその利用が期待されている。また，反応の本体が水であるということから亜臨界水を用いた新加工技術，新原料への変換技術など革新的な処理技術となることが期待されている。この他にも亜臨界水の溶媒特性を利用した技術として，天然物からエッセンシャルオイル，抗酸化物質などの有用成分の抽出，難分解性および有害物質の分解，タンパクからアミノ酸生成，多糖から単糖および有機酸の生成などがある。以上のように，抽出溶媒として水のみを用いるため，環境に優しく，抽出温度に達してから約1分と短い時間で抽出が可能であること，水を溶媒として用いるので従来の有機溶媒の抽出よりコストが低く，最近天然物からの有用物質の抽出に用いられている。著者らは，ユーカリの葉，大麦および緑茶の亜臨界水抽出を行い，ユーカリからは抗酸化物質，ピロガロールおよび4，4，6，6-テトラメチル-3，5-ジオキソ-シクロヘキシ-1-エンカルボン酸の分解物の生成が認められた[3~5]。大麦および緑茶からは，5-ヒドロキシメチル-2-フルアルデヒド，（+）カテキンおよび（−）エピカテキンを含む抽出エキスを得た。この亜臨界水抽出をヘマトコッカス藻からのアスタキサンチン抽出に応用できるかを検討した。特に藻類の中ではアスタキサンチンはほとんどが脂肪酸のエステル体で存在するがこの抽出操作によってエステルの加水分解が起きないか，さらに，抽出中にアスタキサンチンの熱分解や酸化分解は起きないか[6]などが問題であるが，細胞壁の破壊のみによるアスタキサンチンの抽出が可能であれば有効な方法となる。

1.3　ヘマトコッカスからアスタキサンチンの亜臨界水抽出について

ヘマトコッカスからアスタキサンチンの亜臨界水抽出について最適な抽出温度と時間について検討した。

ヘマトコッカス培養液を6000 rpmで遠心分離して藻体を集めた。これを凍結乾燥し，乾燥藻体1gに水100 mLを加え，亜臨界水抽出装置はSEIKO社製，バッチ式亜臨界水抽出装置を用いた（図3，写真1）。

先ず，抽出温度について検討した。抽出温度は，180℃，200℃，215℃および240℃に設定した。それぞれの設定温度に達してから1分間その温度に保ち抽出した。それぞれの温度での圧力は180℃で5.0 MPa，200℃で5.3 MPa，215℃で5.1 MPa，240℃で6.9 MPaであった。

それぞれの温度における抽出物の色は，180℃と200℃は赤色，215℃は赤褐色，240℃は緑色であった。アスタキサンチンの収率は180℃で5.9%，200℃で4.2%，215℃で88%，240℃で0%であった。240℃ではアスタキサンチンは分解した。

続いて，抽出時間の検討のため，それぞれの設定温度に達してから5分間3℃以内の温度差で保った実験も行った。抽出5分では抽出物の色は180℃と200℃は茶色，215℃は緑色であり長時間抽出を行うと分解してしまう。

抽出物のアスタキサンチンの定量はエステラーゼ酵素でアスタキサンチン脂肪酸エステルを加

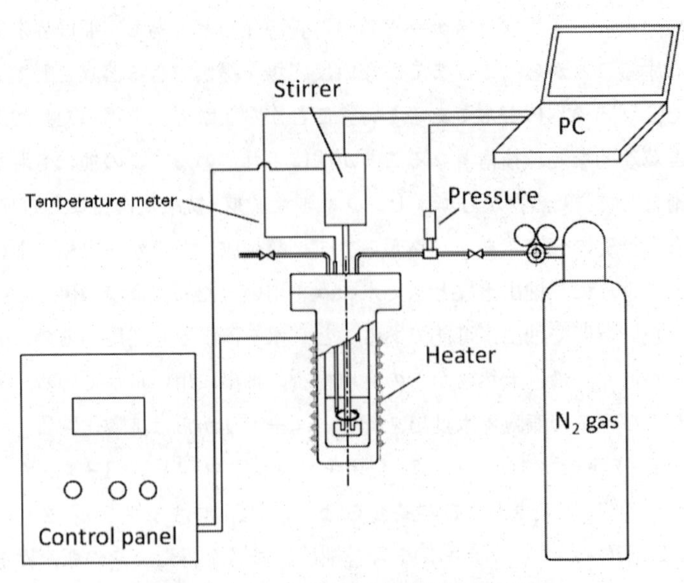

図3　バッチ式亜臨界水抽出装置の模式図

写真1　バッチ式亜臨界水抽出装置

水分解し，アスタキサンチンを遊離体に導き HPLC を用いて定量した。その結果，それぞれの温度によるアスタキサンチンの収率は表2および図4のようになった。

ヘマトコッカス藻からのアスタキサンチンの亜臨界水抽出に最も適した温度条件は215℃付近であり，エステルの加水分解なしに抽出できた。また，抽出時間を長くしても効率のよい抽出はできなかった。このことは，温度と抽出時間を選ぶことで細胞壁のみの破壊が可能で，中に含まれているアスタキサンチンは熱分解も酸化も起こらなかったためと考えられた。亜臨界水抽出法は，他の有機溶剤抽出法と超臨界炭酸ガス抽出法と比較しても，全体の工程がそれらより短く，前処理が簡単で，装置は抽出機のみで，抽出時間が短く，収率も高く，コストの変動費が安く，

表2　亜臨界水抽出における抽出温度，時間とアスタキサンチンの収量および収率

抽出温度 (℃)	時間 (min)	収量 (mg)	収率 (%)
180	1	0.67	5.9
200	1	0.48	4.2
215	1	9.96	88
240	1	0	0
180	5	0.24	2.1
200	5	0.08	0.7
215	5	0	0

(Mean values of three tests, *i.e.* n=3)　　*DCW: dry cell weight

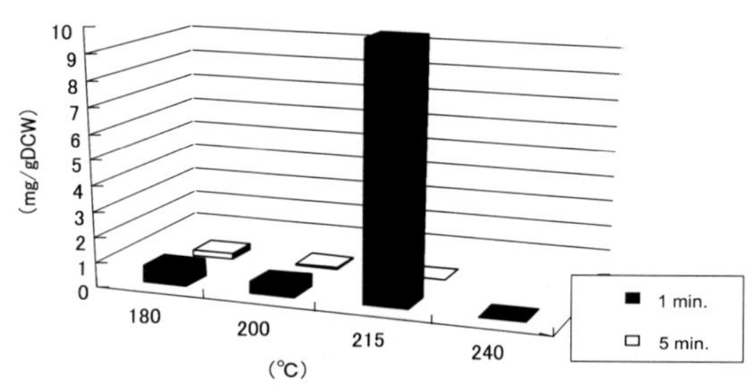

図4　亜臨界水抽出における抽出温度，時間とアスタキサンチン1gのサンプルからの収量および収率

装置も小さくてすむ。ただ，連続式亜臨界水抽出装置が市販されていないため今後の開発が必要である。

1.4　おわりに

今回の研究は，バッチ式の亜臨界水抽出装置を用いたが，工業的に生産するためには連続式亜臨界水抽出装置が必要となる。カロテノイドは，酸化や光に対して不安定であり，抽出の間に変化してしまうことが多い。短時間で，抽出が可能である亜臨界水抽出法は価値のあるカロテノイド抽出法と考えられる。連続式亜臨界水抽出装置が開発されれば，効率のよいアスタキサンチン抽出物の生産が行われると思われる。

文　献

1) RT. Lorenz, GR. Cysewski, *TIBTECH APRIL*, **18**, 160-167 (2000)
2) B. Nobre, F. Marcelo, FR. Passos, L. Beirao, A. Palavra, AL. Gouveia, R. Mendes, *Eur. Food Res. Technol.*, **223**, 787-790 (2006)
3) A. Kulkarni, S-I. Suzuki, H. Etoh, *J. Wood Sci.*, **54**, 153-157 (2008)
4) A. Kulkarni, T. Yokota, S-I. Suzuki, H. Etoh, *Biosci. Biotechnol. Biochem.*, **72**, 236-239 (2008)
5) H. Etoh, N. Ohtaki, H. Kato, A. Kulkarni, A. Morita, *Biosci. Biotechnol. Biochem.*, **74**, 858-860 (2010)
6) H. Etoh, M. Suhara, S. Tokuyama, H. Kato, R. Nakahigashi, Y. Maejima, M. Ishikura, Y. Terada, T. Maoka, *J. Oleo Sci.*, **61**, 17-21 (2012)

2　飼料用アスタキサンチン「Panaferd-AX」

坪倉　章*

2.1　はじめに

アスタキサンチンは赤色のカロテノイドであり，サケ・マス，マダイなど養殖魚の色調を改善（色揚げ）するための飼料添加物として広く使用されている。天然のサケ・マスはアスタキサンチンを含むオキアミやエビを摂取することにより，筋肉中にアスタキサンチンおよび他のカロテノイドを蓄積し，鮮やかなサーモンピンクを呈する。一方，養殖では人工飼料が使用されるため，アスタキサンチンを飼料に混合する必要がある。養殖魚向け飼料用アスタキサンチンとしては化学合成品が主流であるが，消費者の天然志向により天然物由来のアスタキサンチンへの要求が高まっている。

当社は，アスタキサンチンを生産するバクテリアを分離し，培養法による工業生産法を確立することに成功した[1,2]。2008年８月に欧州，2009年12月に米国でサケ・マス用の飼料添加物としての認可を取得し，2009年より「Panaferd-AX」の商品名で欧州を中心に本格的な販売を開始している。高付加価値サーモンを生産するための天然由来の色素素材として世界の飼料メーカーより高い評価を得ている。

2.2　飼料用アスタキサンチン「Panaferd-AX」

2.2.1　「Panaferd-AX」とは

「Panaferd-AX」は，アスタキサンチンを約２％含有する暗赤色の粉末で，アスタキサンチンの他，アドニルビン，カンタキサンチンなどのカロテノイドおよび生産菌体由来の蛋白質を約50％含んでいる（表１）。Paracoccus[3]（生産菌の属名），natural（天然の）および fermented（発酵させた）より「Panaferd-AX（パナファード-AX）」と命名した。

アスタキサンチンの製造法としては，化学合成法および培養法があるが，飼料用途では化学合成品が主流を占めている。培養法では，微細藻類（*Haematococcus* 属）[4]，酵母（*Phaffia* 属）[4]およびバクテリア（*Paracoccus* 属）によって製造されていることが知られている。これらの製造法の特徴を表２にまとめた。培養法における比較では，増殖速度の点でバクテリア（*Paracoccus* 属）が微細藻類や酵母に比べて速く，コスト競争力において有利であると考えられる。また，*Paracoccus* 菌はバクテリアのため細胞壁が薄く脆弱であるため，魚への吸収性が良好で細胞乾燥物をそのまま投与できるという利点を持つ。「Panaferd-AX」に含まれるアスタキサンチンの構造は天然のサケ・マスに多いとされている，3*S*，3'*S*-体であることも特徴である。

「Panaferd-AX」は，アスタキサンチン以外に種々のカロテノイドを含んでいる。これらは，生産菌がβ-カロテンを経て，アスタキサンチンを生産する過程で生成される中間体であり，カ

---

*　Akira Tsubokura　JX 日鉱日石エネルギー㈱　化学品本部　機能化学品２部
担当シニアマネージャー

表1　Panaferd-AX の性状（1例）

項目	含有量		
外観	暗赤色粉末		
アスタキサンチン	2.2%［EU Reguration: 2-2.3%］		
アドニルビン	1.2%［EU Reguration: 0.7-1.5%］		
カンタキサンチン	0.4%［EU Reguration: 0.1-0.5%］		
一般分析	組成	粗タンパク質	48.5%
		粗脂肪	5.4%
		粗繊維	<0.1%
		粗灰分	6.5%
		水分	3.4%
		可溶無窒素物	34.2%

表2　アスタキサンチン製法比較

	培養品			化学合成品
	当社バクテリア（*Paracoccus* 属）	微細藻類（*Haematococcus* 属）	酵母（*Phaffia* 属）	
構造	フリー体	エステル体	フリー体	フリー体
	(3*S*, 3'*S*)-体	(3*S*, 3'*S*)-体	(3*R*, 3'*R*)-体	(3*R*, 3'*R*)-体：1 meso-体：2 (3*S*, 3'*S*)-体：1
増殖速度	速い	遅い	中	—
細胞壁	脆弱	強固	強固	—
主な用途	飼料用	健康食品用	飼料用	飼料用

ンタキサンチン，アドニルビン，アドニキサンチン，3-ヒドロキシエキネノン，アステロイデノンなど有用なカロテノイドを含んでいる（図1）。

2.2.2　製造法

「Panaferd-AX」の製造法は生産菌株を培養槽で通気攪拌培養を行い，加熱殺菌，ろ過，乾燥というシンプルなものである。生産微生物としては，当社が分離した，*Paracoccus carotinifaciens* E-396を用いているが，遺伝子組換え技術を用いない変異スクリーニング技術により培養液当たりの生産効率を大幅に向上させたものを使用している。培養法としては，培養液当たりのアスタキサンチンを最大かつ安定的に生産させるため，培地および培養条件の最適化を行った。当初は各カロテノイドの生成比率が培養ロットごとに大きくばらつくという問題があったが，培養液中の溶存酸素を厳密に制御することにより，比率が安定した培養を実現することができるようになった[1]。

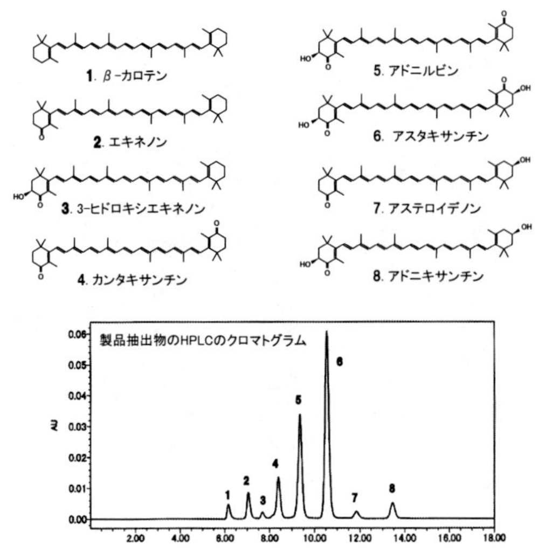

図１　Panaferd-AX に含まれるカロテノイド

2.2.3　養殖魚の色揚げ効果

(1)　ニジマスでの評価試験

ニジマスを用いた色揚げ試験を東京海洋大学と共同で行った[5)]。１試験区当たり，初期体重が95 g のニジマス20尾を用いて，３種類のアスタキサンチン製品を添加した飼料で12週間の飼育を行った。PA 区では当社「Panaferd-AX」，SY 区では化学合成品を添加した飼料を投与した。飼料にはアスタキサンチン含有量が，50 ppm および70 ppm となるように添加し，１日２回，週６日間の飽食給餌を行った。試験終了後，魚肉よりカロテノイドを抽出し，HPLC 法によりカロテノイド含有量を定量した結果を図２に示した。魚肉中のカロテノイド濃度はいずれの試験区においても，添加濃度が50 ppm から70 ppm と増すに従って増加する傾向が認められた。「Panaferd-AX」添加区ではアスタキサンチンの他に，アドニルビン，アドニキサンチン，カンタキサンチン，アステロイデノンが含有されていることが確認された。

養殖業界では，色揚げ効果についてカロテノイドの定量分析に加えて，実際の赤みを肉眼観察により評価する方法が採用されている。DSM 社のサーモファン（赤色の違いを数字で表した色見本）と肉色を比較することで数値化する。図３は，この方法により赤色度を数値化したもので，数字が大きいほど赤色度が大きくなる。「Panaferd-AX」の添加量とカラーファン値の関係は，カロテノイド含有量と同じ傾向を示し，アスタキサンチン添加濃度が50 ppm から70 ppm と増すに従い，値が増加する傾向を示した。また，「Panaferd-AX」では，アスタキサンチン以外のカロテノイドも色揚げに寄与していることが確認され，当社品は合成品より添加量が少なくて済むことが示唆された。

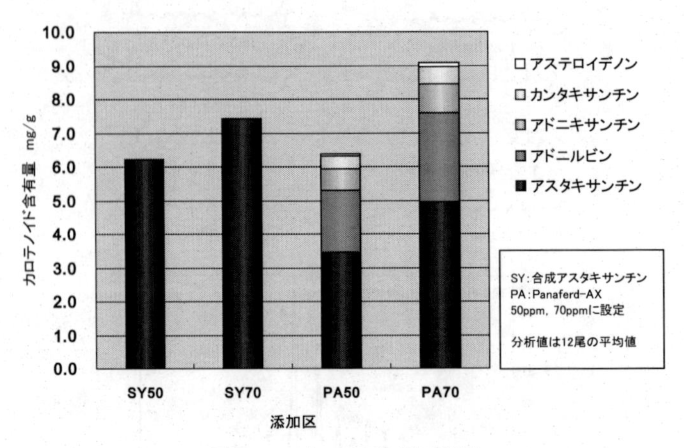

図2　ニジマスの色揚げ効果

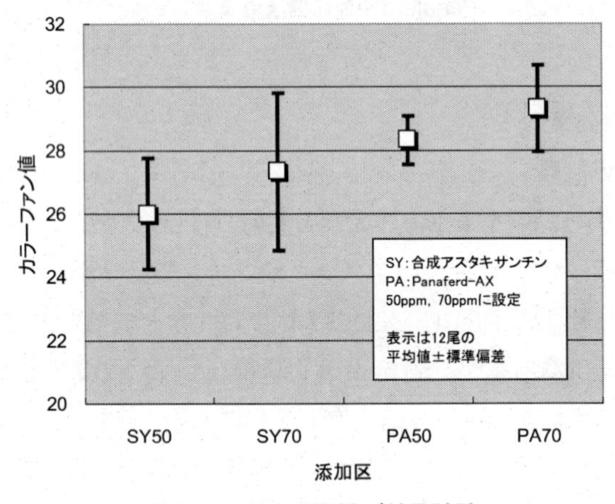

図3　ニジマス色揚げ効果試験

(2)　大西洋サケによる海上生簀での色揚げ評価

スコットランドの海上生簀で総数1万尾を超える数の大西洋サケによる大規模な色揚げ効果試験を実施した。アスタキサンチン濃度として40 ppmおよび70 ppmになるように添加した飼料を17ヶ月間，大西洋サケに与えた。その結果，アスタキサンチン添加量40 ppmで十分な魚肉の色揚げ効果が認められた（図4）。

2.2.4　「Panaferd-AX」の安全性

新規な微生物を用いて製造したアスタキサンチンを製品として世に出すためには，安全性を十分に検証する必要があった。飼料添加物はサケ・マスの肉を介して最終的には人の口に入るものであり，安全性の確認については十分な安全性試験を実施した。4種の変異原性試験，急性毒性試験，ニジマスまたはラットを用いた亜慢性毒性試験，作業者安全性試験，環境評価試験など種々の安全性試験を実施し，いずれの試験においても毒性を示唆する徴候が認められないことを

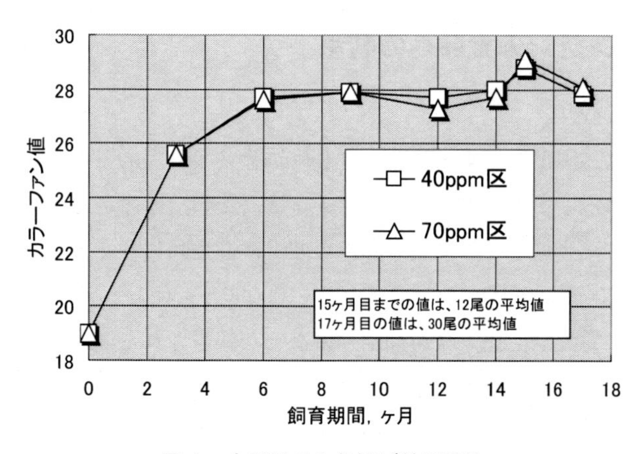

図４　大西洋サケ色揚げ効果試験

検証し，安全性を確認した。

2.3　今後の展開

独自のアスタキサンチン生産微生物による製造法を確立し，養殖サケ・マス用の飼料添加物を商品化することに成功した。本生産菌は，アスタキサンチン以外に種々の有用カロテノイドを生産することができる。アスタキサンチン生合成酵素を突然変異法により欠損させた，カンタキサンチンを選択的に生産する変異株およびゼアキサンチンを選択的に生産する変異株[6)]も取得している。これらは，飼料添加物あるいは健康食品素材として期待されている。また，「Panaferd-AX」は生産菌体を含む商品ではあるが，カロテノイドを溶剤などにより抽出し，純度を高めることで，飼料以外に健康食品素材などへの展開も期待できる。

本生産菌株は種々のカロテノイドを安価に提供できる可能性を秘めており，今後も製品拡充を目指した商品開発を進めていく予定である。

文　　献

1)　坪倉　章，生物工学，**88**(9)，492（2010）
2)　特許 3242531
3)　Tsubokura, A. *et al., Int J Syst Bacteriol.*, **49**, 277(1999)
4)　Johnson, E.A. *et al., Critical Review in Biotechnology*, **11**, 297(1991)
5)　佐藤秀一ほか，P. 47，日本水産学会秋季大会講演要旨集（2010）
6)　特許 4557244

3　アスタキサンチンの食品への利用

西野雅之*

3.1　アスタキサンチンとは

アスタキサンチンは，図1に示す水酸基を含むカロテノイドであるキサントフィルの一種であり，赤橙色の色素である。また，アスタキサンチンは，藻類，オキアミ，エビ，カニなどの甲殻類，サケ，タイ，コイ，金魚などの魚類，酵母など海洋性生物に多く含まれていると報告されている[1～3]。アスタキサンチンがビタミンＥの100～1000倍ともいわれる強力な酸化防止効果を持ち，活性酸素除去能，免疫賦活化，発癌抑制効果などが報告されたことから，栄養補助食品，化粧品，食品などの分野で機能性素材として注目されている。近年，抗疲労に関する効果[4～8]，眼に対する効果[9～11]，糖尿病予防に関する効果[12]，メタボリックシンドローム改善効果[13]および，美容効果[14,15]について積極的に研究が行われ，アスタキサンチンの有効性が多く報告されている。

日本では，アスタキサンチン配合食品としてソフトカプセル形態のサプリメントが多く発売されているが，近年，ドリンク形態のものも流通するようになってきている。また，2011年秋に米国の人気TV番組でアスタキサンチンが紹介され，アスタキサンチン配合サプリメントが人気商品となっており，世界的にヒットしている機能性素材の一つとなってきている。

3.2　食品添加物としてのアスタキサンチン

アスタキサンチンには主に三つの用途があり，一つは養殖魚類用の飼料用途である。飼料用には，合成アスタキサンチンが主に利用されている。他の用途は，サプリメント，一般食品と化粧品である。食品用途および，化粧品用途では，合成アスタキサンチンが利用できないことから，主にヘマトコッカス藻から抽出，精製されたものが利用されている。現在，日本では，既存添加物着色料として，ヘマトコッカス藻色素，ファフィア色素のみがリストされている。ヘマトコッカス藻色素は，「ヘマトコッカス（*Haematococcus spp.*）の全藻から得られた，アスタキサンチン類を主成分とするものであり，食用油脂を含むことがある。」と定義され，第八版 食品添加物公定書に規格が収載されている。一方，ファフィア酵母は，第四版 既存添加物 自主規格に

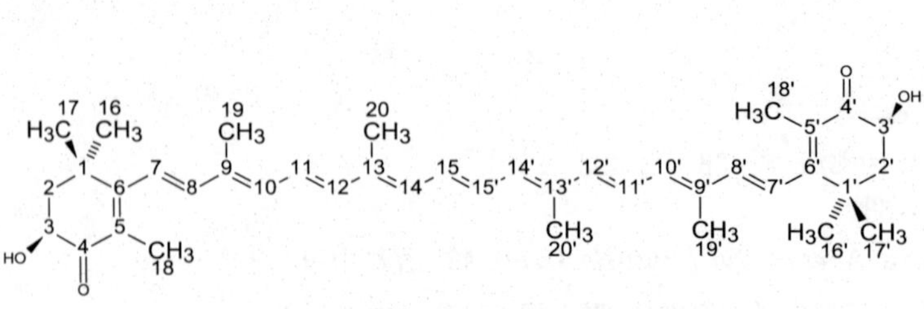

図1　アスタキサンチンの構造

*　Masayuki Nishino　三栄源エフ・エフ・アイ㈱　第四事業部

表1　ヘマトコッカス藻色素，ファフィア色素の規格

	ヘマトコッカス藻色素	ファフィア色素
1.定義	ヘマトコッカス（*Haematococcus* spp.）の全藻から得られた，アスタキサンチン類を主成分とするものである。食用油脂を含むことがある。	本品は，ファフィアの培養液から得られた，アスタキサンチンを主成分とするものである。食用油脂を含むことがある。
2.規格		
色価	色価600以上で，その表示量の95～115％を含む。	色価は300以上で，その表示量の95～115％を含む。
性状	橙～暗褐色の塊，ペーストまたは液体で，わずかに特異なにおいがある。	橙～暗褐色の塊，ペーストまたは液体で特異なにおいがある。
確認試験	1.アセトン溶液は橙黄～赤橙色を呈する。 2.アセトン溶液に硫酸を加えるとき，溶液は青緑～暗青色を呈する。 3.アセトン溶液は460～480 nm に極大吸収がある。 4.*n*-ヘキサン/アセトン混液（7：3）を展開溶媒として薄層クロマトグラフィーを行うとき，Rf 値0.4～0.6に赤橙色のスポットを認める。このスポットの色は5％亜硫酸ナトリウム溶液を噴霧し，次に0.5 mol/L 硫酸を噴霧するとき，直に脱色される。	1.アセトン溶液は橙黄～赤橙色を呈する。 2.アセトン溶液に硫酸を加えるとき，溶液は青緑～暗青色を呈する。 3.アセトン溶液は465～485 nm に極大吸収がある。 4.*n*-ヘキサン/アセトン混液（7：3）を展開溶媒として薄層クロマトグラフィーを行うとき，Rf 値0.2～0.4に赤橙色のスポットを認める。 このスポットは，三塩化アンチモン試液により青～青紫色を呈する。
純度試験	重金属（Pbとして）　40 μg/g 以下 鉛（Pbとして）　10 μg/g 以下 ヒ素（As_2O_3として）　4.0 μg/g 以下	重金属（Pbとして）　40 μg/g 以下 鉛（Pbとして）　10 μg/g 以下 ヒ素（As_2O_3として）　4.0 μg/g 以下 アセトン　30 μg/g 以下 ヘキサン　25 μg/g 以下

「ファフィアの培養液から得られた，アスタキサンチンを主成分とするものである。食用油脂を含むことがある。」と定義され，規格が収載されている。それぞれの規格内容を表1に示した。ヘマトコッカス藻色素，ファフィア色素共に，主色素成分は，アスタキサンチンの脂肪酸エステルである。

3.3　ヘマトコッカス藻色素について

コナヒゲムシ科ヘマトコッカス（*Haematococcus pluvialis*）はアスタキサンチンを高産生することが知られている単細胞性，遊泳性細胞の微細藻類である。成育に適した環境下では光合成により増殖するが，環境が何らかのストレス状態に置かれると休眠状態に形態変化する。この過程において大量のアスタキサンチンを細胞内に蓄積することが知られている（写真1，2）。ヘマトコッカス藻はアスタキサンチン含有量が他の生物に比較して格段に高く，アスタキサンチンの工業生産に広く用いられている。1990年代後半から，相次いでバイオリアクターを用いたアスタ

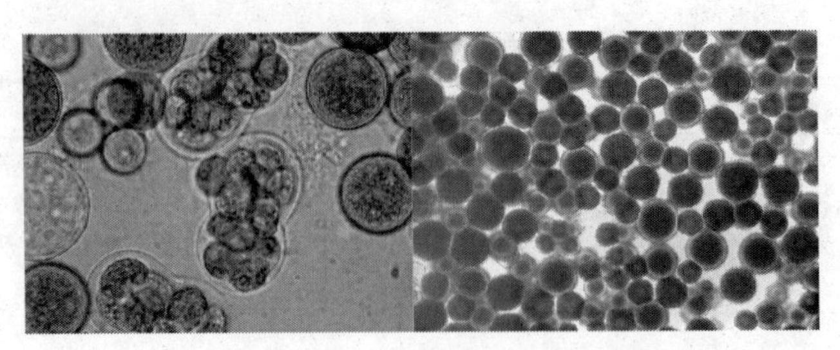

写真１　Green Stage cultivation　写真２　Red Stage cultivation

キサンチンの工業生産方法が開発，実用化され，食品添加物としてヘマトコッカス藻色素が利用されるようになってきている。近年では，バイオリアクターの生産効率をより効率化をすべく生産方法の改良などの研究も進められている。培養されたヘマトコッカス全藻から，エタノール，アセトンなどの溶剤抽出若しくは，超臨界二酸化炭素抽出を行い，ヘマトコッカス藻色素が生産される。一般食品に利用する場合，さらに脱臭，精製処理を行ったものが使用されるケースがある。

3.4　アスタキサンチンの食品への利用

ソフトカプセル形態のサプリメントに利用する場合，主にアスタキサンチン濃度を調整したオイルが利用されている。一方，一般食品に利用する場合は，水分散性の製剤に加工された製剤を利用する必要がある。三栄源エフ・エフ・アイ㈱では，濃度調整を行ったオイル製品と共に，ヘマトコッカス藻色素を乳化した水分散性の製剤（アスタレッド®）を提供している。

アスタキサンチンは，アセトン溶液で470 nm 付近に極大吸収を持つ赤色系カロテノイドであり，β-カロテンやルテインと異なり，鮮やかなオレンジ色から赤色を呈する。ヘマトコッカス藻色素と他のカロテノイド色素との色調比較を行った結果を図２に示した。アスタレッド®は，利用する食品の用途に合わせて，混濁溶解するタイプの液体製剤，透明溶解タイプの製剤，粉末タイプの製剤などをラインアップしており，利用する食品により選択することが可能となっている（写真３）。

アスタキサンチンを食品に利用する上で，退色安定性は非常に重要である。アスタキサンチンと他のカロテノイドと光による退色安定性を比較した結果を図３に示した。アスタキサンチンも他のカロテノイドと同様に酸化による退色が発生する[16]と考えられる。アスタキサンチンは光に対して特に不安定であるが，食品中にビタミンＣを併用することにより，安定化させることが可能であった。光に対する安定性をさらに向上させるために，サンメリン®シリーズ（三栄源エフ・エフ・アイ㈱製）の併用がより有効であるとの結果が得られている（図４）。また，ビタミンＣとの併用により十分な長期保存安定性を発揮することが確認されている（図５）。

アスタキサンチンの熱安定性は比較的高く，通常クッキーの焼成工程で係る加熱処理（150～180℃ 30分間の加熱）によっても，殆ど退色が認められない結果が得られている。

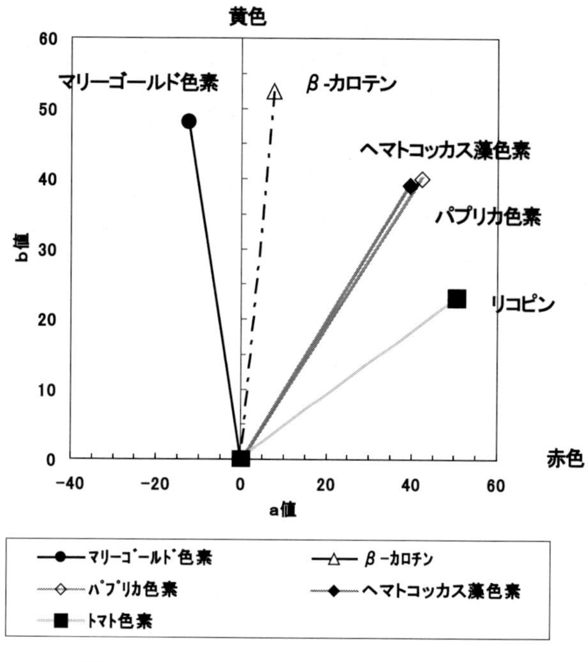

図2　カロテノイド色素製剤の色調比較結果

写真3　アスタレッド®の色調比較

食品にヘマトコッカス藻色素を利用する上で，風味の除去，風味変化を防止することも非常に重要である。ヘマトコッカス藻色素には，構成脂肪酸としてアラキドン酸やエイコサペンタエン酸などの多価不飽和脂肪酸が少量含まれている。このため，ヘマトコッカス藻色素は非常に風味変化を起こしやすい物質であると考えられる。三栄源エフ・エフ・アイ㈱では，ヘマトコッカス藻色素の風味変化を防止する方法を開発し，その技術を応用した製剤を製品化している[17]。本製剤を用いることにより，アスタキサンチン含有食品の保存による風味劣化を大幅に抑制することが可能である。

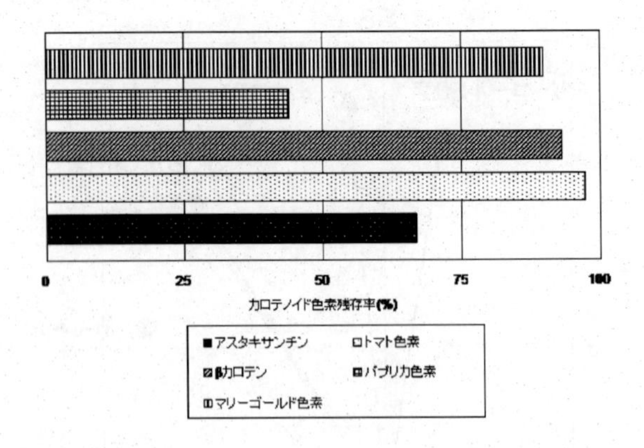

飲料条件	:	Brix ： 6°，pH：3.0
カロテノイド添加量	:	5 ppm （カロテノイドとして）
ビタミンＣ添加量	:	250 ppm
容　器	:	ガラス瓶
光照射装置	:	キセノンフェードメーター XWL-75R
照射エネルギー	:	250 Langley

図３　カロテノイド色素の耐光安定性の比較

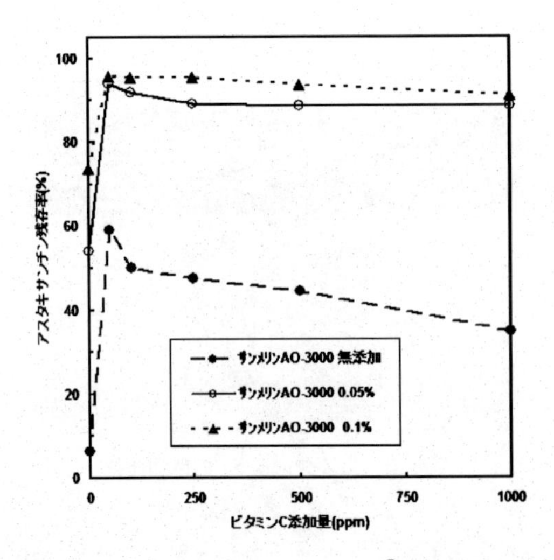

試料	:	アスタレッド® NO. 35324
飲料条件	:	Brix：6°，pH：3.0
アスタキサンチン配合量	:	0.5 mg/100 ml
容　器	:	200 ml 容 PET ボトル
光照射装置	:	キセノンフェードメーター XWL-75R
照射エネルギー	:	250 Langley

図４　ヘマトコッカス藻色素の退色安定性改善効果

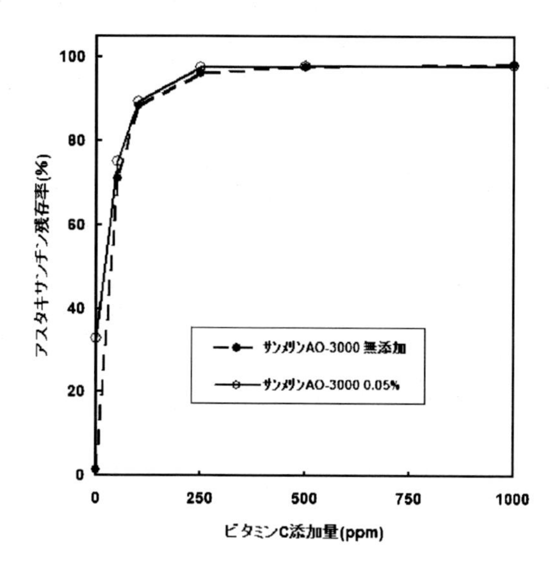

試料	：	アスタレッド® NO.35324
飲料条件	：	Brix：6°，pH：3.0
アスタキサンチン配合量	：	0.5 mg/100 ml
容　器	：	200 ml 容 PET ボトル
保存条件	：	25℃，6ヶ月間

図5　アスタキサンチン配合飲料の長期保存安定性

3.5　おわりに

アスタキサンチンは，非常に強い抗酸化効果を持ち，人の健康管理に対して有益な効果を持つ素材である。近年，その有効性が数多くの臨床試験により証明されてきている。また，近年の数多くの食品，化粧品の登場により，一般消費者への認知度も向上していることから，今後アスタキサンチンの食品への利用は益々広がっていくものと確信している。三栄源エフ・エフ・アイ㈱では，アスタキサンチンを食品に配合する上で必要とされる安定性，風味を持った製剤をラインアップしている。これらの製剤が，アスタキサンチン配合食品の開発の一助となれば幸いである。

※「アスタレッド®」，「サンメリン®」は，三栄源エフ・エフ・アイ㈱の登録商標です。

文　献

1) Torissen O. J., R. W. Hardy, K. Shearer., *CRC Critical reviews in Aquatic Sciences,* **1**(2), 209-225 (1989)
2) Menasveta, P., Worawattanamateekul, W., Latscha, T., Clark, J.S., *Aquacultural Engineering,* **12**, 203-213 (1993)
3) Chistiansen R., O.J. Torissen, *Aquaculture,* **153**, 51-62 (1997)
4) Yazawa K., *et al., Biol. Pharm. Bull.,* **29**(10), 2106-2110 (2006)
5) Yoshikawa T., *et al., Antioxidants and Redox Signaling.,* **5**(1), 139-144 (2003)
6) Yoshikawa T., *et al., Biochem. Biophys. Res. Comn.,* **366**, 892-897 (2008)
7) 川本和久, *FOOD STYLE 21,* **12**(8) (2008)
8) 田島多恵子, 永田 晟, *Health and Behavior Sciences,* **3**(1), 5-10 (2004)
9) 澤木啓佑, 吉儀 宏, 青木和浩, 鮎川なつえ, 東根明人, 金子今朝秋, 山口正弘, 臨床医薬, **18**(9), 1085-1100 (2002)
10) Nagaki Y., Hayasaka S., Yamada T., Hayasaka Y., Sanada M., Uonami T., *Journal of Traditional Medicines,* **19**(5), 170-173 (2002)
11) 中村 彰, 磯部綾子, 大高康博, 中田大介, 本間知佳, 桜井 禅, 島田佳明, 堀口正之, 臨床眼科, **58**(6), 1051-1054 (2004)
12) Naito Y., Uchiyama K., Aoi W., Hasegawa G., Nakamura N., Yoshida N., Maoka T., Takahashi J. Yoshikawa T., *Bio. Factors,* **20**, 49-59 (2004)
13) Ikeuchi M., Koyama T., Takahashi J., Yazawa K., *Biosci. Biotechnol. Biochem.,* **71**(4), 893-899 (2007)
14) 関 大輔, 末木博彦, 河野弘美, 菅沼 薫, 山下栄次, *FRAGRANCE JOURNAL,* **12**, 98-103 (2001)
15) 荒金久美, 香粧会誌, **27**(4), 298-303 (2003)
16) Nishino M., Miuchi T., Sakata M., Nishida A., Murata Y., Nakamura Y., *Biosci. Biotechnol. Biochem.,* **75**(7), 1389-1391 (2011)
17) 三内 剛, 西野雅之, 佐々木泰司, 特許第4163218号 ヘマトコッカス藻色素乳化組成物

4　アスタリール®とその応用について

北村晃利*

4.1　アスタリール®

アスタリール®はヘマトコッカス藻由来アスタキサンチンの国内唯一のメーカーである富士化学工業グループが販売する天然アスタキサンチンのブランドである。

機能性素材として食品や化粧品の分野でアスタキサンチンを用いる場合には，天然由来のものだけが使用を認められており，有用な供給源として，オキアミのほか，ファフィア酵母や微細藻類などがある（表1）。しかしながら，序章で述べられている通り，製造効率やコスト面などの理由から，現在，商業生産されている天然アスタキサンチンの大部分はヘマトコッカス藻由来のものである。

ヘマトコッカス藻は，淡水性の単細胞緑藻であり，通常，好適な条件下では光合成を行いながら活発に分裂・増殖するが，栄養分が不足したり，強い光に曝される，あるいは乾燥するなどして生育に適さない環境下におかれた場合，自己防御のために細胞内にアスタキサンチンを溜め込む性質を持つ。この特徴を生かした大量培養方法が1990年代初め頃に確立され，市場への安定供給が可能になるとともに，一層，生理，作用面の研究が進むようになった。

富士化学工業グループのAstaReal社（スウェーデン）は，世界に先駆けてヘマトコッカスを利用したアスタキサンチンの大量培養に成功，1994年には世界で初めて商業規模での生産を開始した。通常，藻類の培養は太陽光を利用するため屋外でなされるが，ヘマトコッカス藻は微細藻類の中でも比較的デリケートで，日々変動する屋外の自然条件で最適な製造環境を維持することは容易ではない。加えて生育も緩慢であるため，外部から混入する異種藻類との競争に弱く，屋外の培養では高品質のヘマトコッカスをコンスタントに生産することはなかなか困難である。AstaReal社は，唯一，屋内密閉式培養の生産様式を採用しており（図1），衛生管理面はもとよ

表1　種々の生物に含まれるアスタキサンチン含有量

	含有量（mg/100 g）
イクラ	～1.4
ニジマス	～1.3
鮭	～4
オキアミ	5～13
エビ・カニ（殻を含む）	～40
ファフィア酵母	300～1,500
ヘマトコッカス藻	1,000～8,000

自然界では微細藻類などがアスタキサンチンを作り，これが食物連鎖によって様々な生物に取り込まれて利用されている。なかでも淡水性の緑藻であるヘマトコッカスはアスタキサンチンを特異的に産生する性質を持つ。

*　Akitoshi Kitamura　富士化学工業㈱　開発本部　ライフサイエンス技術部　部長

図1　AstaReal社（スウェーデン，富士化学工業子会社）の培養設備
ステンレス製の密閉型専用培養槽を用いて，衛生管理された屋内で培養されている。ヘマトコッカス藻の屋内培養は世界でもAstaReal社のみが行っている。

り，変動する屋外環境の影響を受けず，常に一定の最適製造条件を保つことが可能であるため，品質の安定性および製造効率という面でも高い優位性がある。また富士化学グループは，アスタキサンチンの国内サプライヤーとしては唯一，原料となるヘマトコッカス藻の培養から，アスタキサンチンの抽出，さらには粉末化などの製剤加工から販売まで，一貫して自社グループ内で行っている。つまり，原料であるヘマトコッカスの生産段階から万全のトレーサビリティを有しており，またすべての工程を通して得られる豊富な経験や知見は，様々な特許やノウハウとして蓄積され，製品の品質向上に大いに生かされている。富士化学グループのアスタキサンチン製造販売の実績は国際的にも認められており，近年，米USPによって策定された「ヘマトコッカス由来のアスタキサンチン」のFCC[1)]およびダイエタリサプリメント[2)]モノグラフ（品質規格）では，アスタリール®の品質規格が標準規格として採用されている。

また製造面に限らず，臨床試験をはじめとする様々な効果，作用研究なども長年にわたって幅広く実施してきており，作用，有効性データに加えて，安全性データ[3,4)]なども豊富に取り揃えていることから，アスタリール®は米国でGRAS認定されている。

本稿では，富士化学工業がグループ内一貫生産により提供するアスタキサンチン「アスタリール®」について，その特徴と利用について概説する。

4.2　アスタリール®の製造と特徴

成熟したヘマトコッカス藻は，細胞内に大量の油脂分とともにアスタキサンチンを溜め込むようになり，乾燥重量あたりに占める油脂成分は約50％程度にも及ぶようになる。この中に高濃度のアスタキサンチンが含まれており，油脂成分とともに抽出されたものがヘマトコッカス藻抽出物として利用されている。既述の通り，屋内で培養生産されたヘマトコッカス藻に含まれるアスタキサンチンは，富士化学工業の富山工場（JAFA GMP認定工場）で抽出・精製し，オイル状の抽出物として，また粉末や乳化剤に加工した製剤として「アスタリール®」のブランドで提供している。

4.2.1　オイル製剤

通常，ヘマトコッカス藻から得られた抽出物には10％以上のアスタキサンチンが含まれているが，このままでは粘性が高く扱いにくい。富士化学ではアスタキサンチン濃度を5％（フリー体換算）に希釈調整して，低粘性の扱いの良い性状にしたものを「アスタリール®オイル50F」として提供している。

抽出の工程は可能な限り短縮化・最適化されており，製造中に劣化させることなく，極めて高収率で，安定性の高いアスタキサンチン抽出物を得ることに成功している[5)]。また，独自の脱臭工程により臭気成分が除去されているため，一般的なヘマトコッカス藻抽出物に比べて，特有の臭いもかなり低く抑えられている。

オイル製剤はもっぱらソフトカプセルに配合される目的で利用されているが，粉末化や飲料向けの乳化製剤などの2次加工用原料としても用いられている。

2次加工用としては「アスタリール®オイル50F」のほかに，さらに高度な精製濃縮加工を行い，飲料用途など厳しい官能検査にも耐えうるよう無臭化され，かつアスタキサンチン濃度を20％まで高めたオイル製品「アスタリール®オイル200S」を開発，供給を開始している。

4.2.2　粉末製剤

富士化学工業は医薬品のスプレードライ加工分野で業界をリードしてきた経験と実績があり，自社のスプレードライ技術を利用して，アスタキサンチン抽出物の粉末化製剤を独自に開発，製造・販売している。アスタキサンチンをフリー体換算で2％含む「アスタリール®パウダー20F」（図2）は，アレルゲンフリー，GMO フリー，BSE フリーの粉末製剤であり，マイクロカプセル化技術により高度に安定化されているとともに，対吸湿性や流動性などの粉体特性も良好なため，錠剤や顆粒製剤への利用はもちろんのこと，粉末プレミックスなどの製造にも向いている。また，さらにアスタキサンチン濃度を高めた粉末製剤の開発にも成功しており，従来の粉末製剤

図2　流動性の良いアスタリール®パウダー20F

富士化学工業のスプレードライ技術を応用して開発されたアスタキサンチンパウダー。良好な流動性で打錠などにも向いている。40℃，75％ RH に2週間放置してもサラサラのまま。

やビーズ製剤に比べて，同じ製剤設計でも3倍以上のアスタキサンチンの配合が可能となっている。

4.2.3　その他の製剤

ソフトカプセルなどに用いられるオイル製剤，錠剤や顆粒剤などに用いられる粉末製剤のほか，一般飲料向けに開発した乳化製剤「アスタリール®WS液」やアルコール飲料向け乳化製剤「アスタリール®AL液」など，各種飲料にも対応できるよう複数の乳化製剤も取り揃えている。

4.3　アスタリール®の利用について

4.3.1　サプリメントとしての利用

これまでアスタキサンチンはもっぱらサプリメントとして利用されてきており，今や世界中の代表的なサプリメントメーカーのほとんどが何かしらのアスタキサンチン配合製品を販売している。アスタリール®も日本のみならず欧米，アジア各国の様々な食品，サプリメントメーカーに採用され，ソフトカプセルや錠剤，顆粒剤，シロップなどとして世界中の消費者に届けられている（図3）。

アスタキサンチンはもともと脂溶性の物質であり，オイル状の抽出物が基本となるため，アスタキサンチン単独，またはほかの機能性成分と配合したものをソフトカプセルに充填した形態で供される場合が圧倒的に多い。ソフトカプセルは，酸素を透過しないゼラチンの性質により，空気との接触によって生じる劣化に対して高度な保護効果が期待できる。V.AやV.Eなどの抗酸

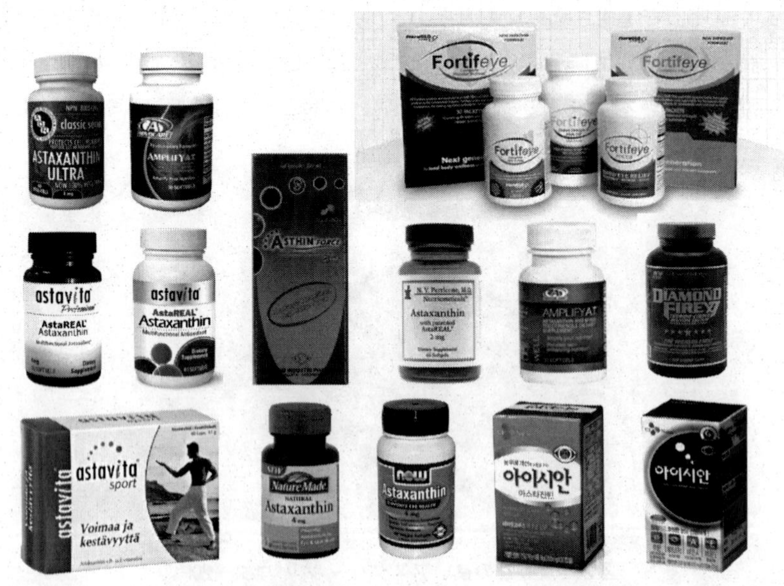

図3　各国で販売されているアスタリール®配合商品
アスタリール®は欧，米，アジアの様々な国で，サプリメントなどとして健康維持に役立てられている。

化ビタミン類，PUFA，ポリフェノールなど，酸化によって変性しやすい素材には最も適した剤形であり，アスタキサンチンもソフトカプセル中では概して高い安定性を示す。

ついで，粉末製剤を使って，錠剤やハードカプセル，あるいは顆粒などの剤形で流通していることが多く，配合されるほかの成分が粉末である場合や，動物質（ゼラチン）が嫌われる場合などに選択される。ただし，ソフトカプセルに比べて剤形そのものの保護作用に劣るため，必要に応じて，製剤そのもの，あるいは容器の気密性を高めるなどの工夫を必要とする場合もある。例えば，錠剤の場合は表面コーティング，ハードカプセルの場合は接続部のバンドシールを施すことにより，安定性が格段に改善される。

さらにアスタリール®はバルクでの提供にとどまらず，自社グループのリテール製品として，同じアスタリール®のブランド名での豊富な製品ラインナップを揃えており（図4），一般向け通販として，さらにはその豊富なエビデンスと確かな有効性が認められ，全国の医療機関を通じて販売提供されている。

4.3.2　一般食品や飲料への利用

アスタキサンチンは，永く，サプリメントとしての利用が主流であったが，近年，とりわけ多く見られるようになったのが，本節3.1に詳述されている通り，ドリンクや一般食品への利用である。アスタキサンチンを添加することによって，その健康機能性が付加されることはもちろんのこと，もともとは色素として見出された通り，その特徴的な赤色は，飲料やゼリー，グミ，キャンディーなどの食品を鮮やかに彩る。日本では，ソーセージやかにかまぼこ，明太子などにも応

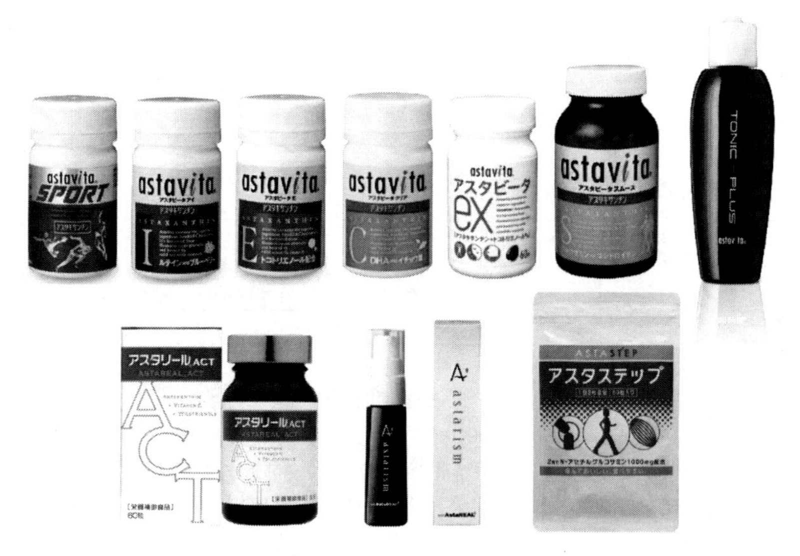

図4　アスタリール®ブランドの製品群（販売・アスタリール㈱）
上段は，一般向け商品のアスタビータシリーズ。下段は医科向けにラインナップされた商品で，アスタリールの有効性と品質を認めた医師を通じて，全国の医療機関で販売されている。

用されているほか，アスタリール®は米国やアジア諸国でも，飲料やゼリー，チョコレートといった様々な形態での利用が進んでいる。

少し変わったところで，アスタキサンチンとクッキーやパンといった焼成食品との相性について特筆すべき特徴を本項の最後に触れておきたい。もともと強力な抗酸化特性を持つアスタキサンチンであるが，空気中など酸素存在下では酸化されやすく，強い光や熱を受けると分解し，退色してしまう。アスタキサンチンは本来，ほかのカロテノイド類に比べて耐熱性は高い方であるが，クッキーやパンなどは170～180℃といった高温で，数分にわたって焼成されるため，普通，このような過酷な加工条件には耐えるとは考えがたいが，特定の条件を保つことによってほとんど分解を受けることなく，アスタリール®を焼成食品中に配合し，加工できることを見出した。180℃という高温で焼き上げたパン中には，配合されたアスタキサンチンがほぼ100％に近い回収率で保持されていることがわかった。しかも，パン生地へ配合したアスタリール®は発酵に影響することもなく，また焼き上げ後のパンとしての物性もなんら損なうことはなかった[6]。同じく，クッキー中にアスタリール®を配合した場合も，焼き上げの過程でアスタキサンチンはほとんど分解されることなく，しかもクッキー中でアスタキサンチンはより安定化されることがわかった。クッキーなどの食品への配合量はごく低濃度であるにもかかわらず，その保存安定性は高濃度のオイルバルクを凌ぐほどに高められており，室温条件（25℃）にて1年間保存した後もほとんど低下しなかった[7]（図5）。パンやクッキーといったこれらの焼成食品との相性の良さは，近年の機能性食品やバランス栄養食品の形態として主流になりつつあるバー形状の穀粉焼成菓子などへのアスタリール®の配合のしやすさにも通じ，今後は，メディカルフード，あるいはおやつサプリとして，ますます広く利用されるようになるものと考えられる。

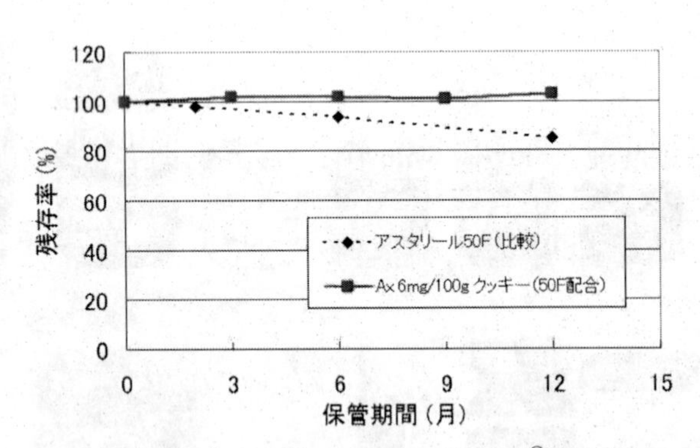

図5　クッキーに配合したアスタリール®の安定性

食品中でのアスタキサンチンの安定化を実現（特許第4647712号）。アスタリールをクッキーに配合した場合，室温（25℃）で12ヶ月保管してもアスタキサンチンの減衰は認められなかった。

文　　献

1) U.S. Pharmacopeia, Food Chemical Codex, 8th edition (2011), Astaxanthin esters from *Haematococcus pluvialis*
2) U. S. Pharmacopeia, Dietary supplements standards, Astaxanthin esters from *Haematococcus pluvialis*（2012年改定版に収載予定）
3) 大神一浩ほか，臨床医薬，**21**，651 (2005)
4) 塚原寛樹ほか，健康・栄養食品研究，**8**，1 (2005)
5) 特許第4934272号，「カロテノイド類含有抽出物の製法」
6) 大井友梨ほか，日本食品科学工学会誌，**56**(11)，579-584 (2009)
7) 特許第4647712号，「アスタキサンチンを含む練粉焼成食品」

5　アスタキサンチンナノサイズ乳化物とその応用商品

大橋雄一*[1]，植田文教*[2]

5.1　はじめに

富士フイルムは，70余年のフィルム研究の中で培ってきたコラーゲン活用技術，活性酸素のコントロール技術，色素などを微細粒子化し安定化するナノテクノロジーをヘルスケア製品の分野で活かしていくことで，より品質の高い商品を開発できるのではないかと考えた。そして，抗酸化機能を持つカロテノイド色素であるアスタキサンチンを微細粒子化（ナノサイズ化）することで水溶液中で高い分散性を得ることに成功し，同時にアスタキサンチンの高い熱安定性と吸収性を実現した。従来，アスタキサンチンのような脂溶性成分を他の水溶性成分ないし両親和性成分に混合することはその溶解性に制限があったが，アスタキサンチンをナノサイズ化することでその制限は取り払われ，しかもより少ない量でその抗酸化機能を最大限に発揮できることが期待されるようになってきた。そこで富士フイルムはナノサイズ化したアスタキサンチンを配合したサプリメントを開発し，長距離ランナーを対象としたヒト試験でその機能を確認した。

5.2　アスタキサンチンナノサイズ乳化物の特長

アスタキサンチンは，脂溶性成分なので殆ど水には溶解しない。しかしアスタキサンチンを微細乳化（ナノサイズ化）すると，アスタキサンチンが水溶液中に分散し，背面に書かれた文字が透けて見えるようになる（図１）。

次にアスタキサンチンナノサイズ乳化物を粉末化し（図２），その水溶液を７週間，50℃で保存する条件で安定性試験を実施した。その結果，アスタキサンチン残存率に大きな変化がなく高い熱安定性が得られた（図３）。

さらに，ナノサイズ乳化したアスタキサンチンをマウスに経口摂取させたところ高い血中濃度が得られ，従来品に比べて吸収性を向上させることができた[1)]（図４）。

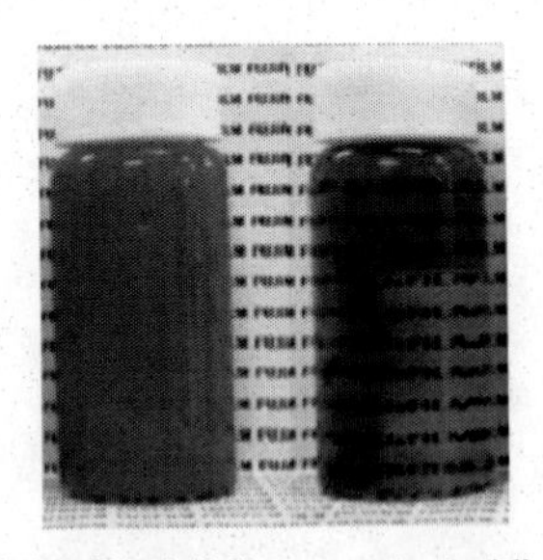

従来(当社)乳化物　ナノサイズ乳化物
粒径平250 nm　　　34 nm

図１　アスタキサンチンナノサイズ乳化物の分散性

＊1　Yuichi Ohashi　富士フイルム㈱　ライフサイエンス事業部　商品グループ　技術担当部長
＊2　Fumitaka Ueda　富士フイルム㈱　R&D 統括本部　医薬品・ヘルスケア研究所　主任研究員

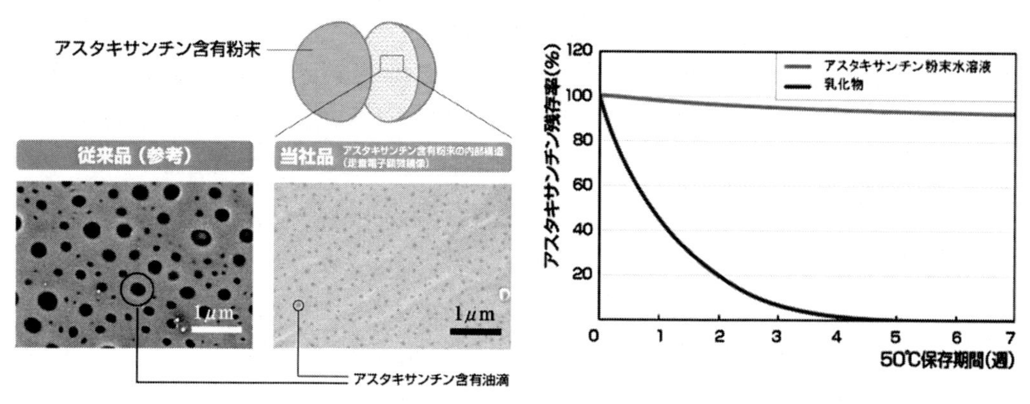

図2　アスタキサンチン粉末

図3　アスタキサンチン水溶液の熱安定性

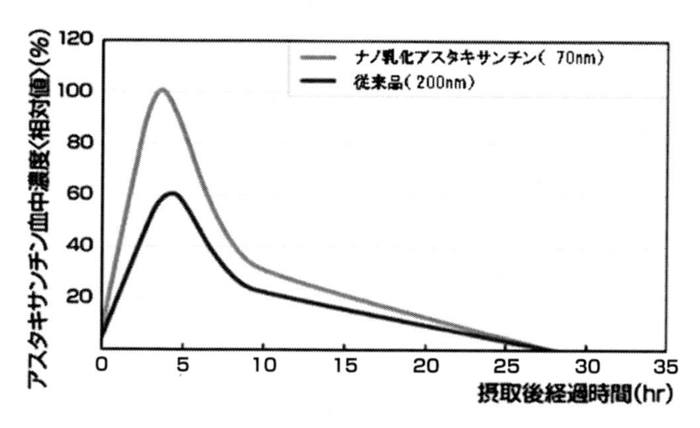

図4　アスタキサンチンの血中濃度（マウス）

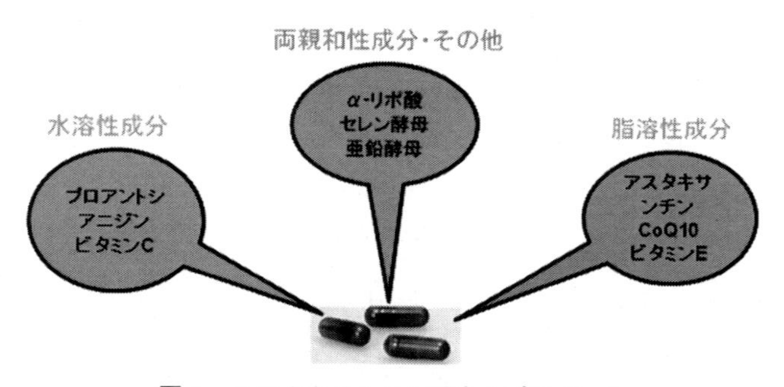

図5　アスタキサンチン配合サプリメント

このアスタキサンチンナノサイズ乳化物は粉末化することで他の水溶性成分や両親和性成分との配合を可能にし，より高い抗酸化機能が期待できるアスタキサンチン配合サプリメントを商品化することに成功した[2]（図5）。

5.3　アスタキサンチン配合サプリメントの抗酸化能およびスポーツパフォーマンスへの影響

アスタキサンチンのスポーツパフォーマンスに及ぼす影響については，種々検討が行われている[3~5]が，富士フイルムは一般の人より活性酸素の影響を受けやすいといわれている長距離ランナーで，アスタキサンチン配合サプリメントを継続的に摂取した時の抗酸化能とスポーツパフォーマンスに及ぼす影響を二重盲検無作為化比較試験法で検証した[6]。

5.3.1　試験方法

被験者は男子長距離ランナー20名で，試験食品（富士フイルム社製アスタキサンチン配合カプセルおよびこれに外観，大きさなどを全く同じにした結晶セルロース含有プラセボカプセル）を5週間（8カプセル/日，アスタキサンチン12 mg/日）継続摂取した。測定項目は，一般血液検査，炎症マーカー，尿中8-OHdG（8-ヒドロキシデオキシグアノシン），血中乳酸値の他に心肺持久力を評価する指標として最大運動負荷タイム，レースタイムおよび主観的運動強度などでとした。また，試験期間中は全員ほぼ同じトレーニングを実施し，原則として試験食品以外のサプリメントの摂取は禁止とした（表1）。

試験期間は全6週間で，試験食品の非摂取期間を1週間，摂取期間を5週間とし，最大下運動負荷試験を摂取開始1週間前と摂取開始3週目に，最大運動負荷試験は摂取開始5週目にそれぞれ実施した（図6）。

被験者は，アスタキサンチン配合カプセル摂取群（A群）とプラセボカプセル摂取群（P群）の2群に分けた。被験者数は各群10名で両群間での年齢，身長，体重に統計的に有意な差は見られなかった。

表1　試験方法

被験者：順天堂大学陸上競技部に所属する男子長距離ランナー20名

試験デザイン：二重盲検無作為化比較試験

試験食品：アスタキサンチン配合カプセル（富士フイルム社製）および結晶セルロース含有プラセボカプセル（外観，大きさ等がアスタキサンチン配合カプセルと同等）

摂取方法：8カプセル/日を5週間（35日間）摂取

測定項目：
- 一般血液検査：AST(GOT)，ALT(GPT)，LDH，CK，Na，K，Cl，Ca，Mg，Fe，RBC，WBC，Hb，Hct，MCV，MCH，MCHC，PLT，フェリチン
- 炎症マーカー：血清αトコフェロール濃度，CRP，IL-6
- 尿中8-OHdG
- 血中乳酸値（最大下運動負荷試験*前および後）
- 身長，体重，体脂肪率，最大運動負荷タイム**，レースタイム，主観的運動強度，健康調査

試験期間中，被験者は全員ほぼ同じトレーニングを実施し，他のサプリメントの摂取は禁止とした。

*最大下運動負荷試験：5,000 m ビルドアップ走〈3'30，3'30，3'20，3'20，3'00〉

**最大運動負荷試験：20,000 m トライアル走

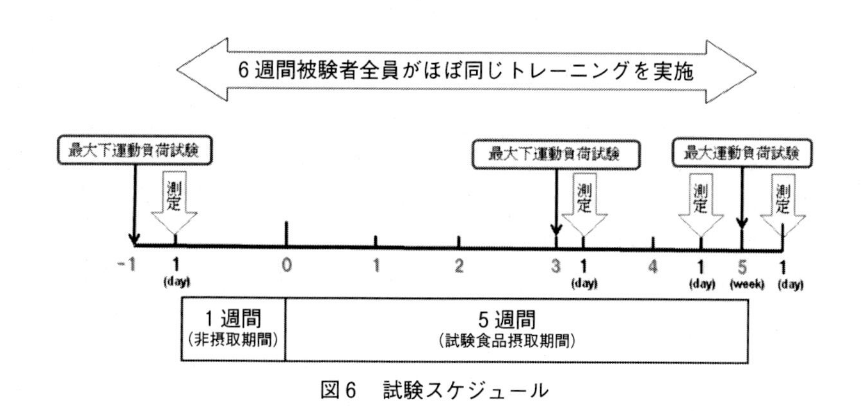

図6　試験スケジュール

表2　被験者背景

アスタキサンチン配合カプセル摂取群（A群）

	年齢	身長	体重	シーズンベスト 5,000 m
A	20	176.5	56.7	14:14.84
B	19	167.0	53.0	14:17.26
C	20	173.1	56.8	14:31.94
D	18	164.0	48.5	14:35.58
E	20	175.5	60.0	14:36.54
F	19	166.0	53.0	15:05.02
G	19	182.5	67.0	15:10.67
H	21	171.8	54.0	15:18.28
I	20	171.0	57.0	14:58.79
J	19	174.0	54.0	15:29.02
AV.	19.5	172.1	56.0	14:49.79
SD.	0.85	5.52	4.96	00:25.98

プラセボカプセル摂取群（P群）

	年齢	身長	体重	シーズンベスト 5,000 m
K	19	174.4	64.8	14:37.01
L	20	172.8	55.3	14:42.07
M	21	179.5	66.5	14:43.61
N	21	176.5	54.0	14:47.24
O	20	174.0	56.2	14:50.83
P	21	164.0	51.0	14:51.39
Q	20	173.0	59.5	14:55.94
R	21	171.0	62.0	14:56.43
S	19	159.7	52.1	14:56.46
T	20	175.4	61.0	15:19.35
AV.	20.2	172.0	58.2	14:52.03
SD.	0.79	5.92	5.33	00:11.65

5.3.2　結果

最大運動負荷試験前後のCK（クレアチンキナーゼ），CRP（C反応性蛋白）およびIL-6（インターロイキン6）の変化を示す（図7）。プラセボカプセル摂取群（P群）の各値とも最大運動負荷試験後は前に比べて有意な上昇が見られたが，アスタキサンチン配合カプセル摂取群（A群）ではCKおよびCRPに多少の上昇は見られたものの統計的に有意な差は見られなかった。

試験食品3週間摂取後に実施した最大下運動負荷時の血中乳酸値を示す（図8）。アスタキサンチン配合カプセル摂取群（A群）の血中乳酸値はプラセボカプセル摂取群（P群）に比べて運動2分後，15分後および20分後にそれぞれ有意な低下が見られた。

試験食品摂取前および試験食品3週間摂取後に実施した最大下運動負荷時の心拍数（HR）と

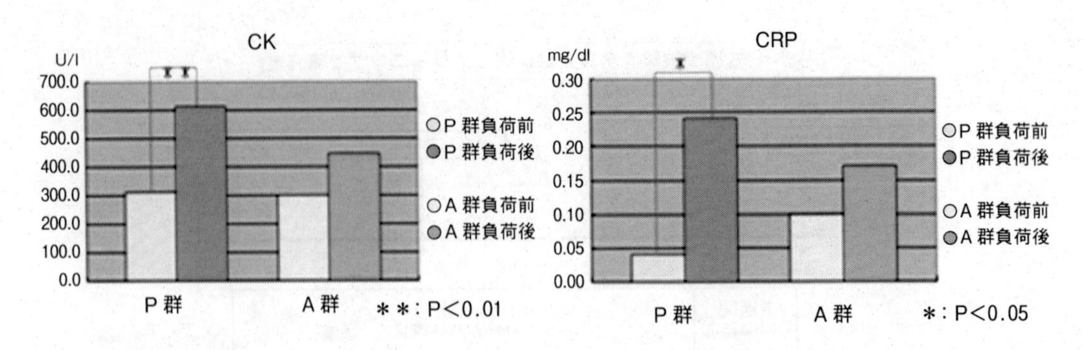

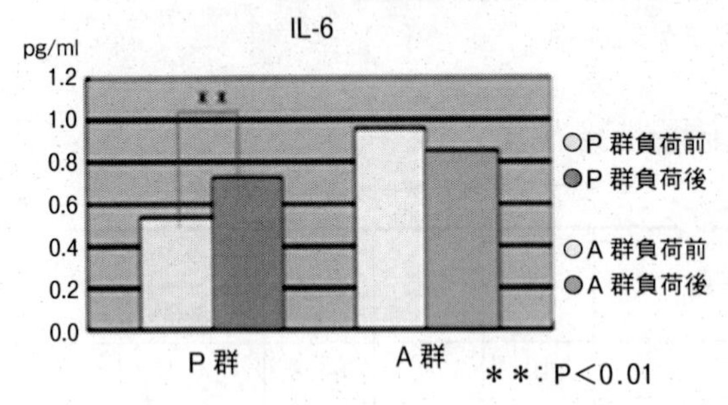

図7　最大運動負荷試験前後の血液指標

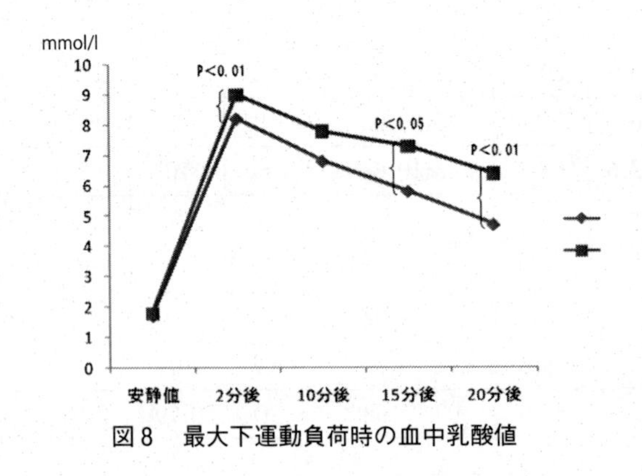

図8　最大下運動負荷時の血中乳酸値

主観的運動強度（RPE）の変化を示す（図9）。アスタキサンチン配合カプセル摂取群（A 群）では3週間摂取後の心拍数が摂取前に比べて有意に低下した。一方，プラセボカプセル摂取群（P 群）は3週間摂取後に主観的運動強度のスコアが有意に高くなった。

最大運動負荷タイムと主観的運動強度（RPE）を両群間で比較した（図10）。アスタキサンチン配合カプセル摂取群（A 群）の最大運動負荷タイムは，プラセボカプセル摂取群（P 群）に比べて42秒の短縮が見られたが統計的に有意な差は見られなかった。また主観的運動強度のスコアは，アスタキサンチン配合カプセル摂取群（A 群），プラセボカプセル摂取群（P 群）でそれぞれ18.0，17.6であり両群間に有意な差は見られなかった。

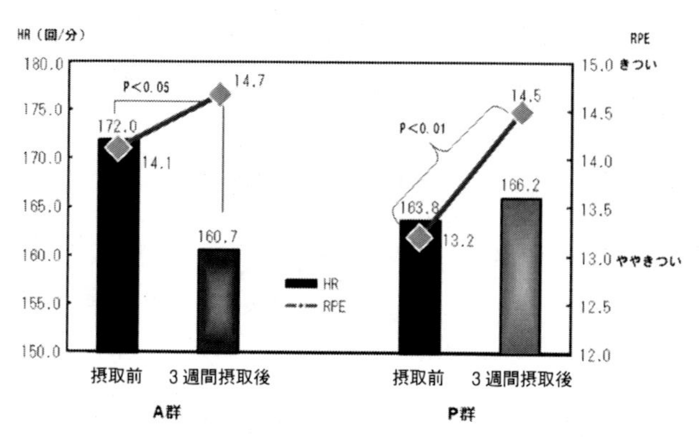

図9　最大下運動負荷前後の心拍数（HR）と主観的運動強度（RPE）の変化

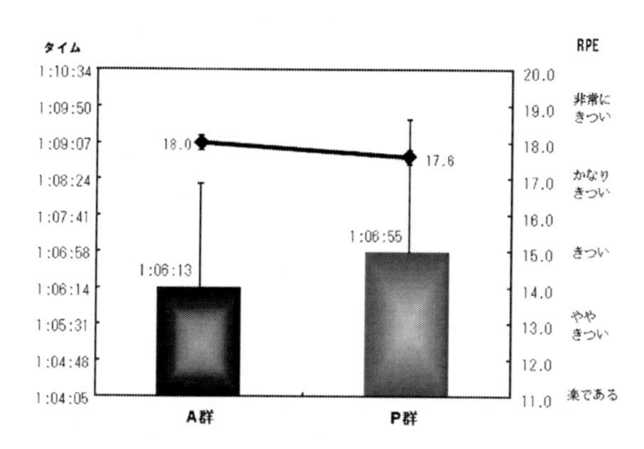

図10　最大運動負荷タイムと主観的運動強度（RPE）の比較

5.3.3　まとめ

試験結果を以下にまとめる。

①試験食品摂取前と試験食品3週間摂取後の比較で，最大下運動負荷時の心拍数はアスタキサンチン配合カプセル摂取群で有意に低下し，主観的運動強度はプラセボカプセル摂取群で高い値を示した。

②試験食品3週間摂取後でアスタキサンチン配合カプセル摂取群の最大下運動負荷時の血中乳酸値は，プラセボカプセル摂取群に比べて運動2分後，15分後，20分後のそれぞれに有意な低下が見られた。

③試験食品5週間摂取後で最大運動負荷前後のCK，CRP，IL-6は，アスタキサンチン配合カプセル摂取群でプラセボカプセル摂取群に比べてその上昇が抑えられる傾向が見られた。

5.3.4　結論

アスタキサンチン配合カプセルを摂取することで，長距離ランナーの抗酸化作用およびスポーツパフォーマンス（競技力）向上を促す可能性が示唆された。

文　　献

1）小川　学ほか，*FujiFilm Res&Dev*, **52**，26-29（2007）
2）植田文教ほか，*FujiFilm Res&Dev*, **53**，38-42（2008）
3）澤木啓祐ほか，臨床医薬，**18**, 1085-1099（2002）
4）坂水千恵ほか，第5回アスタキサンチン研究会，東京，21（2009）
5）佐藤真有ほか，第5回アスタキサンチン研究会，東京，24（2009）
6）鯉川なつえほか，日本陸上競技学会第10回大会にて発表，神奈川（2011）

アスタキサンチンの機能と応用《普及版》 (B1282)

2012年 8月 1日 初 版 第1刷発行
2019年 4月 10日 普及版 第1刷発行

監 修 吉川敏一，内藤裕二 Printed in Japan
発行者 辻 賢司
発行所 株式会社シーエムシー出版
東京都千代田区神田錦町 1-17-1
電話03 (3293) 7066
大阪市中央区内平野町 1-3-12
電話06 (4794) 8234
http://www.cmcbooks.co.jp/

〔印刷 株式会社遊文舎〕

ISBN978-4-7813-1365-8 C3047 ¥5800E